U0166131

磁场调制型磁齿轮
多场耦合理论及应用

郝秀红　罗　帅　袁晓明
潘　登　鲁仰辉　刘　伟◎著

知识产权出版社
全国百佳图书出版单位
—北京—

图书在版编目（CIP）数据

磁场调制型磁齿轮多场耦合理论及应用/郝秀红等著．—北京：知识产权出版社，
2022.12

ISBN 978-7-5130-8491-8

Ⅰ.①磁… Ⅱ.①郝… Ⅲ.①齿轮传动—研究 Ⅳ.①TH132.41

中国版本图书馆 CIP 数据核字（2022）第 227785 号

责任编辑：王海霞　　　　　　　　　　　　　　责任校对：潘凤越
封面设计：回归线（北京）文化传媒有限公司　　责任印制：孙婷婷

磁场调制型磁齿轮多场耦合理论及应用

郝秀红　罗　帅　袁晓明　潘　登　鲁仰辉　刘　伟　著

出版发行：知识产权出版社 有限责任公司	网　　址：http://www.ipph.cn
社　　址：北京市海淀区气象路 50 号院	邮　　编：100081
责编电话：010-82000860 转 8790	责编邮箱：93760636@ qq. com
发行电话：010-82000860 转 8101/8102	发行传真：010-82000893/82005070/82000270
印　　刷：北京建宏印刷有限公司	经　　销：新华书店、各大网上书店及相关专业书店
开　　本：720mm×1000mm　1/16	印　　张：19.5
版　　次：2022 年 12 月第 1 版	印　　次：2022 年 12 月第 1 次印刷
字　　数：320 千字	定　　价：89.00 元

ISBN 978-7-5130-8491-8

出版权专有　侵权必究
如有印装质量问题，本社负责调换。

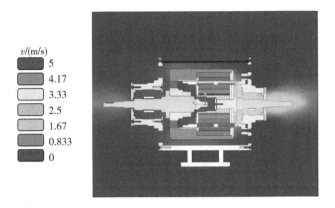

彩图4-16　500r/min样机风速分布云图

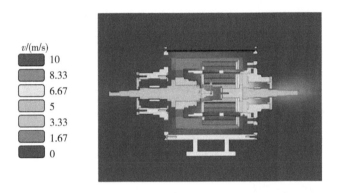

彩图4-17　1500r/min样机风速分布云图

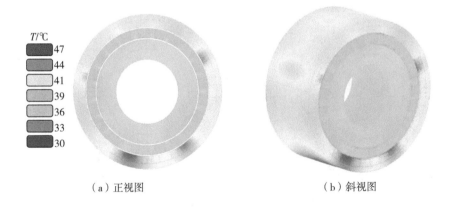

（a）正视图　　　　　　　　　　　（b）斜视图

彩图4-18　500r/min磁齿轮温度分布云图

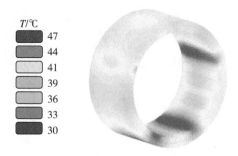

彩图4-20　500r/min磁齿轮外转子温度分布云图

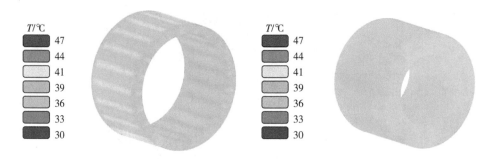

彩图4-21　500r/min磁齿轮调磁环
温度分布云图

彩图4-22　500r/min磁齿轮内转子
温度分布云图

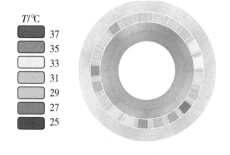

（a）正视图

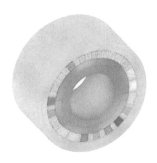

（b）斜视图

彩图4-23　分块后磁齿轮温度分布

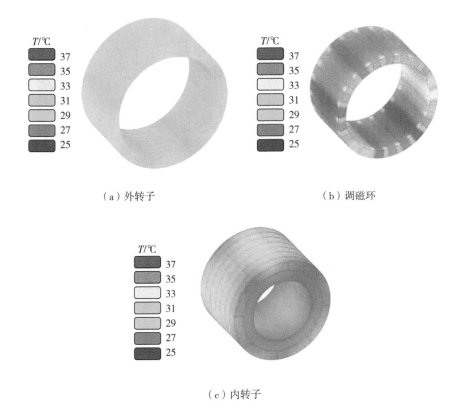

（a）外转子   （b）调磁环

（c）内转子

彩图4-24　分块后磁齿轮各部分温度分布云图

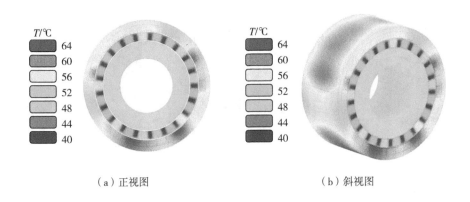

（a）正视图   （b）斜视图

彩图4-25　1500r/min磁齿轮温度分布云图

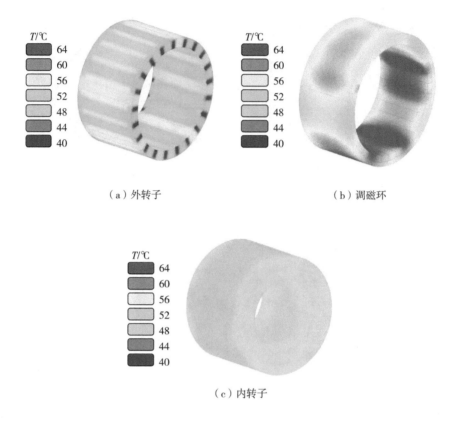

（a）外转子   （b）调磁环

（c）内转子

彩图4-26　1500r/min磁齿轮各部分温度分布云图

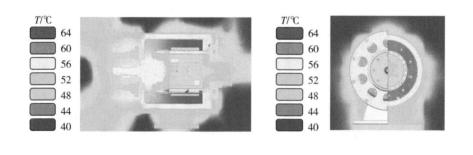

（a）正视图   （b）侧视图

彩图4-27　磁齿轮试验样机稳定工作的空气温度场分布

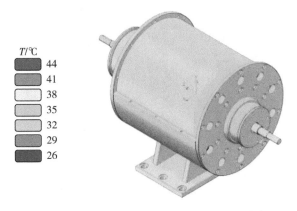

彩图4-28 磁齿轮试验样机表面温度场分布

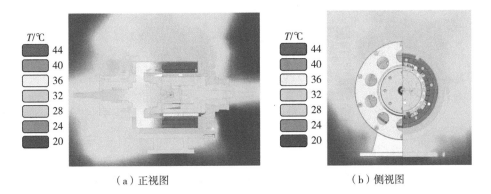

（a）正视图 （b）侧视图

彩图4-32 增加散热格栅的磁齿轮样机的空气温度场分布

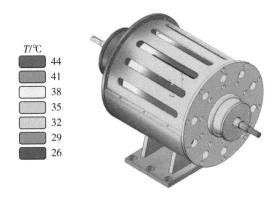

彩图4-33 增加散热格栅的磁齿轮样机的表面温度场分布

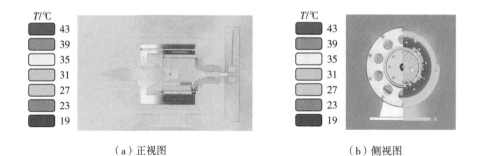

（a）正视图 （b）侧视图

彩图4-37 安装外置风扇的磁齿轮样机的空气温度场分布

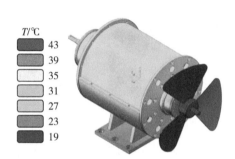

彩图4-38 安装外置风扇的磁齿轮样机的表面温度场分布

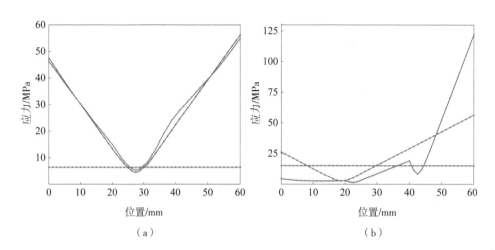

（a） （b）

彩图6-31 线性化应力强度

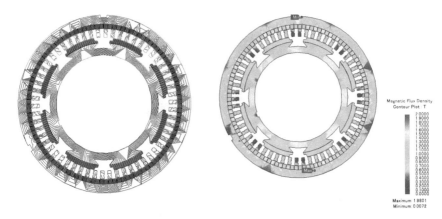

彩图6-35 磁力线图　　　　　彩图6-36　磁通量密度云图

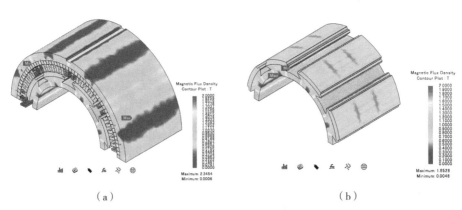

（a）　　　　　　　　　　　　　　（b）

彩图6-38　3D仿真磁通量密度云图

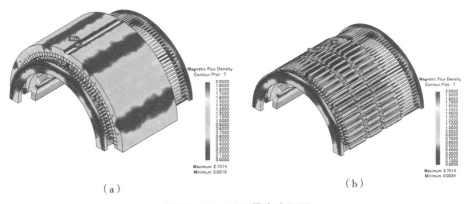

（a）　　　　　　　　　　　　　　（b）

彩图6-40　磁通量密度云图

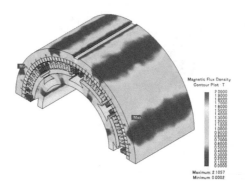

彩图6-44　1.10T和1.22T剩磁水平下的
磁通量密度云图

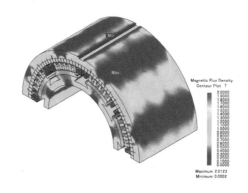

彩图6-45　磁通量密度云图

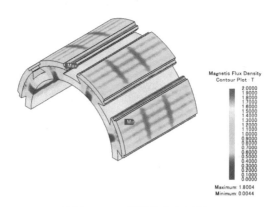

彩图6-50　磁通量密度云图

　　磁齿轮传动作为机械传动中一类特殊的存在一直备受关注，但由于种种原因未能在工业领域得到大规模应用。磁场调制型同轴式磁齿轮的出现，使这一行业的科研人员和科技工作者又一次燃起了希望。尽管同轴式磁齿轮以其特殊的拓扑结构和工作原理拥有了比以往的磁齿轮传动更加明显的优势，但其应用涉及的问题也相当复杂，使其产业化充满了难度和挑战。

　　本书作者及其团队自 2013 年开始探索同轴式磁齿轮的传动原理、结构设计、动力学等方面的研究，其主要动因有以下几个方面：一是同轴式磁齿轮与传统磁齿轮相比优势极其明显，几乎可以和机械齿轮传动相媲美，实在是永磁传动领域的一匹黑马，吸引着无数相关领域的研究人员。二是作为一种新型传动机构，其设计理论缺失、损耗和温度场等相关问题不明，想要快速实现其工业化，必须进行充分的研究。三是我国稀土资源储量丰富，由此衍生的稀土永磁材料产业虽然十分发达，但稀土永磁材料的社会附加值却有待提高，如果同轴式磁齿轮能广泛应用于工业的各个领域，其必将在带动绿色传动升级的同时，促进稀土永磁材料行业的迅猛发展，为我国高端装备发展提供强大助力。自 2001 年同轴式磁齿轮调制机理被提出以来，该领域内的研究人员数量迅猛提升，谢菲尔德大学研究者们成立的 Magnomatics 公司已将磁齿轮产业化，且将以磁齿轮为基础的伪直驱技术商业化后逐步应用于风电、舰船驱动和机车牵引系统，也证明了该传动系统在工业各领域将有光明的应用前景。

　　从 2013 年一个偶然的机会接触到同轴式磁齿轮以来，作为国内研究磁齿轮比较早的团队之一，我们秉承的是机械行业惯有的实用性原则。作者带领研究生从事相关方向的研究，他们的学位论文为本书的完成提供了重要参考。

从 2018 年开始，我们与国家电投集团科学技术研究院永磁团队合作进行同轴式磁齿轮的应用化研究，得到了他们极大的支持，磁齿轮的应用示范也离不开他们的坚持和各方面的投入。本书正是作者和国家电投集团科学技术研究院联合团队在该领域多年的研究成果总结。其中包括袁晓明博士的早期探索，郝文斌、张辉等研究生和侯书博博士对系统的研究，罗帅、刘伟、刘瑞霞、周钰峰、李高盛、魏立军、吴先峰、王晋中、曹菡、高凌宇在应用示范方面的实践总结与研究。

本书第 1 章介绍了目前针对磁齿轮研究的现状和存在的问题；第 2 章介绍了磁场调制型磁齿轮的传动机理，分析了各因素对转矩特性的影响；第 3 章考虑工程设计需求，建立了基于输出转矩的磁齿轮设计公式；第 4 章分析了影响磁齿轮损耗、效率及温度场的主要因素；第 5 章基于试验验证了磁齿轮的相关设计理论；第 6 章基于磁齿轮设计理论进行了其应用示范研究；第 7 章考虑磁耦合刚度分析了磁齿轮的自由振动特点；第 8 章考虑外部激励研究了磁齿轮的强迫响应；第 9 章分析了磁耦合刚度时变特性引起的参数激励；第 10 章研究了磁齿轮磁耦合刚度非线性引起的复杂共振现象；第 11 章探索了基于磁流变阻尼器的磁齿轮半主动控制。

本书的目的是为同轴式磁齿轮设计和动力学性能提高提供理论与技术基础，以推动该传动系统的工业应用和产业化进程。本书可供从事同轴式磁传动及磁场调制型复合电机、永磁电机研究或开发的科研、设计人员参考，也可为进行相关领域研究的研究生提供学习参考。

本书在编写过程中，得到了许多同事和研究生、国家电投集团科学技术研究院同行的帮助和支持，在此表示衷心的感谢。

由于作者学识、时间有限，加上磁场调制型磁齿轮作为一种新型传动的相关理论还不太成熟，新问题也在被不断挖掘，本书难免存在疏漏之处，恳请广大读者给予批评指正。

作者

目　录

第 1 章 绪 论

1.1 引言

机械齿轮传动以其传动比稳定、适用载荷与速度范围广、工作寿命长、可靠性高、结构紧凑、传动效率高等优点，被广泛应用于农林矿机械、汽车、船舶、航空航天等领域。由于机械齿轮通过齿轮副相互接触啮合传递转矩，需要有良好的润滑，否则当齿轮磨损或高速运行时，容易产生较大的振动和噪声。在挖掘机、压力机等重载、高冲击工况下，容易发生齿面磨损、齿根折断等失效情况，影响齿轮的传动精度，增加维护及更换成本。为了克服由机械齿轮轮齿接触引起的轮齿折断等各种问题，无接触式磁齿轮传动技术被提出，即通过磁场之间的耦合传递运动与转矩，无须输入齿轮和输出齿轮直接接触，克服了传统机械齿轮的磨损、噪声、润滑等问题。但传统磁齿轮在传动过程中只有两轮相邻的部分永磁体参与转矩传递，导致永磁体利用率低、磁齿轮传递转矩能力差、转矩密度低，使传统磁齿轮的发展受到极大的制约。

为了突破传统磁齿轮拓扑结构的限制，英国学者阿塔拉·K（Atallah K）和豪·D（Howe D）根据磁场调制理论提出了一种同轴式磁场调制型磁齿轮机构。该机构利用调磁环对磁齿轮气隙中的磁场进行调制，突破了传统平行轴磁齿轮拓扑结构，在显著提高永磁体利用率的同时，使其结构更加紧凑，转矩密度大幅度提升，该磁齿轮机构的最大理论转矩密度可达 190 kN·m/m^3。磁场调制型磁齿轮传递运动和动力的能力在一定程度上可以与机械齿轮相媲美，成为在车辆、机床、航海、风电等众多场合替代磁齿轮的首选传动机构。

磁场调制型磁齿轮的众多优势受到了国内外学者、公司的广泛关注。由谢菲尔德大学的学者创立的 Magnomatics 公司已将磁齿轮及其复合电机商业化，并将其应用于航空航天驱动、船舶推进、风力发电机和铁路牵引系统中。伴随着高性能钕铁硼永磁材料的发展，同轴式磁场调制型磁齿轮机构的传动能力将逐步提升，应用领域也会越来越广泛。目前，对磁齿轮的尺寸设计主要采用有限元仿真或解析法，特定输出功率/转矩下的磁齿轮参数设计需要多轮计算，还没有一套相对完整的设计准则及设计公式，间接阻碍了磁齿轮的批量化生产和应用。因此，对磁齿轮结构、形状、尺寸等进行分析计算、具体表达，形成一套便于工业设计的磁齿轮设计理论，成为进一步降低加工成本、加速磁齿轮在多领域应用的关键。

国内外学者针对磁齿轮的研究主要集中在结构创新、结构优化、齿槽转矩等方面。作为旋转类传动装置，其产业化必然伴随着设计的高效化，参考机械齿轮设计理论建立磁齿轮的设计公式和理论是缩短其生产周期的重要环节。损耗和效率是判定其性能的重要指标，而高功率密度磁齿轮的持续发展必将导致永磁体损耗的增加，高功耗导致的高温可能引起永磁体的性能退化或退磁。同时，作为传动装置，磁齿轮动力学行为是保障其服役性能指标、延长零部件服役寿命的重要方面。而作为磁耦合传动装置，各构件间的弱磁耦合刚度导致其动力学行为复杂，一旦产生振动，将出现较机械齿轮更大的振动和更长的衰减时间，恶化其服役性能。

基于以上背景，本书系统地介绍了磁场调制型磁齿轮的机械、磁、热多场耦合理论及其应用示范研究，是作者团队十多年研究成果的提炼和总结。在研究磁齿轮转矩特性及影响因素的基础上，提出了基于输出转矩的磁齿轮高精度设计公式，分析了基于磁热耦合的磁齿轮损耗及温度场分布，结合实际应用介绍了如何进行磁齿轮的优化、设计、制造及应用示范；深入探索了弱磁耦合刚度对磁齿轮传动系统固有特性的影响，揭示了由时变弱磁耦合刚度导致的磁齿轮传动系统参数激励响应、稳定性，以及主共振、谐波共振和内共振等非线性振动行为；提出了基于磁流变阻尼器的磁齿轮系统半主动控制策略，以提高磁齿轮系统的动力学稳定性。

1.2　国内外研究现状

　　人们对磁力传动的研究已经有 100 多年的历史。在磁性齿轮的研究初
期，国内外学者主要通过对比机械齿轮结构的拓扑形式来提出类似的磁性
齿轮拓扑结构。与机械齿轮依靠主、从动齿轮轮齿之间的啮合来传递运动
与动力的方式不同，磁性齿轮是通过主、从动齿轮上的永磁体之间的磁场
耦合作用来完成运动和动力传递的。目前，多种不同的磁性齿轮拓扑结构
被相继提出，依据其结构设计中是否加入磁场调制装置，可以将磁性齿轮
分为两大类：一类为与机械齿轮结构的拓扑形式相同的磁性齿轮，其实质
是用永磁体代替了轮齿，称为传统磁性齿轮，简称传统磁齿轮；另一类为
利用导磁材料和非导磁材料交替排列的调磁极片（又称调磁环）对磁场进
行调制而实现变速传动的磁性齿轮，称为磁场调制型磁性齿轮，简称磁场
调制型磁齿轮。

1.2.1　传统磁齿轮的国内外研究现状

　　传统的径向式磁齿轮的拓扑结构如图 1-1 所示，其参照机械圆柱齿轮
的拓扑形式，采用沿径向充磁，且 N 极和 S 极间隔排列的永磁体代替机械
圆柱齿轮的轮齿。在非工作状态下，两磁齿轮处于静平衡位置，当主动齿
轮在原动机的带动下旋转时，从动齿轮依据传动比特性与主动齿轮同步旋
转，并能够在其可传递转矩范围内承担一定的载荷。内啮合方式与外啮合
方式相比，磁耦合面积大、转矩脉动小，且所占用的空间小，转矩密度大。
总体上，由于该类磁齿轮的耦合磁极数少、磁极耦合面积小且气隙曲率变
差太大，仅能应用在力矩要求较小的场合，如医疗器械和微型传动机械等。
对于图 1-1 a 所示的内啮合径向式磁齿轮，若内、外转子采用相同数目和大
小的永磁体，则两轴轴线在同一条直线上，所有永磁体都参与耦合，有效
地提高了永磁体的利用率，此时内啮合径向式磁齿轮演变为径向磁性联
轴器。

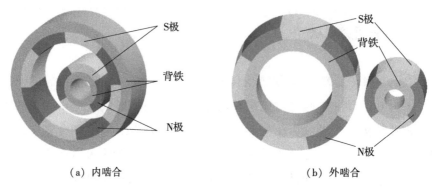

图 1-1　径向式磁齿轮的拓扑结构

　　国内外学者针对径向式磁齿轮的传动特性和结构参数优化等问题开展了广泛研究。弗拉尼（Furlani）采用解析法计算了径向式磁齿轮的转矩。姚永德通过二维和三维有限元仿真，同样得到了径向式磁齿轮的转矩，其获得的三维仿真结果与试验结果较为接近，且得出转矩对磁极数、磁极材料和中心距较为敏感的结论，并对径向式磁齿轮拓扑结构进行了优化设计。纳格尔（Nagrial）制作了径向式磁齿轮的样机，并通过试验得到了气隙厚度越大，传递转矩越小的结论。孔繁余等采用 ANSYS 软件的电磁场分析模块对外啮合永磁齿轮的磁场强度分布进行模拟，并通过试验验证了径向式磁齿轮所能传递的最大转矩与气隙大小之间的关系。魏衍侠也利用有限元分析软件分析了磁极数量、气隙长度、相对角度等参数对径向式磁齿轮传动能力的影响规律。

　　轴向式磁齿轮的拓扑结构如图 1-2 所示，其与径向式磁齿轮的差异在于永磁体充磁方向和耦合端面不同，即径向式磁齿轮沿径向方向充磁，径向外圆面为耦合面；而轴向式磁齿轮沿轴向方向充磁，轴向外端面为耦合面。同样，若输入轴和输出轴采用相同数目与大小的永磁体，其最大输出转矩和转矩密度比普通轴向式磁齿轮有大幅提高，即为轴向磁性联轴器。目前，径向和轴向磁性联轴器在仪器仪表、石油和化工等领域已经有一定应用。1987 年，鹤本（Tsurumoto）和菊池（Kikuchi）设计了一种轴向式磁齿轮，该磁齿轮采用渐开线形状的永磁齿轮按照环形排列于基盘上，其传动比为 3∶1，永磁体选用的材料为 SmCo5，其与径向式磁齿轮的不同之处在于把耦合区域由径向截面改为轴向截面。在随后的几年中，鹤本对该结构进行了进一步的优化研

究。克莱因（Klaui）和梅斯伯格（Meisberger）将轴向式磁齿轮应用到离心
设备中，通过试验测试发现，其转矩密度最高可以达到 4.8kN·m/m³。

  齿轮齿条式磁齿轮的拓扑结构如图 1-3 所示，其中的永磁齿轮与径向式
外啮合结构中的磁齿轮一样，永磁齿条为一个宽度与相啮合的磁齿轮轴向长
度相同的条状永磁体。永磁体的磁极沿着齿条的长度方向同样以 N 极和 S 极
间隔排列。兰杰利尔斯（Langeliers）对齿轮齿条式磁齿轮的转矩特性进行了
研究，并将其应用到海洋能量的提取过程中。

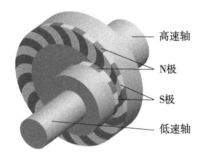

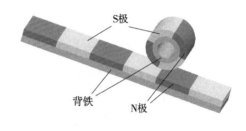

图 1-2　轴向式磁齿轮的拓扑结构　　　图 1-3　齿轮齿条式磁齿轮的拓扑结构

  正交轴式磁齿轮的拓扑结构如图 1-4 所示，其主动齿轮和从动齿轮的轴
线相互垂直，且均设计为圆锥形，N 极和 S 极永磁体沿着圆锥表面交替排列，
该机构又称为伞形磁齿轮，其结构与正交轴式机械锥齿轮基本相同，不同之
处仅是用永磁体代替了轮齿。当主动齿轮和从动齿轮轴向之间的角度不是 90°
时，正交轴式磁齿轮演变为交错轴式永磁齿轮。姚永德设计了一台正交轴
式磁齿轮试验样机，该机构能提供的最大转矩为 0.54N·m，转矩密度为
4.6kN·m/m³。

  蜗杆式磁齿轮的拓扑结构如图 1-5 所示，该机构主要由磁性蜗轮和磁性
蜗杆两部分组成，与机械式蜗杆机构一样，其主要在两交错轴之间传递运动
和动力，且蜗杆承载的轴向力较大。贝尔曼（Baermann）对该机构进行了比
较详尽的描述，鹤本和菊池设计并制造了蜗杆式磁齿轮的样机，通过试验测
量了该机构的转矩特性，其转矩密度可以达到 1.2kN·m/m³。

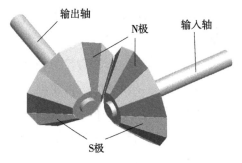

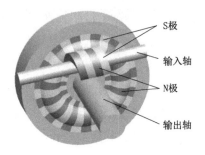

图1-4 正交轴式磁齿轮的拓扑结构　　　　图1-5 蜗杆式磁齿轮的拓扑结构

　　行星式磁齿轮是在机械式行星齿轮的基础上演变而来的，主要由四部分组成：磁性外齿圈、磁性太阳轮、磁性行星轮、行星轮支架，其拓扑结构如图1-6所示。行星式磁齿轮存在三个运动部件，可以把任意单个构件作为输出的一种传动模式，即该机构有三种传动模式。因此，行星式磁齿轮具有类似于磁性变速箱的优点，既能够实现单输入单输出，又能够实现不同速比之间的调整。行星式磁齿轮的主要缺点为结构复杂，且传动比越大，传动效率越低。黄（Hwang）论述了这种磁齿轮的工作原理，并通过有限元法计算得到了其转矩特性和齿槽转矩。为了保持传动过程中的平稳性，外齿圈、太阳轮和行星轮表面上永磁体的周向长度须保持一致，且永磁行星齿轮传动的参数需要满足同轴、等极距、装配和邻接四个基本方程式。

　　少齿差式磁性齿轮是一种类似于永磁行星齿轮的内啮合磁性齿轮，其拓扑结构如图1-7所示。与传统径向式内啮合磁性齿轮的主要区别在于，这种磁性齿轮内、外转子的齿数差别较小，其内转子除了绕自身的轴线旋转之外，还绕外转子的轴线公转，因此也可视为一种特殊结构的磁性行星轮。少齿差式磁性齿轮的内、外转子的直径之比等于其磁极对数的比值，从而使两转子在磁场耦合区域有相同的传动速度，机构能够稳定地运行。少齿差式磁性齿轮的传动比为内转子齿数与内、外转子的齿数之差的比值，若内转子的齿数较多，而内、外转子的齿数之差较小，则可以实现较大的传动比。这种磁性齿轮在传动过程中有半数以上的永磁体参与转矩传递，但由于内转子的运动状况为平动和转动的组合，所以其转矩输出需要特殊的孔销式或其他类型的机构来完成。宁文飞详细阐述了少齿差式磁性齿轮的传动原理，曹坚给出了该机构在设计中需要注意的问题。约根森（Jorgensen）给出了少齿差式磁性齿轮的转矩计算解析表达式，计算表明，与传统的径向式磁齿轮相比，少齿差式磁齿轮在传动比和转矩密度上均有所提高，经理论计算，其转矩密度最高可以达到 $150kN \cdot m/m^3$ 左右。

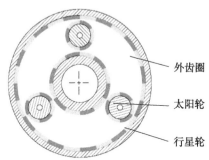

图 1-6　行星式磁齿轮的拓扑结构　　图 1-7　少齿差式磁齿轮的拓扑结构

　　谐波式磁齿轮是在机械式谐波齿轮的基础上通过类比得来的，其主要由三部分组成：外部定子、内部高速转子和中间柔性低速转子，内部高速转子的结构为椭圆形，其拓扑结构如图 1-8 所示。正常工作状态下，内部高速转子带动中间柔性低速转子旋转，低速转子中的永磁体和外部定子的永磁体通过气隙大小变化的调制实现类似于机械谐波齿轮的完全啮合、啮出、完全脱离和啮入的循环过程。谐波式磁齿轮可应用于传动比大于 20 的减速机构，与少齿差式磁齿轮类似，由于参与转矩传递的永磁体在半数以上，所以其转矩密度可以达到 $110kN \cdot m/m^3$ 以上，且转矩波动较小。该机构的主要缺点是中间柔性低速转子容易受到交变载荷的冲击，须对低速转子进行抗疲劳设计，内部波发生器和中心柔轮的制造难度较大，最小传动比较大，起动力矩大。简·伦斯（Jan Rens）等首先给出了这种磁齿轮的拓扑结构和工作原理，分析了其磁通密度波形分布，绘制了不同设计参数下机构的转矩密度变化曲线，最后通过试验对最大传递转矩进行了验证。

　　机电集成行星蜗杆传动磁齿轮是由燕山大学许立忠教授提出的一种新型复合传动机构，其拓扑结构如图 1-9 所示。该机构集磁齿轮啮合技术、电机传动技术和控制技术于一体，主要包括传动和控制两个主要组成部分，电枢蜗杆、永磁行星轮、螺旋定子和行星架等组成机构的传动部分，蜗杆中的电枢及变频器等电子部件组成机构的控制部分。该机构具有结构简单紧凑、转矩密度大、转速可调节和响应速度快等诸多优点。根据传动比的不同，机电集成超环面可在两种状态下工作，即固定环面定子和固定行星架。

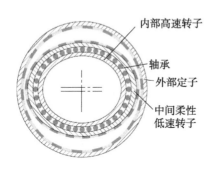

图 1-8　谐波式磁性齿轮的拓扑结构

图 1-9　机电集成行星蜗杆
传动磁齿轮的拓扑结构

1.2.2　磁场调制型磁齿轮的国内外研究现状

自问世以来，磁齿轮的结构层出不穷，传动样式多种多样，但是都无法摆脱机械齿轮的拓扑结构而进行设计，导致磁齿轮的转矩密度低，传动能力仍然无法与机械齿轮相媲美，使其发展及应用受到限制。因此，国内外学者开始着重解决提升磁齿轮性能的问题。2001 年，英国谢菲尔德大学的阿塔拉·K 和豪·D 等人首次提出了一种基于磁场调制原理的同轴式磁齿轮，引入调磁环，采用磁场调制机理，突破了传统磁齿轮参照机械齿轮传动的拓扑结构设计。此后，该团队又对磁场调制同轴式磁齿轮的传动调制原理、气隙磁场密度、输出转矩谐波等进行分析，并设计开发了一台磁场调制同轴式磁齿轮试验样机，如图 1-10 所示。该样机的传动比可达 5.75，输出转矩可达 45 N·m，传动效率高达 97%。

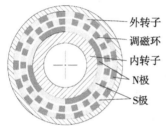

图 1-10　磁场调制同轴式磁齿轮试验样机及试验测试平台

磁场调制型磁齿轮大幅度地提升了永磁体的利用率,机构的输出转矩得到了极大提高。此后,众多学者基于磁场调制理论,对磁齿轮进行了更加深入的研究。2005—2006 年,豪·D 接连展开关于筒状拓扑结构的磁场调制直线式磁齿轮和轴向磁场调制盘式磁齿轮的研究,如图 1-11 和图 1-12 所示。总体来说,以磁场调制机理为基础,磁场调制型磁齿轮与传统磁齿轮相比,所有永磁体全部参与传动,很好地解决了传统磁齿轮中因磁场直接耦合而带来的问题,传动能力有了极大的提高。可以看出,进入 21 世纪以后,伴随着永磁材料的不断进步,各种新型调制磁齿轮机构相继问世,磁场调制型磁齿轮除了具有传统磁齿轮相比于机械齿轮传动的优势外,还具有输出转矩大、转矩密度高等优点,因此引起了国内外学者及工业界的广泛关注,结构变革使磁齿轮的发展有了质的飞跃。

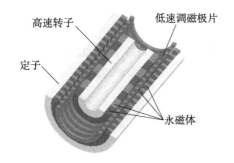

图 1-11 磁场调制直线式磁齿轮

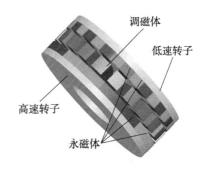

图 1-12 轴向磁场调制盘式磁齿轮

磁场调制型磁齿轮的发展是一个不断完善的过程,提高传动能力是磁齿轮研究中的重要内容。基于磁场调制原理,国内外学者对磁齿轮的不同结构、转矩输出及波动、参数优化、偏心安装及动力学分析等方面进行了研究,使磁场调制型磁齿轮的理论和技术体系得到了进一步的丰富与完善。

磁场调制型磁齿轮的拓扑结构不断推陈出新,磁场充磁方式也有所创新,国内外学者一直在努力追求更完美的传动形式。奥尔堡大学的拉姆森(Rasmussen)等提出了一种聚磁式磁场调制型磁齿轮机构,如图 1-13 所示。该机构采用切向充磁方式,永磁体采用内嵌式安装方式,其传动能力甚至强于某些机械齿轮传动,且进一步缩减了结构尺寸。香港大学简(Jian)对永磁体采用海尔贝克阵列（Halbach Array）充磁，得到海尔贝克充磁的同轴式磁场调制型磁齿轮。如图 1-14 所示，该充磁方式产生的气隙磁场密度近似于正弦曲线，齿轮转子尺寸显著减小，能够获得更大的输出转矩及转矩密度。华侨大学刘玉龙等提出了磁场调制型径向充磁式相交轴磁齿轮，如图 1-15 所示。燕山大学郝秀红等提出调磁体直线型相交轴磁齿轮，如图 1-16 所示，该磁齿轮通过改变调磁环的夹角来实现在不同方向传递转矩的功能。

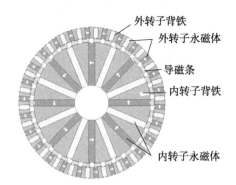

图 1-13　聚磁式磁场调制型磁齿轮机构

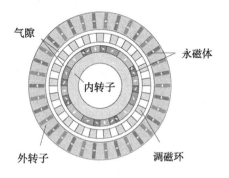

图 1-14　海尔贝克充磁的同轴式
磁场调制型磁齿轮

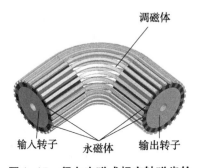

图 1-15　径向充磁式相交轴磁齿轮

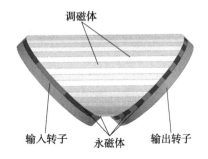

图 1-16　调磁体直线型相交轴磁齿轮

在同轴式磁齿轮机械结构设计中，韩国学者金（Kim）等通过使用不同形状的调磁环，对磁齿轮转矩输出、损耗效率、转矩波动等方面进行对比分析，表明圆形调磁环的传动性能最优。马立博通过改变调磁块的形状以及引入连接桥共组成 15 种结构的调磁环，分别分析了矩角特性、转矩脉动等的变化。大连交通大学葛研军参照永磁电机结构，将磁齿轮内转子替换为异步电机中的鼠笼转子，使机构具有一定的转差，以利于起动，并具有可与异步电机相媲美的机械特性曲线。之后，葛研军又利用电机定子绕组通电后形成旋转磁场的特性取代了磁齿轮永磁外转子，提出可进行无级变速的电磁齿轮。诸德宏将两固定调磁环放在了内、外转子的两侧，使工作气隙出现在内、外转子与调磁环的轴向之间，具有降低制造难度、提高两转子支承刚度的优点。

在磁场调制原理分析及优化方面，卢宾（Lubin）等基于拉普拉斯方程和泊松方程的解析，提出了磁齿轮磁场分布的解析算法。采用该方法所建立的分析模型可作为磁齿轮优化设计的依据。麦基尔顿（McGilton）等应用遗传算法优化方法对磁齿轮进行设计，可减少 53% 的永磁体用量。上海大学刘新华在详细介绍基于标量磁位的三维有限元方法的基础上，将该方法成功地应用到新型磁齿轮的分析之中，研究了磁齿轮端部效应对计算静态转矩特性的影响。

国内外学者对于磁齿轮的尺寸设计主要是基于有限元仿真分析，通过结构参数化建模，模拟仿真得到磁齿轮最优尺寸参数。马拉姆帕利（Mallampalli）通过软件仿真比较了不同的磁齿轮拓扑结构，基于有限元仿真结果，得出在给定传动比的情况下，增加磁极对数可以提高转矩的传递能力。何明杰、陈泳丹、袁晓明等对磁场调制型磁齿轮的磁极对数、内外永磁体和调磁环的厚度与极弧系数、内外铁芯厚度等结构尺寸参数进行分析和优化，得到磁齿轮尺寸变化对传动能力的影响规律，并依据最优尺寸设计试验样机进行对比分析。

永磁体的涡流损耗随转速升高而增加，且主要损耗发生在低速转子上，故相关学者开发了一些基于子域法和磁阻网络模型等的损耗快速计算方法，并尝试通过在定子上增加调制槽、采用不同永磁体材料制造永磁体分块等方式来降低磁齿轮的涡流损耗，从而提高磁齿轮机构的传动效率。由于较大的永磁体损耗以及磁齿轮转子间的狭长气隙，极有可能导致温度集中而引起永磁体性能劣化和退磁，这已成为制约高功率密度磁齿轮发展的瓶颈问题。因此，考虑磁齿轮的涡流损耗及其随温度升高所引起的永磁体性能参数劣化，是更精确地确定磁齿轮输出转矩、明确其散热方式的基础。但目前针对磁齿轮温度场的相关研究极少，还没有明确转速等因素对磁齿轮内部温度的影响，且尚未考虑温度变化导致的永磁体性能变化。

综合上述分析可知，目前国内外学者对磁齿轮的研究主要集中在磁齿轮结构、转矩输出及波动、参数优化、偏心安装及动力学分析等方面。传统的传动机构都有一套科学而完整的设计准则及公式，而目前国内外磁齿轮设计主要采用有限元仿真或解析法，尚未见到有关磁齿轮的设计准则及设计公式，且作为传动机构，提高效率是其最核心的问题。另外，国内外学者在磁齿轮损耗、温升及效率方面的研究相对较少。

1.2.3　磁齿轮动力学的国内外研究现状

考虑到磁齿轮的应用需求，开展其动力学研究显得尤为必要。磁齿轮传动系统各构件间的磁耦合刚度较机械齿轮的啮合刚度小得多，导致磁齿轮传动系统的动力学特性与机械齿轮有较大的差别，近年来也逐步引起了国内外学者的关注。

在同心式磁齿轮动力学研究方面，莫洛卡诺夫（Molokanov）建立了同轴式磁性行星齿轮的动力学仿真模型，分析了驱动转矩扰动对其动态特性的影响规律，发现低速转子对系统转速振荡特性的影响较大。刘晓建立了双磁场调制同心式磁齿轮的仿真模型，研究了该机构在起动阶段和载荷突变工况下的瞬态特性，并分析了辅助调磁环的模态特征和力学响应特性。马特耶夫（Mateev）等分析了磁齿轮机构中存在的不平衡电磁力及其影响因素，并基于有限元仿真定性地指出了其将引起磁齿轮系统的较大振动和噪声。马修（Matthew）等考虑磁齿轮系统的转矩脉动和黏弹性阻尼，采用有限元方法进行了其动力学特性分析，并通过试验证明了由转矩脉动引起的系统振动较大。

在机电集成磁场调制型磁齿轮传动系统方面，郝秀红采用解析法研究了同心式机电集成磁场调制型磁齿轮机构的模态特征和振动特性，指出磁齿轮系统的扭转模态频率较低，极易发生低频共振。针对磁耦合刚度非线性因素，郝秀红建立了机电集成磁场调制型磁齿轮系统的非线性动力学模型，并分析了系统在简谐激励下强迫振动的响应特性，发现该系统不会产生强烈的连续共振，但会发生明显的瞬态振动，且构件的振幅衰减较为缓慢。此外，郝秀红课题组针对磁齿轮传动装置各构件的偏心问题，研究了磁场调制型磁齿轮系统的强迫振动响应规律。

在磁齿轮传动系统非线性振动研究方面，燕山大学许立忠课题组研究了在内共振作用下机电集成行星蜗杆传动系统的非线性动力学行为，分析了激励参数对动力学行为的影响，还讨论了结构参数灵敏度对机电系统固有频率的影响规律。考虑到电磁力的非线性特性，许立忠建立了机电集成超环面传动系统的非线性动力学方程，采用摄动法深入探索了由磁耦合刚度非线性导致的共振问题。蒙泰古（Montague）等考虑到磁力联轴器在过载工况下的非线性特性，研究了转矩非线性、阻尼非线性和"磁极滑移"特性下传动系统的复杂非线性行为，并将位置伺服监控器置入传动机构中，消除了非线性因素对转矩传递的影响，使磁力传动技术的应用范围扩展到高要求的机械传动系统中。

针对弱磁耦合刚度作用下磁场调制型磁齿轮传动系统出现暂态振荡的问题，帕克德利安（Pakdelian）等基于阻尼绕组技术，通过改变内转子的结构形式，提出了四种磁齿轮传动系统的设计方案，通过有限元电磁仿真发现采用永磁体内置和凸极设计的磁齿轮系统在保持高转矩密度的同时，还可有效提高扭转刚度，具有更好的振荡抑制效果。刘美钧等通过在内转子铁芯中嵌入阻尼线圈的方式来增加磁齿轮传动系统的阻尼，抑制了传动轴系的瞬态振动，提高了系统的稳定性，并通过有限元仿真方法给出了原动机转矩存在波动或负载瞬态变化时磁齿轮系统的振动衰减过程，验证了阻尼线圈在改善磁齿轮瞬态特性方面的有效性。被动式和主动式减振装置均可有效地加速磁齿轮机构的振动衰减，但存在输出转矩小和传动效率低等问题。

目前，国内外学者在磁齿轮系统动力学方面的研究相对较少，基于弱磁耦合刚度、不平衡磁力和转矩脉动的动力学研究不够深入，无法为磁齿轮系统振动控制提供足够的理论依据以提升其稳定性。本书开展同心式磁场调制型磁齿轮系统的非线性动力学行为和振动抑制研究，以期避免或减弱磁齿轮系统由于外界激励引起的共振，提高磁齿轮系统的动力学性能，为其他磁力传动系统的动力学研究及行为控制提供借鉴。

综上所述，作为一种新型磁传动机构，同轴式磁齿轮的产业化道路上仍存在许多障碍，需要国内外学者和技术人员的共同努力。

第2章 磁场调制型磁齿轮传动机理

考虑磁场调制型磁齿轮传动中构件间通过磁场耦合作用传递运动和动力的特点，本章在对磁场调制型磁齿轮工作原理进行分析的基础上，采用解析法（Analytical Method，AM）和有限元法（Finite Element Method，FEM）计算了各构件上所传递的静态转矩，分析了主要设计参数对磁齿轮转矩的影响，为传动系统设计及动力学模型的建立奠定了基础。

2.1 磁场调制型磁齿轮的工作原理

如图 1-10 所示的磁场调制型磁齿轮机构，当磁极对数为 p_1 的内转子以速度 n_1 旋转时，永磁体磁场经过由 N_s 个铁磁体和 N_s 个环氧体间隔排列的调磁环进行调制后，在外气隙位置处产生了一个新磁场，为使传动系统能够平稳地传递转矩，新磁场必须与磁极对数为 p_2 的外转子实现等磁极耦合。有研究者对调制原理进行了详尽的分析，指出为使内、外气隙位置处产生同步转矩，内、外转子的磁极对数和调磁环片数需要满足以下关系

$$p_1 + p_2 = N_s$$

根据磁场调制型磁齿轮转动部件的不同，可把该机构的运转分为两种工况：调磁环固定，内转子和外转子转动；外转子固定，调磁环和内转子转动。内转子固定条件下，机构的传动比接近于 1，等同于联轴器，这里不详细介绍。

若调磁环保持不动，且内、外转子为转动件，则传动系统传动比 i 的表达式为

$$i = \frac{p_2}{p_1} = \frac{N_s - p_1}{p_1}$$

若外转子不动，且内转子和调磁环为转动件，则传动系统传动比 i 的表达式为

$$i = \frac{N_s}{p_1} = \frac{p_1 + p_2}{p_1}$$

2.2　磁场调制型磁齿轮转矩解析法

为了便于对磁场调制型磁齿轮转矩的计算过程进行说明，各构件的相关尺寸如图 2-1 所示。

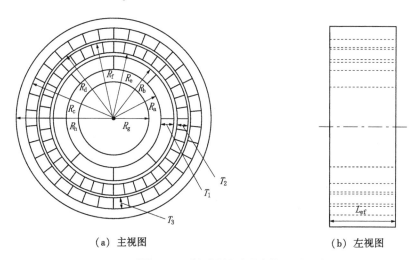

（a）主视图　　　　　　　　　　　　（b）左视图

图 2-1　磁场调制型磁齿轮尺寸示意图

磁场调制型磁齿轮在结构上存在内、外两层气隙，而气隙的存在及其内部磁场分布对磁齿轮机构的转矩传递起着至关重要的作用。假设磁齿轮机构中的磁路是线性、不饱和的，首先计算无调磁环时，内、外转子上永磁体产

生的距离调磁环圆心 r 处的径向、切向磁通分量；然后引入磁场调制函数分别计算内转子永磁体在内、外气隙处产生的径向、切向磁通分量，外转子永磁体在内、外气隙处产生的径向、切向磁通分量；最后利用磁场叠加原理，计算内、外转子永磁体在内、外气隙处产生的径向及切向磁通分量。

内、外转子上的永磁体在距离圆心 r 处的径向和切向磁通分量分别为

$$B_{r1}(r) = \sum_{n=1,3,5,\cdots}^{\infty} b_{rn1}(r) \cos\left[np_1(\theta - \omega_1 t) + np_1\theta_{10}\right] \tag{2-1}$$

$$B_{\theta1}(r) = \sum_{n=1,3,5,\cdots}^{\infty} b_{\theta n1}(r) \sin\left[np_1(\theta - \omega_1 t) + np_1\theta_{10}\right] \tag{2-2}$$

$$B_{r2}(r) = \sum_{n=1,3,5,\cdots}^{\infty} b_{rn2}(r) \cos\left[np_2(\theta - \omega_2 t) + np_2\theta_{20}\right] \tag{2-3}$$

$$B_{\theta2}(r) = \sum_{n=1,3,5,\cdots}^{\infty} b_{\theta n2}(r) \sin\left[np_2(\theta - \omega_2 t) + np_2\theta_{20}\right] \tag{2-4}$$

式中　n ——磁场的谐波次数；

　　　θ ——内、外转子的机械转角（rad）；

　　θ_{10} ——内转子初始相位角（rad）；

　　θ_{20} ——外转子初始相位角（rad）；

　　　ω_1 ——内转子旋转角速度（rad/s）；

　　　ω_2 ——外转子旋转角速度（rad/s）；

　　　t ——时间（s）。

式（2-1）~式（2-4）中 $b_{rn1}(r)$ 、$b_{\theta n1}(r)$ 、$b_{rn2}(r)$ 、$b_{\theta n2}(r)$ 分别为内、外转子的径向、切向磁通谐波系数，其表达式为

$$b_{rn1}(r) = A\left[\left(\frac{r}{R_c}\right)^{np_1-1}\left(\frac{R_b}{R_c}\right)^{np_1+1} + \left(\frac{R_b}{r}\right)^{np_1+1}\right]$$

$$b_{\theta n1}(r) = A\left[-\left(\frac{r}{R_c}\right)^{np_1-1}\left(\frac{R_b}{R_c}\right)^{np_1+1} + \left(\frac{R_b}{r}\right)^{np_1+1}\right]$$

$$b_{rn2}(r) = B\left[\left(\frac{R_\mathrm{a}}{R_\mathrm{d}}\right)^{np_2-1}\left(\frac{R_\mathrm{a}}{r}\right)^{np_2+1} + \left(\frac{r}{R_\mathrm{d}}\right)^{np_2-1}\right]$$

$$b_{\theta n2}(r) = B\left[-\left(\frac{R_\mathrm{a}}{R_\mathrm{d}}\right)^{np_2-1}\left(\frac{R_\mathrm{a}}{r}\right)^{np_2+1} + \left(\frac{r}{R_\mathrm{d}}\right)^{np_2-1}\right]$$

$$A = \frac{B_\mathrm{r}}{\mu_\mathrm{r}}\frac{4}{n\pi}\sin\left(\frac{n\pi\alpha_{p_1}}{2}\right)\frac{np_1}{(np_1)^2-1}\cdot\frac{np_1-1+2\left(\frac{R_\mathrm{a}}{R_\mathrm{b}}\right)^{np_1+1}-(np_1+1)\left(\frac{R_\mathrm{a}}{R_\mathrm{b}}\right)^{2np_1}}{2\left[1-\left(\frac{R_\mathrm{a}}{R_\mathrm{c}}\right)^{2np_1}\right]}$$

$$B = \frac{B_\mathrm{r}}{\mu_\mathrm{r}}\frac{4}{n\pi}\sin\left(\frac{n\pi\alpha_{p_2}}{2}\right)\frac{np_2}{(np_2)^2-1}\cdot\frac{2\left(\frac{R_\mathrm{d}}{R_\mathrm{c}}\right)^{np_2+1}+(np_2-1)\left(\frac{R_\mathrm{d}}{R_\mathrm{c}}\right)^{2np_2}-(np_2+1)}{2\left[1-\left(\frac{R_\mathrm{a}}{R_\mathrm{c}}\right)^{2np_2}\right]}$$

式中　R_a——内转子铁芯轭部的外径（m）；

　　　R_b——内转子的外径，即内气隙的内径（m）；

　　　R_c——外转子铁芯轭部的内径（m）；

　　　R_d——外转子内径，即外气隙的外径（m）；

　　　B_r——永磁体剩磁（T）；

　　　α_{p_1}——内转子永磁体极弧与极距的比值；

　　　α_{p_2}——外转子永磁体极弧与极距的比值；

　　　μ_r——磁铁的回复磁导率（H/m）。

　　考虑调磁环对内、外气隙磁通密度分布的影响，在内、外气隙磁通密度的基础上乘以一个调制函数，可以得到经调磁环调制后的内、外气隙磁通密度。考虑调磁环时内、外气隙处的磁通密度分布可写为

$$B_\mathrm{M} = B_\mathrm{o}\lambda^* \tag{2-5}$$

式中　B_M——有调磁环时气隙处的磁通密度（T）；

　　　B_o——无调磁环时气隙处的磁通密度（T）；

　　　λ^*——复数形式的相对磁导率，即磁通密度调制函数。

λ^* 可写为

$$\lambda^* = \frac{k}{s} \frac{w-1}{\sqrt{(w-a)(w-b)}} \tag{2-6}$$

其中，k、s 均为 w 的函数，且

$$k = R_j e^{i\left(\frac{g'}{\pi}\ln w + \theta_s\right)} , \ s = re^{i\theta} , \ b = \left[\frac{b'_o}{2g'} + \sqrt{\left(\frac{b'_o}{2g'}\right)^2 + 1}\right]^2 ,$$

$$a = 1/b , \ b'_o = \theta_2 - \theta_1 , \ g' = \ln(R_j/R_a)$$

式中 R_e——调磁环内径（m）；

R_f——调磁环外径（m）；

对于内气隙，存在等式

$$R_j = R_e$$

对于外气隙，存在等式

$$R_j = R_f$$

w 可由式（2-7）确定

$$z = i\frac{g'}{\pi}\left[\ln\left|\frac{1+p}{1-p}\right| - \ln\left|\frac{b+p}{b-p}\right| - 2\frac{b-1}{\sqrt{b}}\arctan\frac{p}{\sqrt{b}}\right] + \ln R_j + i\theta_s \tag{2-7}$$

其中，$p = \sqrt{\dfrac{w-b}{w-a}}$，$z = \ln s$。

复数磁导率可写为如下形式

$$\lambda^* = \lambda_a + i\lambda_b \tag{2-8}$$

利用式（2-7）可计算不同位置 (r,θ) 处的 w 值，将 w 值代入式（2-6）可求得距离机构圆心不同半径 r 处圆柱面上的复数磁导率。代入表 2-1 中的算

例传动系统参数，可得内、外气隙中间位置复数磁导率分布的实部及虚部曲
线，如图 2-2 和图 2-3 所示。

表 2-1 磁场调制型磁齿轮机构的算例传动系统参数

参数名称	数值	参数名称	数值
R_a/mm	60	R_b/mm	70
R_c/mm	97	R_d/mm	87
R_e/mm	71	R_f/mm	86
R_{in}/mm	70.5	R_{out}/mm	86.5
p_1	4	p_2	17
N_s	21	α_{p1}	0.5
α_{p2}	0.5	θ_{10}/rad	$\pi/8$
θ_{20}/rad	0	θ_s/rad	$\pi/21$
μ_r	1.08	ω_1/（rad/s）	85
ω_2/（rad/s）	20	B_r/T	1.3

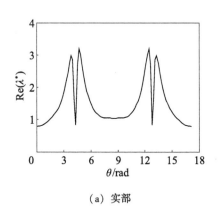
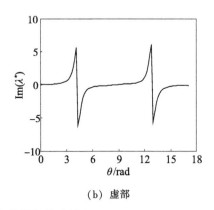

（a）实部　　　　　　　　　　　　（b）虚部

图 2-2 内气隙中间部位的复数磁导率

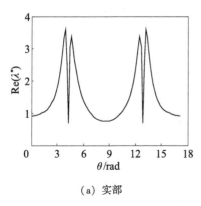
(a) 实部

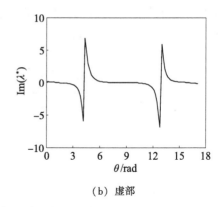
(b) 虚部

图 2-3　外气隙中间部位的复数磁导率

依据图 2-2 和图 2-3 计算得到的内、外气隙位置的实部和虚部曲线，可通过式（2-8）对复数磁导率 λ^* 进行合成，从而计算出有调磁环存在时内、外气隙位置处的复数磁导率。此外，从图 2-2 和图 2-3 中也可以看出，内、外转子的相位差在 $0 \sim 2\pi$ 内周期变化时，内、外气隙位置处的实部和虚部曲线变化形式基本相同。

复数磁导率的波动可展开为如下傅里叶级数的形式

$$\lambda_{a-j} = \lambda_{ak-j} + \sum_{k=1}^{\infty} \lambda_{ak-j}\cos(kN_s\theta) \,, \quad j = \text{in,out} \tag{2-9}$$

$$\lambda_{b-j} = \sum_{k=1}^{\infty} \lambda_{bk-j}\sin(kN_s\theta) \,, \quad j = \text{in,out} \tag{2-10}$$

式中　$\lambda_{ak-\text{in}}$ ——内气隙复数磁导率实部傅里叶级数系数；

　　　$\lambda_{bk-\text{in}}$ ——内气隙复数磁导率虚部傅里叶级数系数；

　　　$\lambda_{ak-\text{out}}$ ——外气隙复数磁导率实部傅里叶级数系数；

　　　$\lambda_{bk-\text{out}}$ ——外气隙复数磁导率虚部傅里叶级数系数；

　　　k ——谐波次数。

式（2-9）和式（2-10）中的傅里叶级数系数可通过离散傅里叶变换得到，内、外气隙的磁通密度为

$$B_{Mr} = \text{Re}(B_o\lambda^*) = \text{Re}(B_r\lambda_a + B_\theta\lambda_b) \tag{2-11}$$

$$B_{M\theta} = \text{Im}(B_o \lambda^*) = \text{Im}(B_\theta \lambda_a - B_r \lambda_b) \tag{2-12}$$

则经过调制之后，内转子上永磁体在内、外气隙位置处产生的磁通密度分别为

$$B_{r1-j} = B_{r1} \lambda_{a-j}(R_j) + B_{\theta 1} \lambda_{b-j}(R_j)$$

$$= \sum_{n=1,3,5,\cdots}^{\infty} \lambda_{a0-j} b_{rn1}(R_j) \cos\left[np_1(\theta - \omega_1 t) + np_1\theta_{10}\right] +$$

$$\frac{1}{2} \sum_{n=1,3,5,\cdots}^{\infty} \sum_{k=1}^{\infty} \left\{ \left[\lambda_{ak-j} b_{rn1}(R_j) + \lambda_{bk-j} b_{\theta n1}(R_j)\right] \cdot \right.$$

$$\cos\left[(np_1 + kN_s)\theta - np_1\omega_1 t + np_1\theta_{10}\right] + \left[\lambda_{ak-j} b_{rn1}(R_j) - \right.$$

$$\left.\lambda_{bk-j} b_{\theta n1}(R_j)\right] \cos\left[(np_1 - kN_s)\theta - np_1\omega_1 t + np_1\theta_{10}\right] \right\}, \quad j = \text{in,out} \tag{2-13}$$

$$B_{\theta 1-j} = B_{\theta 1} \lambda_{a-j}(R_j) - B_{r1} \lambda_{b-j}(R_j)$$

$$= \sum_{n=1,3,5,\cdots}^{\infty} \lambda_{a0-j} b_{\theta n1}(R_j) \sin\left[np_1(\theta - \omega_1 t) + np_1\theta_{10}\right] +$$

$$\frac{1}{2} \sum_{n=1,3,5,\cdots}^{\infty} \sum_{k=1}^{\infty} \left\{ \left[\lambda_{ak-j} b_{\theta n1}(R_j) + \lambda_{bk-j} b_{rn1}(R_j)\right] \sin\left[(np_1 + kN_s)\theta - \right.\right.$$

$$np_1\omega_1 t + np_1\theta_{10}\right] + \left[\lambda_{ak-j} b_{\theta n1}(R_j) - \lambda_{bk-j} b_{rn1}(R_j)\right] \sin\left[(np_1 - \right.$$

$$\left.kN_s)\theta - np_1\omega_1 t + np_1\theta_{10}\right] \right\}, \quad j = \text{in,out} \tag{2-14}$$

经过调制后，外转子上永磁体在内、外气隙位置处产生的磁通密度分别为

$$B_{r2-j} = B_{r2}\lambda_{\mathrm{a}-j}(R_j) + B_{\theta 2}\lambda_{\mathrm{b}-j}(R_j)$$

$$= \sum_{n=1,3,5,\cdots}^{\infty} \lambda_{\mathrm{a}0-j}b_{rn2}(R_j)\cos\left[np_2(\theta - \omega_2 t) + np_2\theta_{20}\right] +$$

$$\frac{1}{2}\sum_{n=1,3,5,\cdots}^{\infty}\sum_{k=1}^{\infty}\{[\lambda_{\mathrm{a}k-j}b_{rn2}(R_j) + \lambda_{\mathrm{b}k-j}b_{\theta n2}(R_j)]\cos[(np_2 + kN_{\mathrm{s}})\theta -$$

$$np_2\omega_2 t + np_2\theta_{20}] + [\lambda_{\mathrm{a}k-j}b_{rn2}(R_j) - \lambda_{\mathrm{b}k-j}b_{\theta n2}(R_j)]\cos[(np_2 - kN_{\mathrm{s}})\theta -$$

$$np_2\omega_2 t + np_2\theta_{20}]\}, \quad j = \mathrm{in},\mathrm{out}$$

$$(2\text{-}15)$$

$$B_{\theta 2-j} = B_{\theta 2}\lambda_{\mathrm{a}-j}(R_j) - B_{r2}\lambda_{\mathrm{b}-j}(R_j)$$

$$= \sum_{n=1,3,5,\cdots}^{\infty} \lambda_{\mathrm{a}0-j}b_{\theta n2}(R_j)\sin\left[np_2(\theta - \omega_2 t) + np_2\theta_{20}\right] +$$

$$\frac{1}{2}\sum_{n=1,3,5,\cdots}^{\infty}\sum_{k=1}^{\infty}\{[\lambda_{\mathrm{a}k-j}b_{\theta n2}(R_j) + \lambda_{\mathrm{b}k-j}b_{rn2}(R_j)]\sin[(np_2 + kN_{\mathrm{s}})\theta -$$

$$np_2\omega_2 t + np_2\theta_{20}] + [\lambda_{\mathrm{a}k-j}b_{\theta n2}(R_j) - \lambda_{\mathrm{b}k-j}b_{rn2}(R_j)]\sin[(np_2 - kN_{\mathrm{s}})\theta -$$

$$np_2\omega_2 t + np_2\theta_{20}]\}, \quad j = \mathrm{in},\mathrm{out}$$

$$(2\text{-}16)$$

忽略磁路的非线性因素，经叠加后，内、外气隙的磁通密度为

$$B_{r-j} = (B_{r1} + B_{r2})\lambda_{\mathrm{a}-j}(R_j) + (B_{\theta 1} + B_{\theta 2})\lambda_{\mathrm{b}-j}(R_j)$$

$$= \sum_{n=1,3,5,\cdots}^{\infty} \lambda_{\mathrm{a}0-j}\{b_{rn1}(R_j)\cos\left[np_1(\theta - \omega_1 t) + np_1\theta_{10}\right] + b_{rn2}(R_j)\cdot$$

$$\cos\left[np_2\cdot(\theta - \omega_2 t) + np_2\theta_{20}\right]\} + \frac{1}{2}\sum_{n=1,3,5,\cdots}^{\infty}\sum_{k=1}^{\infty}\sum_{m=\pm 1}^{\infty}[\lambda_{\mathrm{a}k-j}b_{rn1}(R_j) +$$

$$m\lambda_{\mathrm{b}k-j}b_{\theta n1}(R_j)]\cdot\cos\left[(np_1 + mkN_{\mathrm{s}})\theta - np_1\omega_1 t + np_1\theta_{10}\right] +$$

$$\frac{1}{2}\sum_{n=1,3,5,\cdots}^{\infty}\sum_{k=1}^{\infty}\sum_{m=\pm 1}^{\infty}[\lambda_{\mathrm{a}k-j}b_{rn2}(R_j) + m\lambda_{\mathrm{b}k-j}b_{\theta n2}(R_j)]\cdot$$

$$\cos\left[(np_2 + mkN_{\mathrm{s}})\theta - np_2\omega_2 t + np_2\theta_{20}\right], \quad j = \mathrm{in},\mathrm{out}$$

$$(2\text{-}17)$$

$$B_{\theta-j} = (B_{\theta1} + B_{\theta2}) \lambda_{a-j}(R_j) - (B_{r1} + B_{r2}) \lambda_{b-j}(R_j)$$

$$= \sum_{n=1,3,5,\cdots}^{\infty} \lambda_{a0-j} \{ b_{\theta n1}(R_j) \sin[np_1(\theta - \omega_1 t) + np_1\theta_{10}] + b_{\theta n2}(R_j) \sin[np_2 \cdot$$

$$(\theta - \omega_2 t) + np_2\theta_{20}] \} + \frac{1}{2} \sum_{n=1,3,5,\cdots}^{\infty} \sum_{k=1}^{\infty} \sum_{m=\pm1}^{\infty} [\lambda_{ak-j} b_{\theta n1}(R_j) +$$

$$m\lambda_{bk-j} b_{rn1}(R_j)] \sin[(np_1 + mkN_s)\theta - np_1\omega_1 t + np_1\theta_{10}] +$$

$$\frac{1}{2} \sum_{n=1,3,5,\cdots}^{\infty} \sum_{k=1}^{\infty} \sum_{m=\pm1}^{\infty} [\lambda_{ak-j} b_{\theta n2}(R_j) + m\lambda_{bk-j} b_{rn2}(R_j)] \sin[(np_2 + mkN_s)\theta -$$

$$np_2\omega_2 t + np_2\theta_{20}], \quad j = \text{in,out}$$

$$(2-18)$$

式中　R_{in} ——内气隙中间位置的半径（mm）；

　　　R_{out} ——外气隙中间位置的半径（mm）。

　　任意一个变量或函数经傅里叶展开后的级数为无穷多项，要完全考虑所有项，在编程上很难实现，而对计算结果影响较大的主要为级数的前几项，因此，取式（2-17）和式（2-18）中前三项，代入表 2-1 中的算例传动系统参数，可得磁场调制型磁齿轮机构在内、外转子相位差为 π/8 时，内、外气隙中间位置处的径向、切向磁通密度分布，如图 2-4 所示。

　　内、外转子上传递的平均转矩可由麦克斯韦应力张量法计算得到，其表达式分别为

$$T_{\text{m}-j} = \frac{L_{ef}R_j^2}{\mu_0} \int_0^{2\pi} B_{r-j} B_{\theta-j} \mathrm{d}\theta, \quad j = \text{in,out} \qquad (2-19)$$

各构件上所受磁耦合力的径向、切向分量分别为

$$F_{r-j} = \frac{L_{ef}R_j}{\mu_0} \int_0^{2\pi} \frac{B_{r-j}^2}{2\mu} \mathrm{d}\theta, \quad j = \text{in,out} \qquad (2-20)$$

$$F_{t-j} = \frac{L_{ef}R_j}{\mu_0} \int_0^{2\pi} B_{r-j} B_{\theta-j} \mathrm{d}\theta, \quad j = \text{in,out} \qquad (2-21)$$

式中 L_{ef}——磁齿轮机构有效轴向长度（mm）；

　　　 μ_0——真空磁导率。

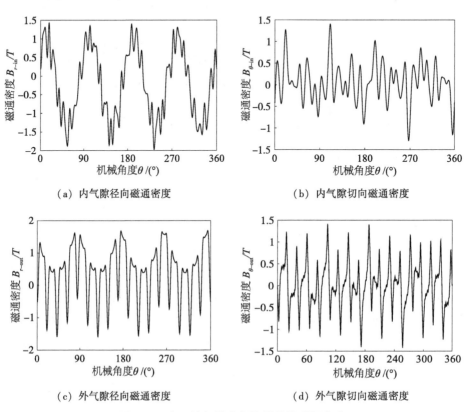

（a）内气隙径向磁通密度　　　　　　　（b）内气隙切向磁通密度

（c）外气隙径向磁通密度　　　　　　　（d）外气隙切向磁通密度

图 2-4　内、外气隙中间位置处的磁通密度

2.3　磁场调制型磁齿轮转矩有限元分析法

为了对由解析法得到的磁通密度、转矩和磁耦合刚度的正确性进行验证，采用有限元分析法对上述问题重新进行计算。

2.3.1　电磁场有限元分析基本理论

麦克斯韦电磁场理论是电磁学的基础，也是电磁场有限元仿真分析的出发点。分析中，一般用位函数建立电磁物理量的表达式，因为通过位函数可以更加方便地描述边界条件。位函数分为标量磁位和矢量磁位，而矢量磁位更容易绘出磁力线并得到磁通密度，所以目前电磁场有限元计算大多采用矢量磁位。麦克斯韦电磁场理论主要包括电磁学四大定律：安培环路定律、法拉第电磁感应定律、高斯电通定律以及高斯磁通定律。

磁感应场强度矢量沿任意闭合路径一周的线积分等于穿过此路径所确定的电流代数和，这就是安培环路定律，它描述了磁场强度的环路积分特性，其数学表达式为

$$\oint_{\Gamma} \boldsymbol{H} \cdot \mathrm{d}\boldsymbol{l} = \iint_{\Omega} \left(\boldsymbol{J} + \frac{\partial \boldsymbol{D}}{\partial t} \right) \cdot \mathrm{d}\boldsymbol{S} \tag{2-22}$$

式中　$\boldsymbol{H}$——磁场强度（A/m）；

　　　Γ——曲面 Ω 的边界（m）；

　　　$\boldsymbol{J}$——传导电流的密度（A/m^2）；

　　　$\boldsymbol{D}$——电通密度（C/m^2）。

闭合回路中产生的感应电动势与通过此回路的磁通量随时间的变化率成正比，这就是法拉第电磁感应定律，它描述的是磁通量的变化产生感应电动势的现象，即闭合回路中的一部分或全部导体在磁场里做切割磁感线的运动时，其磁通量不断变化，在导体中就会产生感应电动势，其数学表达式为

$$\oint_{\Gamma} \boldsymbol{E} \cdot \mathrm{d}\boldsymbol{l} = - \iint_{\Omega} \frac{\partial \boldsymbol{B}}{\partial t} \cdot \mathrm{d}\boldsymbol{S} \tag{2-23}$$

式中　$\boldsymbol{E}$——电场强度（V/m）；

　　　$\boldsymbol{B}$——磁感应强度（T）。

高斯电通定律指出，穿出任意一个闭合曲面的电通密度在闭合曲面上的积分等于这一闭合曲面所包含的电荷量，且二者的关系不受电解质和电通密度矢量的影响，其数学表达式为

$$\iint_{S} \boldsymbol{D} \cdot \mathrm{d}\boldsymbol{S} = \iiint_{V} \rho \cdot \mathrm{d}V \tag{2-24}$$

式中　ρ——电荷体密度（C/m³）；

　　　V——闭合曲面 S 所围成的体积域（m³）。

高斯磁通定律指出，穿出任意一个闭合曲面的电通密度在这一闭合曲面上的有向积分恒等于零，其数学表达式为

$$\oint_S \boldsymbol{B} \cdot \mathrm{d}\boldsymbol{S} = 0 \tag{2-25}$$

上述四个方程都是采用积分形式描述的麦克斯韦电磁场理论，另外也可以采用微分形式来表达，其数学表达式为

$$\nabla \times \boldsymbol{H} = \boldsymbol{J} + \frac{\partial \boldsymbol{D}}{\partial t} \tag{2-26}$$

$$\nabla \times \boldsymbol{E} = -\frac{\partial \boldsymbol{B}}{\partial t} \tag{2-27}$$

$$\nabla \cdot \boldsymbol{D} = \rho \tag{2-28}$$

$$\nabla \cdot \boldsymbol{B} = 0 \tag{2-29}$$

式中　∇——向量微分算子。

2.3.2　几何模型

磁场调制型磁齿轮机构的初始设计参数见表 2-2。为了对该机构进行有限元计算，在 Ansoft Maxwell 软件的 2D 和 3D 模块中分别建立该机构的参数化几何模型，如图 2-5 所示，并通过在 Ansoft Maxwell 软件的"设计参数"（Design Properties）菜单下定义变量来实现参数化，对变量进行更改后模型自动更新，从而方便完成各种不同参数条件下机构的有限元分析和优化设计。

表 2-2 磁场调制型磁齿轮机构的初始设计参数

参数名称	数值	参数名称	数值
内转子永磁体的极对数 p_1	4	外转子永磁体的极对数 p_2	17
调磁环的极片数 N_s	21	内转子铁芯轭部的内径 R_g/mm	40
内转子铁芯轭部的外径 R_a/mm	60	内转子永磁体的厚度 T_1/mm	10
内气隙的内径 R_b/mm	70	内气隙的外径 R_e/mm	71
调磁环的厚度 T_2/mm	15	外气隙的内径 R_f/mm	86
外气隙的外径 R_d/mm	87	外转子永磁体的厚度 T_3/mm	10
外转子铁芯轭部的内径 R_c/mm	97	外转子铁芯轭部的外径 R_h/mm	107
机构的轴向长度 L/mm	40	永磁体的剩磁 B_r/T	1.3
永磁体的矫顽力 H_c/kOe	11.6		

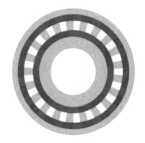 

(a) 2D 模型　　　　　　　　(b) 3D 模型

图 2-5 磁场调制型磁齿轮的几何模型

2.3.3 材料参数

内、外转子背铁采用的材料为 Q235A，调磁环的铁芯块为导磁部分，材料为 23TW250，二者的 B-H 曲线如图 2-6 所示。调磁环的环氧块为非导磁部分，其材料特性与空气基本一致，因此未建立其模型，与整个分析域合并，均采用空气材料，相对磁导率为 1。内、外转子上永磁体的剩磁和矫顽力参数见表 2-2。

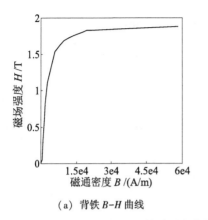
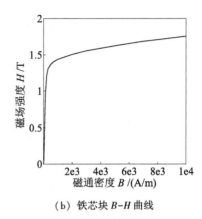

（a）背铁 B-H 曲线　　　　　　　　（b）铁芯块 B-H 曲线

图 2-6　磁场调制型磁齿轮关键部件的 B-H 曲线

2.3.4　网格划分

在建立磁场调制型磁齿轮的几何模型后，下一步就是要对所绘制的模型进行网格划分。虽然软件自带的自适应剖分功能能够简化用户的设置，但是多次的有限元计算会浪费计算机资源和时间，可以依据经验手动设置剖分情况，再通过控制网格加密程度达到快速计算的目的。采用"体的内部剖分"（Inside Selection）方式对磁齿轮模型的内部总网格数进行控制，该机构的初始网格如图 2-7 所示。与磁铁和背铁部分相比，内、外气隙位置处磁阻大，磁感应强度变化的梯度高，所以气隙部分的网格相对较密。

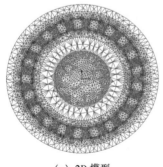

（a）2D 模型　　　　　　　　　　（b）3D 模型

图 2-7　磁场调制型磁齿轮的初始网格

2.3.5　分析参数设置

为了在后处理过程中展示内、外转子和调磁环的转矩变化情况，在模型树参数（Parameters）定义相应部件的输出。在模型树分析（Analysis）中执行"添加求解器"（Add Solution Setup），添加求解设置，最大迭代次数（Maximum Number of Pass）内设置的是计算的最大收敛步数，此参数决定了网格重划分的次数，在初始网格相对合理的情况下，可以把传动系统的摩擦参数适当调小。

角度参数"theta"为内转子绕几何中心旋转的角度，采用 Ansoft Maxwell 中的参数化求解模块"Optmetrics"对内转子的旋转角度"theta"按等差数列进行参数化求解设置，"theta"的变化范围为 0°~180°，角度间隔为 3°，计算过程中保存每一个计算角度的场变量结果，进而可以分析相应位置的磁力线、磁通密度和网格等的分布情况。

2.3.6　磁通密度分布

为了对由解析法得到的磁通密度进行检验，采用同样的输入条件，利用有限元分析法得到内、外转子相位差为 $\pi/8$ 时内、外气隙中间位置处的磁通密度，如图 2-8 所示。从通过两种计算方法得到的磁通密度结果可以看出，对应曲线变化趋势基本相同，这相互验证了两种算法的正确性，但对应曲线在局部存在细微差别，这是由于解析法仅取了对结果影响较大的前三个级数项，因此存在一定的误差。

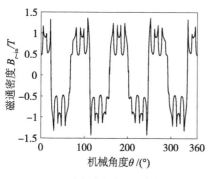

(a) 内气隙径向磁通密度

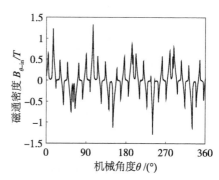

(b) 内气隙切向磁通密度

图 2-8　内、外气隙中间位置处的磁通密度

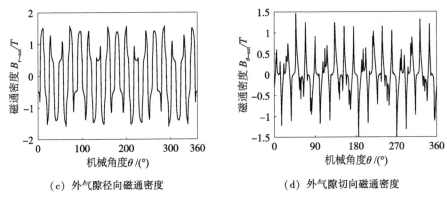

（c）外气隙径向磁通密度   （d）外气隙切向磁通密度

图2-8　内、外气隙中间位置处的磁通密度 （续）

2.3.7 磁力线分布

通过有限元分析法计算得到的磁场调制型磁齿轮在不同相位差条件下的磁力线分布如图2-9所示。可以看出，内、外转子相邻永磁体之间的磁力线就近闭合，而永磁体中心部位的磁力线穿过背铁和调磁环在内、外转子之间形成闭合曲线，后者说明了内、外转子之间有磁耦合作用，能够在内、外转子之间传递转矩。

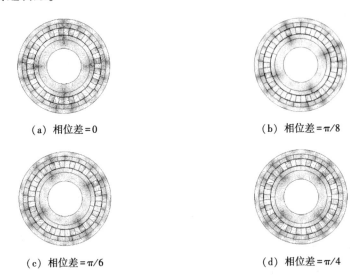

（a）相位差=0   （b）相位差=π/8

（c）相位差=π/6   （d）相位差=π/4

图2-9　磁场调制型磁齿轮在不同相位差条件下的磁力线分布

2.3.8　转矩特性

如表 2-2 所示的算例磁齿轮机构，保持外转子位置不变，内转子沿逆时针方向旋转 180°，采用有限元法，每隔 3° 进行一次计算，可以得到该机构的转矩特性。同理，由式（2-19）所示的解析法也可以得到该机构的转矩特性。两种方法得到的转矩特性对比曲线如图 2-10 所示。

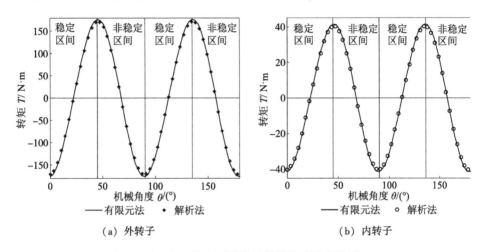

图 2-10　磁场调制型磁齿轮的转矩特性曲线对比

由图 2-10 可知，磁场调制型磁齿轮的静态转矩随内、外转子相对旋转角的变化呈现出正弦变化规律，这与其他学者的研究结果一致。解析法和有限元法得到的转矩特性曲线相差不大，由于理论计算无法考虑所有级数项，因此在每一个相对角度下得到的转矩略比有限元法小。内、外转子的转矩之比始终等于传动比，即外转子上永磁体极对数与内转子上永磁体极对数的比值。静态转矩的波动周期与内转子上的永磁体极对数 p_1 有关，即等于 $2\pi/p_1$。

由于磁齿轮机构的运行存在稳定运行区间和非稳定运行区间，而磁齿轮传动系统只能在稳定运行区间传递转矩。无负载时，磁齿轮机构位于稳定运行区间的零点位置，即平衡位置；存在负载时，磁齿轮机构在负载点所在位置稳定运行；随着负载的增大，磁齿轮机构在新的负载点工作；当内、外转子相对角度由初始位置转过 $\pi/8$ 时，该样机静态转矩达到最大值，此转矩即为该机构的最大输出转矩。若负载大于磁齿轮机构的最大静态转矩，则外转子（或负载端）逐渐减速，直至在某位置往复摆动，而内转子（或输入端）仍然跟随原动机一起旋转，内、外转子没有因为过载而发生明显的冲击现象，体现了磁齿轮机构的过载自我保护能力。

2.4 设计参数对转矩特性的影响规律

磁场调制型磁齿轮的转矩特性受设计参数影响较大，分析各参数对转矩特性的影响规律，优化传动系统结构可以使该机构的传动能力达到最高。

磁齿轮机构所能传递的最大转矩及其转矩密度是评价该机构的两个重要指标，其中最大转矩决定其承载能力，而转矩密度则标志着其最佳利用率。为了找出各个结构参数对机构转矩特性的影响规律，从气隙厚度、调磁环厚度、永磁体厚度、磁极对数、轴向长度和偏心距等因素对该机构最大转矩和转矩密度的影响进行分析。解析法和有限元法计算得到的机构转矩特性曲线差别不大，鉴于有限元法能够全面考虑解析计算中各个级数项对计算结果的影响，本节仅列出了有限元法的计算结果并进行分析。

2.4.1 气隙厚度对转矩特性的影响规律

保持磁场调制型磁齿轮机构各部分在径向方向上的厚度不变，当内、外气隙的大小发生变化时，外转子最大转矩和机构转矩密度变化曲线如图 2-11 所示。

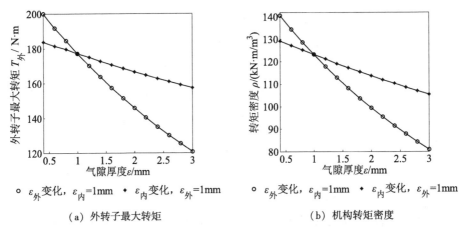

（a）外转子最大转矩　　　　　　（b）机构转矩密度

图2-11　磁场调制型磁齿轮外转子最大转矩和机构转矩密度随气隙厚度变化曲线

由图 2-11 a 可知，随着内、外转子与调磁环之间气隙厚度的增大，外转子最大转矩逐渐减小，且外气隙厚度的变化对外转子最大转矩的影响更大。这是由于空气的磁导率较低，因此随着气隙厚度的增大，转子与调磁环之间的磁阻增大，磁势损失增多，使外转子输出转矩减小。与内转子相比，外转子的极数较多，外气隙增大使相邻磁极的磁力线自行封闭得更多，所以外气隙增大使外转子最大转矩衰减得更快。由图 2-11 b 可以看出，机构转矩密度的变化趋势与外转子最大转矩的变化趋势一致，这是因为当内、外气隙厚度发生变化时，机构的体积几乎不发生变化。

虽然随着内、外气隙厚度的减小，磁齿轮机构能够传递的最大转矩明显增大，但考虑磁齿轮中零部件的加工及安装精度，气隙的厚度选择 0.5~1mm 较为适宜。

2.4.2 调磁环厚度对转矩特性的影响规律

保持内转子的几何尺寸和外转子在径向方向上的厚度不变，当调磁环的厚度变化时，外转子最大转矩和机构转矩密度变化曲线如图 2-12 所示。

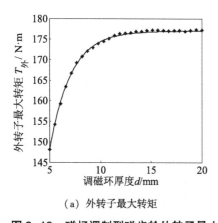

（a）外转子最大转矩

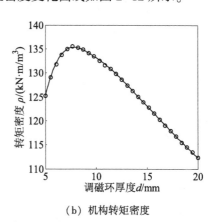

（b）机构转矩密度

图 2-12 磁场调制型磁齿轮外转子最大转矩和机构转矩密度随调磁环厚度变化曲线

由图 2-12 a 可知，随着调磁环厚度的增加，外转子最大转矩先快速增加，然后逐渐趋于定值。当调磁环厚度较小时，无法在内、外气隙位置处形成规则的等磁极耦合磁场，调制效果相对混乱，随着调磁环厚度的增大，内、外气隙位置处逐渐形成较为规则的等磁极耦合磁场，调磁效果越来越明显，外转子最大转矩增加得较快。当调磁环厚度增大到一定程度时，调制效果已趋于饱和，调磁环厚度的增大使机构的磁阻增大，且同时使内、外转子耦合面积增加，两者互相作用，使外转子最大转矩基本保持为常数。由图 2-12 b 可知，随着调磁环厚度的增加，磁齿轮机构的转矩密度先增大后减小，这是因为调磁环厚度的增大，使外转子最大转矩在增加到一定数值后基本保持不变，而磁齿轮机构的体积不断增加造成的。

为提高磁齿轮机构的传动能力，保证调磁效果，调磁环的厚度应尽量大于 10mm。同时，为了保证不降低机构的转矩密度，调磁环的厚度选择 8~15mm 较为合适。综合调磁环对磁齿轮机构传递转矩及转矩密度的影响，调磁环厚度选择 10~15mm 较为合适。

2.4.3 永磁体厚度对转矩特性的影响规律

为了保证磁耦合面积不变，当分别保持内转子永磁体外径尺寸和外转子永磁体的内径尺寸不变，而使外、内转子上永磁体的厚度增大时，外转子最大转矩和机构转矩密度变化曲线如图 2-13 所示。当保持内转子永磁体内径尺寸、外转子和调磁环的径向厚度不变，而使内转子永磁体的厚度增大时，外转子最大转矩变化和机构转矩密度变化曲线如图 2-14 所示。

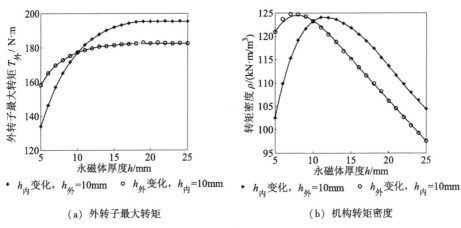

（a）外转子最大转矩　　　　　　　（b）机构转矩密度

图 2-13　磁耦合面积不变条件下磁齿轮外转子
最大转矩和机构转矩密度随永磁体厚度变化曲线

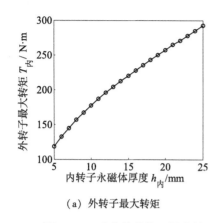

（a）外转子最大转矩

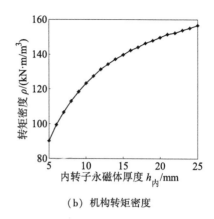

（b）机构转矩密度

图 2-14　磁齿轮外转子最大转矩和机构转矩密度随永磁体厚度变化曲线

由图 2-13 a 可知，无论是当内转子还是外转子永磁体厚度增大时，外转子最大转矩均呈现出先迅速增加，然后逐渐趋于稳定的趋势。在永磁体厚度较小时，其厚度的增大使外气隙的磁通密度增大，外转子输出转矩迅速增大。但在永磁体厚度达到 18mm 以上时，静磁能的增加与磁阻损失相平衡，增加的厚度对内、外转子耦合位置处的磁通密度影响很小，基本可以忽略。且前述假设保持内、外转子上永磁体磁耦合面积不变，所以外转子的输出转矩基本维持在一个恒定值上。图 2-13 b 所示的机构转矩密度同时受到外转子最大转矩和机构体积的影响，随着永磁体厚度的增大，该机构体积逐渐增大，所以转矩密度呈现出先增大后减小的趋势。

由图 2-14 a 可知，当内转子永磁体内径尺寸保持不变时，随着内转子永磁体厚度的增大，外转子最大转矩逐渐增大，二者大致呈线性关系。与图 2-13 a 中对应的情况相比，内转子永磁体厚度增大时，调磁环和外转子的径向尺寸也增大，内、外转子的磁耦合面积增大，所以外转子最大转矩一直呈现出增大的趋势。在内转子永磁体厚度增大的过程中，外转子最大转矩和机构的体积同时增大，但外转子最大转矩增加得较快，所以此时机构的转矩密度也有所提高。

为了提高永磁体利用率和磁齿轮机构的传动能力，永磁体的厚度选择 10~20mm 较为合适，考虑整体机构的转矩密度，永磁体的厚度选择 6~12mm 较为合适。综合以上分析，永磁体的厚度选择 10~12mm 较为合适。

2.4.4 磁极对数对转矩特性的影响规律

在其他几何设计参数保持为定值，且内转子磁极对数为 4 的情况下，当外转子磁极对数变化时，调磁环及内、外转子的最大转矩和机构转矩密度变化曲线如图 2-15 所示。

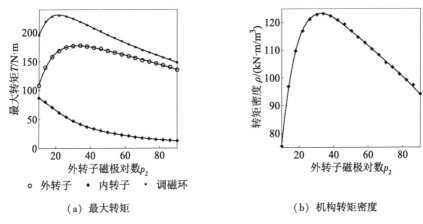

　　（a）最大转矩　　　　　　　　　　　（b）机构转矩密度

图 2-15　磁齿轮最大转矩和机构转矩密度随磁极对数变化曲线

由图 2-15 a 可知，随着外转子磁极对数的增加，外转子最大转矩先增大后减小，而内转子最大转矩一直在减小。这是由于随着外转子磁极对数的增加，磁极中存储的静磁能增加，穿过内、外转子的磁力线增多，外转子转矩有增大的趋势；但同时外转子相邻磁极间形成的封闭磁力线也增多，这些磁力线不能够在内、外转子之间提供转矩，磁极之间的相互干涉作用增强，外转子转矩有减小的趋势。当外转子永磁体极对数较少时，前者起主要作用；而当外转子极对数较多时，后者起主要作用，因此外转子输出转矩呈现先增加后减小的趋势。外转子磁极对数增加时，内转子磁极对数始终保持不变，磁齿轮机构的传动比增大，因此内转子转矩减小；随着外转子磁极对数的增加，调磁环和内、外转子的最大转矩一直在变化，但内、外转子的最大转矩之和始终等于调磁环的最大转矩，说明系统内部转矩平衡。在外转子磁极对数变化的过程中，机构的体积保持不变，图 2-15 b 中的转矩密度的变化趋势与图 2-15 a 中外转子最大转矩的变化趋势一致。因此，为了保证磁齿轮机构具有较高的传递载荷的能力，外转子永磁体的极对数应选择 20~40。

2.4.5 轴向长度对转矩特性的影响规律

在其他设计参数保持为定值的情况下，外转子最大转矩和机构转矩密度随机构轴向有效长度变化曲线如图 2-16 所示，端部效应转矩在理论输出转矩中所占百分比随轴向长度变化曲线如图 2-17 所示。

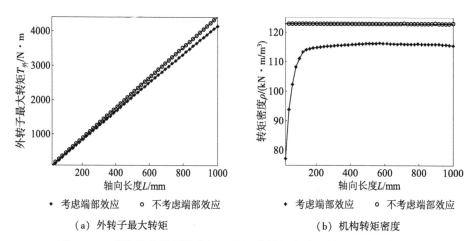

    ◆ 考虑端部效应   ○ 不考虑端部效应   ◆ 考虑端部效应   ○ 不考虑端部效应

      （a）外转子最大转矩   （b）机构转矩密度

图 2-16 磁齿轮外转子最大转矩和机构转矩密度随轴向长度变化曲线

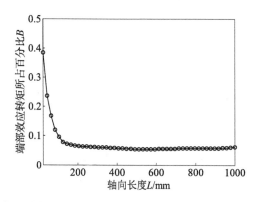

图 2-17 端部效应转矩在理论输出转矩中所占百分比随轴向长度变化曲线

由图 2-16 a 可知，随着轴向长度的增大，两种情况下的外转子最大转矩都增大。不考虑端部效应时，外转子最大转矩与轴向长度呈严格的线性关系；考虑端部效应时，外转子的最大转矩均比不考虑端部效应时要小。这是因为二维计算中认为磁齿轮机构在任意横截面上的磁场分布相同，没有考虑轴端部与中心等各个位置处横截面上磁场的差异，而实际上，端部外侧附近区域也有一定的磁力线通过，存在端部漏磁现象，即在机构的端部外侧存在端部效应，引起各个横截面的磁场分布并不一致，三维计算中则考虑了此问题。由图 2-16 b 可知，不考虑端部效应时，机构的转矩密度与轴向长度无关；考虑端部效应时，随着轴向长度的增大，机构转矩密度逐渐增大，最终趋向于一个定值。由图 2-17 可知，随着轴向长度的增大，端部效应转矩所占百分比在逐渐减小，说明相对误差逐渐越小，最后趋向于一个定值，这说明轴向长度的增加使端部磁漏引起的转矩损失所占的比重越来越小，端部效应逐渐减弱。

考虑永磁体端部漏磁的影响，为了提高永磁体利用率并传递较大的转矩，应尽量使磁齿轮的轴向有效长度大于 200mm。

2.4.6 偏心距对转矩特性的影响规律

在实际加工或者安装过程中，转子的偏心是不可避免的。在其他设计参数保持为定值的情况下，当机构内转子存在一定的偏心时，机构转矩特性对比曲线如图 2-18 所示，外转子最大转矩和机构转矩密度随偏心距变化曲线如图 2-19 所示。

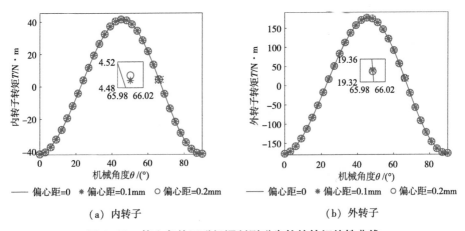

$$\text{(a) 内转子} \qquad \text{(b) 外转子}$$

图 2-18 偏心条件下磁场调制型磁齿轮的转矩特性曲线

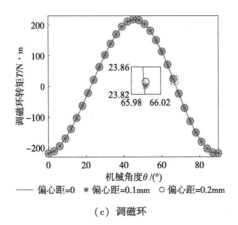

（c）调磁环

图 2-18　偏心条件下磁场调制型磁齿轮的转矩特性曲线（续）

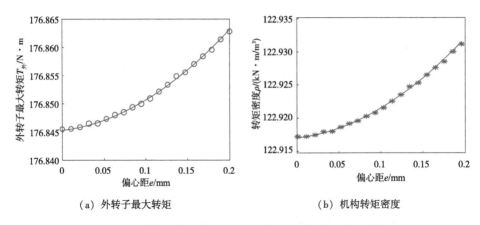

（a）外转子最大转矩　　　　　　　　（b）机构转矩密度

图 2-19　外转子最大转矩和机构转矩密度随偏心距变化曲线

　　由图 2-18 可知，当机构的内转子存在一定的偏心时，内、外转子以及调磁环的静态转矩曲线几乎不发生变化，且与前述磁极对数变化时的转矩关系一样，不同转角条件下，内、外转子的转矩之和等于调磁环的转矩。由图 2-19 可知，当偏心距由 0 逐渐变化到最大值 0.2mm 时，外转子最大转矩变化幅度还不到 0.02N·m，说明偏心虽然使机构承载转矩有一定的变化，但影响甚微，同时机构的体积保持不变，所以转矩密度的变化也很小。偏心使机构沿着偏心方向的气隙减小、磁阻减小，同时使机构在相反方向的气隙增大、磁阻增大，二者的共同作用使外转子最大转矩基本保持不变，这种现象称为磁齿轮机构的磁力互补。传统的平行轴式磁齿轮对偏心是较为敏感的，这使得该磁场调制型磁齿轮机构在实际中有更广泛的应用前景。

2.4.7 内转子铁芯轭部外径对转矩特性的影响规律

在其他设计参数保持为定值的情况下，外转子最大转矩和机构转矩密度随内转子铁芯轭部外径变化曲线如图 2-20 所示。

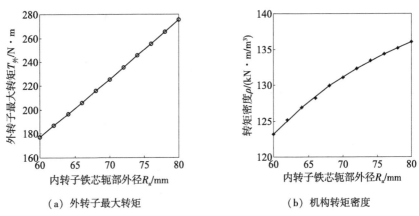

（a）外转子最大转矩 　　　　　（b）机构转矩密度

图 2-20　外转子最大转矩和机构转矩密度随内转子铁芯轭部外径变化曲线

由图 2-20 a 可知，随着内转子铁芯轭部外径增大，外转子最大转矩增大，且二者之间大致呈线性关系，内转子铁芯轭部外径的增大会使内、外转子与调磁环之间的磁耦合面积增加，因此机构的转矩传递能力增大。同时，机构的体积也在不断增大，但外转子最大转矩增加得更快，因此机构的转矩密度也逐渐增大。

2.4.8 剩磁对转矩特性的影响规律

在其他设计参数保持为定值的情况下，外转子最大转矩和机构转矩密度随剩磁变化曲线如图 2-21 所示。

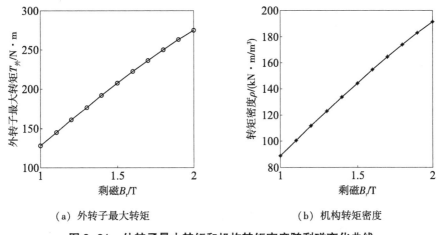

(a) 外转子最大转矩   (b) 机构转矩密度

图 2-21 外转子最大转矩和机构转矩密度随剩磁变化曲线

由图 2-21 a 可知，随着剩磁的增大，外转子最大转矩增大，且二者之间大致呈线性关系，剩磁的增加会使内、外转子的静磁能增加，内、外转子与调磁环之间的磁耦合能力增强，同时机构的体积保持不变，所以其转矩和转矩密度的变化趋势一致。

综上所述，各个设计参数对机构最大输出转矩和转矩密度均具有一定的影响。其中，由于气隙磁阻较大，因此其厚度对转矩特性的影响最为明显，加工和安装精度对气隙厚度的取值影响较大。由于磁阻增加和磁耦合面积的影响相平衡，调磁环和永磁体的厚度在增加到一定数值后，外转子的最大转矩基本保持为恒定值；磁极对数有一个最佳的中间匹配值，从而平衡了静磁能和磁力线就近封闭对转矩的影响，且磁极对数的设计还主要考虑齿槽定位转矩的影响。随着轴向长度、内转子铁芯轭部外径和剩磁的增大，外转子最大转矩一直保持着增大的趋势。基于上述分析，确定磁场调制型磁齿轮机构样机设计的主要参数见表 2-3。

表2-3　磁场调制型磁齿轮机构样机设计的主要参数

参数名称	数值	参数名称	数值
内转子永磁体的极对数 p_1	4	外转子永磁体的极对数 p_2	17
调磁环的极片数 N_s	21	内转子铁芯轭部的内径 R_g/mm	40
内转子铁芯轭部的外径 R_a/mm	60	内转子永磁体的厚度 T_1/mm	10
内气隙的内径 R_b/mm	70	内气隙的外径 R_e/mm	70.8
调磁环的厚度 T_2/mm	12	外气隙的内径 R_f/mm	82.8
外气隙的外径 R_d/mm	83.6	外转子永磁体的厚度 T_3/mm	10
外转子铁芯轭部的内径 R_c/mm	93.6	外转子铁芯轭部的外径 R_h/mm	103.6
机构的轴向长度 L/mm	200	永磁体的剩磁 B_r/T	1.3
永磁体的矫顽力 H_c/kOe	11.6		

2.5　本章小结

　　本章采用解析法和有限元法对磁场调制型磁齿轮的磁通密度、转矩进行了对比，相互验证了两种方法的正确性；完成了磁场调制型磁齿轮设计因素对系统转矩特性的影响规律分析，给出了优化后磁场调制型磁齿轮的设计参数的选择方案，为该机构的动态分析和样机设计提供了理论依据。

第 3 章 基于输出转矩的磁齿轮设计公式

本章建立同轴式磁齿轮的参数化模型，综合考虑不同尺寸系列的磁齿轮最大输出转矩随设计参数变化的增长率，确定不同尺寸磁齿轮的最优设计参数。考虑多种设计参数的影响，基于数据拟合方法，提出磁齿轮设计公式。

3.1 有限元建模分析

在不考虑损耗且以低转速运行的工作条件下，同一尺寸的磁齿轮转速的变化对最大输出转矩的影响很小，磁齿轮的最大输出转矩只与其结构参数有关。故对不同磁齿轮结构参数与对应的功率规律的研究可以转换为对不同磁齿轮结构参数与对应的最大输出转矩规律的研究。

本书主要研究内、外传动方式。磁齿轮的传动比与内、外磁极对数之比相同，这与传统齿轮的齿数比等于传动比类似。根据现有磁齿轮样机，选用内磁极对数为 4、外磁极对数为 17，即传动比为 4.25 的情况进行分析。本章主要研究在不考虑损耗的情况下，不同磁齿轮结构参数与最大输出转矩之间的关系。采用 Ansoft Maxwell 有限元仿真软件，进行二维静态及三维静态仿真分析。

3.1.1 有限元模型建立

使用 Ansoft Maxwell 软件建立磁齿轮参数化二维模型。磁齿轮的性能与多种参数有关，为了控制单一变量，保证在气隙、内外永磁体及内外铁芯尺寸其一改变时，其余尺寸保持不变。通过在 "Design Properties" 菜单下定义变量而实现参数化，选取调磁环内半径作为基准尺寸，调磁环厚度及极弧系数、内外永磁体厚度及极弧系数、内外铁芯厚度、气隙厚度作为变量，改变参数变量后，模型会自动改变，使各种不同参数条件下模型的有限元分析和优化设计更加方便。

3.1.2 材料选择及网格划分

选用剩磁为 1.35T、矫顽力为 12200Oe 的钕铁硼永磁材料作为内、外转子永磁体使用，径向充磁安装。调磁环及内、外铁芯为导磁材料，选用 35TW250 型号硅钢片叠压而成。内、外永磁体隔块及调磁环隔块为非导磁部分，材料选用环氧树脂。

Ansoft Maxwell 网格划分采用了三角形剖分设置，通过软件自带的自适应剖分可以得出正确的仿真结果。但是，其自动划分的网格尺寸是根据不同模型的尺寸改变网格的尺寸，不能保证所有模型网格尺寸统一。故可以通过经验手动设置剖分情况，通过 Inside Selection 网格划分方式限制其最大网格长度，保证磁齿轮模型的单位网格尺寸为 2mm。

3.1.3 边界条件及求解设置

在磁齿轮模型中，绘制过大的求解区域会浪费时间和计算机资源，比较理想的处理方式是引入无穷远边界条件。通过 Ansoft Maxwell 设置气球边界条件，可减小计算资源和时间的开销。

在"Parameters"菜单下定义内转子和外转子的转矩，可以在后处理过程中展示内、外转子的转矩变化情况。在"Analysis"菜单中执行"Add Solution Setup"，可设置最大收敛步数。此参数决定了网格重划分的次数，因之前的网格划分尺寸相对较小，故可以直接使用默认的最大收敛步数 10。

3.2 初始径向尺寸确定

磁齿轮的几何参数主要包括调磁环内径、内永磁体厚度、内铁芯厚度、外永磁体厚度、外铁芯厚度、调磁环厚度、气隙厚度、调磁环极弧系数、内转子极弧系数、外转子极弧系数、轴向长度。下面对各个参数进行分析和确定。

磁齿轮输出转矩随着内、外转子极弧系数的增大而增大，理论上选取极弧系数为 1 时，磁齿轮的输出转矩最大。故仿真计算中选取内、外转子的极弧系数为 1。随着调磁环极弧系数的增大，磁齿轮的输出转矩先增大后减小。而且当调磁环极弧系数为 0.47~0.51 时，磁齿轮的最大输出转矩变化可以忽略不计。为了方便计算，选取调磁环极弧系数为 0.5。磁齿轮输出转矩随气隙厚度的增大而减小，故选取气隙厚度为 1mm 进行仿真。

选取调磁环内半径为 40mm，建立初始模型。随着内、外永磁体厚度及内、外铁芯厚度的增大，磁齿轮输出转矩先急剧增加，达到一定值后增加缓慢，进而保持不变。而随着调磁环厚度的增加，磁齿轮输出转矩先急剧增加，达到一定值后缓慢下降。故首先将调磁环厚度设为变量，给其余厚度设置一个相对较大的值，对调磁环厚度进行参数化编辑，通过二维静态仿真，模拟不同调磁环厚度的磁齿轮的最大转矩。仿真得其最优值为 7mm。

然后选择内、外永磁体厚度。先对内永磁体厚度进行参数化设置，通过二维静态仿真，得到在内永磁体厚度为 7mm 时，输出转矩增加速度最快，而后随着永磁体厚度的增加，输出转矩增加不明显，故选取内永磁体厚度为 7mm。按同样的方式对外永磁体进行仿真，最终选取外永磁体厚度为 5mm。

最后选择内、外铁芯厚度。先对内铁芯厚度进行参数化设置，通过二维静态仿真，得到在内铁芯厚度为 7mm 时，其输出转矩最大，且基本不随内铁芯厚度的增加而改变，故选取内铁芯厚度为 7mm。以同样的方式进行仿真，最终选取外铁芯厚度为 3mm。

改变调磁环内半径，分别选取 50mm、60mm、70mm、80mm、90mm、100mm、110mm、120mm 作为调磁环内径的基准设计尺寸，仿照上述仿真过程，得到一系列尺寸的磁齿轮参数，结果见表 3-1。

表 3-1　磁齿轮系统初始设计尺寸参数表

参数名称	数　值								
调磁环内半径/mm	40	50	60	70	80	90	100	110	120
内铁芯内径/mm	50	62	74	86	98	112	122	136	148
内铁芯外径/mm	64	80	96	112	128	146	164	182	198
内永磁体外径/mm	78	98	118	138	158	178	198	218	238
内、外气隙厚度/mm	1	1	1	1	1	1	1	1	1
内、外转子极弧系数	1	1	1	1	1	1	1	1	1
调磁环内径/mm	80	100	120	140	160	180	200	220	240
调磁环外径/mm	94	118	142	166	190	212	234	256	280
调磁环极弧系数	0.5	0.5	0.5	0.5	0.5	0.5	0.5	0.5	0.5
外永磁体内径/mm	96	120	144	168	192	214	236	258	282
外永磁体外径/mm	106	132	160	188	216	240	266	290	316
外铁芯外径/mm	112	140	170	200	230	256	286	312	342

3.3　尺寸参数优化

　　为了建立磁齿轮输出转矩随设计参数的计算公式，首先需要明确输出转矩随各设计参数的变化规律。因此需要分析不同尺寸系列、主要构件具有不同厚度时磁齿轮的最大输出转矩。本节将遵循一定的设计原则，对磁齿轮不同构件尺寸参数对输出转矩的性能指标的影响进行分析，基于合理的选取方法，对磁齿轮进行尺寸优化。

3.3.1　内永磁体厚度优化

　　首先保证外转子和调磁环尺寸不变，对每一系列的磁齿轮内永磁体厚度进行参数化设置，对不同尺寸的磁齿轮设定适合的内永磁体厚度范围。因为调磁环尺寸和气隙厚度保持不变，所以内永磁体外径也就保持不变，改变内永磁体厚度相当于减小内永磁体的内径。不同尺寸系列下，输出转矩随内永磁体厚度变化曲线如图 3-1 所示。

　　由仿真结果可知，随着内永磁体厚度的增加，最大输出转矩随之增加，且增加得越来越缓慢。由于内永磁体厚度的增加，磁场逐渐饱和，因此理论上当永磁体厚度达到某一最大值后，输出转矩将不再变化。

理论上，所选择的永磁体越厚，磁齿轮传递的转矩越大，传动性能越强。但是根据仿真结果，当最大输出转矩对应的永磁体厚度比较大时，会因材料过厚而导致输入轴强度减弱、内磁环过于笨重，对实际损耗、加工精度、安装方式和成本都有较大影响。

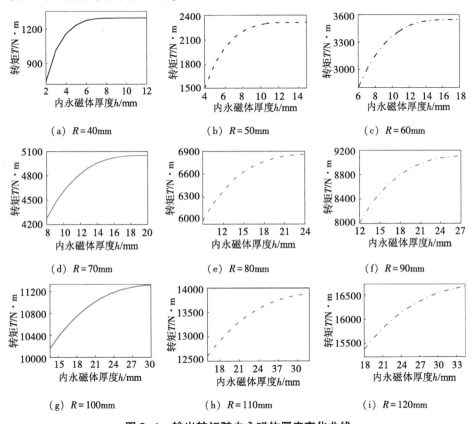

图3-1 输出转矩随内永磁体厚度变化曲线

对仿真结果进行统计处理，针对某一调磁环尺寸系列，对相邻转矩作差，计算内永磁体厚度对输出转矩的环比增长率，即

$$r_i = \frac{T_{i+1} - T_i}{T_i} \times 100\% \qquad (3-1)$$

式中 n——内永磁体厚度样本数量，$i = 1, 2, \cdots, n-1$；

　　　r_i——环比增长率（%）。

如图 3-2 所示，当内永磁体厚度较小时，输出转矩的环比增长率较大；达到一定厚度后，环比增长率缓慢减小并趋于零。这与输出转矩随内永磁体厚度的变化趋势一致。两者均可作为内永磁体厚度选择的依据，且环比增长率更能体现内永磁体厚度增加带来的转矩增量收益是否能够达到预期。

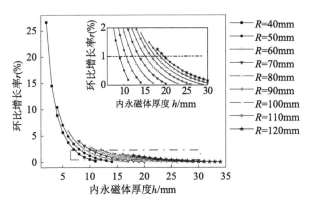

图 3-2　环比增长率随内永磁体厚度变化曲线

依据环比增长率，选择 1% 附近的内永磁体厚度作为该系列内永磁体厚度的最优值，不同尺寸系列对应的内永磁体最优厚度分别为 [9 12 13 14 16 17 18 19 20]。在实际应用中，可以根据其他因素改变环比增长率的数值而选择相应的永磁体厚度值。

考虑环比增长率在优化各构件厚度方面的优势，后面分析各参数对输出转矩的影响时仅采用输出转矩随各参数的增长率。

3.3.2　内铁芯厚度优化

将内永磁体厚度设置为最优值后，保持外转子、调磁环及内永磁体尺寸不变。对每一系列的磁齿轮内铁芯厚度进行参数化设置，对不同尺寸的磁齿轮设定适合的内铁芯厚度范围。因为内永磁体尺寸保持不变，所以内铁芯的外径也就保持不变，改变内铁芯的厚度相当于减小内铁芯的内径。不同尺寸系列下输出转矩随内铁芯厚度变化曲线如图 3-3 所示。

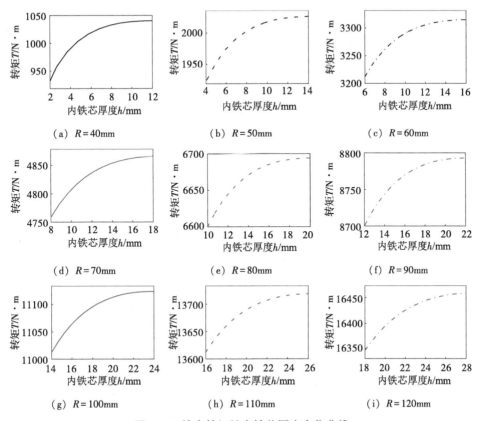

图 3-3　输出转矩随内铁芯厚度变化曲线

　　由仿真结果可知，随着内铁芯厚度的增加，最大输出转矩随之增加，且增加得越来越缓慢。输出转矩环比增长率随内铁芯厚度变化曲线如图 3-4 所示。

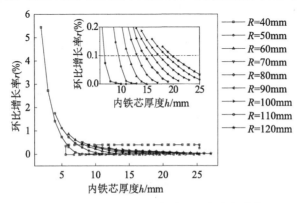

图 3-4　环比增长率随内铁芯厚度变化曲线

由图 3-4 可知，随着内铁芯厚度的增加，输出转矩的环比增长率逐渐降低并趋近于零，且内铁芯厚度的增加没有永磁体厚度的增加更有利于提高输出转矩，这是由于永磁体属于动力输入源。考虑内铁芯厚度对输出转矩的影响并不明显，选取环比增长率为 0.1% 附近的点作为该尺寸系列的最优值，分别为 [7 10 12 14 15 17 18 19 20]。

3.3.3 调磁环厚度优化

将内转子厚度设置为最优值后，保证内转子尺寸不变，对每一系列的磁齿轮调磁环厚度进行参数化设置，对不同尺寸的磁齿轮设定适合的调磁环厚度范围。改变调磁环厚度相当于增大调磁环的外径，得到的仿真结果如图 3-5 所示。

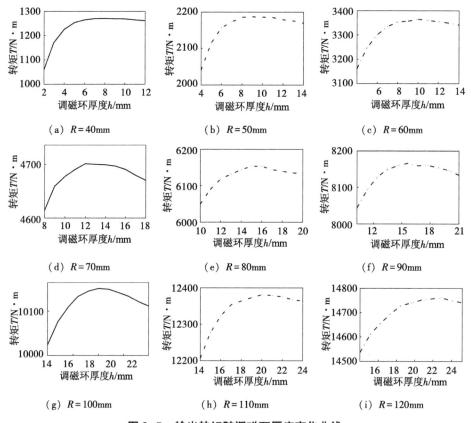

图 3-5　输出转矩随调磁环厚度变化曲线

由仿真结果可知，随着调磁环厚度的增加，输出转矩先增大，然后缓慢减小。输出转矩环比增长率随调磁环厚度变化曲线如图 3-6 所示。

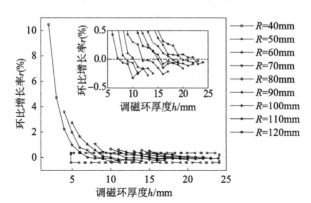

图 3-6　环比增长率随调磁环厚度变化曲线

由图 3-6 可知，随着调磁环厚度的增加，输出转矩环比增长率逐渐减小为零后变为负数，这是由于调磁环达到一定厚度后将具有较好的磁场调制效果，继续增厚将增加磁阻进而降低输出转矩。当环比增长率为零时，输出转矩达到最大值，但即便是大于零，当增长率较小时，调磁环厚度的增加对输出转矩的影响也很小。这里为了充分发挥磁齿轮的传动能力，选择输出转矩最大时对应的调磁环厚度，即将环比增长率为 0 附近时的厚度值作为调磁环厚度最优值，分别为 [8 9 11 13 15 16 18 21 22]。

3.3.4　外永磁体厚度优化

保持其他部分尺寸不变，对每一系列的磁齿轮外永磁体厚度进行参数化设置，对不同尺寸的磁齿轮设定适合的外永磁体厚度范围，得到的仿真结果如图 3-7 所示。

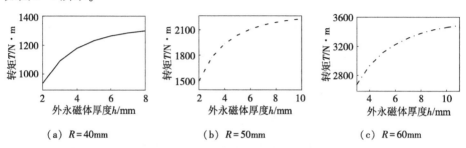

（a）$R=40mm$　　　　（b）$R=50mm$　　　　（c）$R=60mm$

图 3-7　输出转矩随外永磁体厚度变化曲线

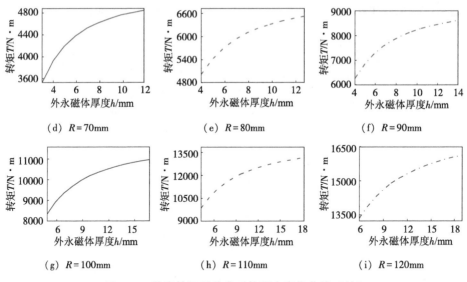

(d) R=70mm   (e) R=80mm   (f) R=90mm

(g) R=100mm   (h) R=110mm   (i) R=120mm

图 3-7   输出转矩随外永磁体厚度变化曲线（续）

由仿真结果可知，转矩随外永磁体厚度的变化规律与内永磁体厚度类似。随着外永磁体厚度的增加，最大输出转矩随之增加，且增加得越来越缓慢。输出转矩环比增长率随外永磁体厚度变化曲线如图 3-8 所示。

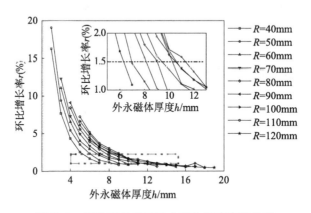

图 3-8   环比增长率随外永磁体厚度变化曲线

由图 3-8 可知，永磁体厚度对输出转矩也有比较大的影响，尤其是当永磁体厚度较小时，环比增长率较大。为了提高永磁体利用率，可选择较大环比增长率附近的点作为永磁体的最佳厚度值，选取环比增长率为 1.5% 时各尺寸系列的尺寸最优值，分别为 [6 7 8 9 10 10 11 11 12]。

3.3.5　外铁芯厚度优化

　　对每一系列的磁齿轮外铁芯厚度进行参数化设置，对不同尺寸的磁齿轮设定适合的外铁芯厚度范围。因为外永磁体尺寸保持不变，所以外铁芯的内径也就保持不变，改变外铁芯的厚度相当于增大外铁芯的外径。仿真结果和输出转矩环比增长率随外铁芯厚度变化曲线如图 3-9、图 3-10 所示。

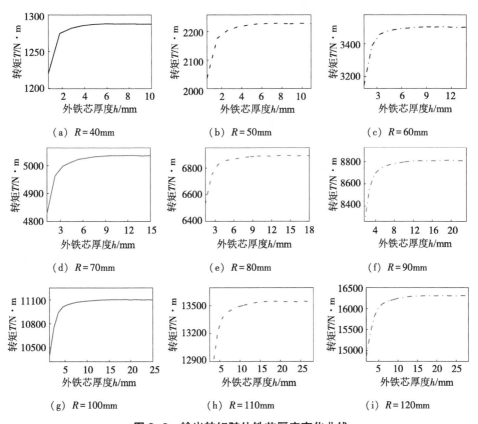

图 3-9　输出转矩随外铁芯厚度变化曲线

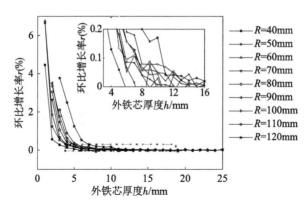

图 3-10　环比增长率随外铁芯厚度变化曲线

由仿真结果和环比增长率分析可知，随着外铁芯厚度的增加，最大输出转矩急剧增大，之后在一定范围内波动。外铁芯厚度对整个磁齿轮传递转矩的能力影响不大，基本上在外铁芯厚度达到 3mm 后，转矩开始出现波动。而外铁芯作为磁齿轮最外层，既要考虑刚度又要考虑强度，其过薄或过厚都会破坏磁齿轮的结构稳定性。因此，按照磁齿轮系列的基准尺寸选择，调磁环内径为 40mm 时，外铁芯厚度为 4mm；调磁环内径为 50mm 时，外铁芯厚度为 5mm。依此类推，最优值分别为 [4 5 6 7 8 9 10 11 12]。

综上所述，各尺寸设计参数对磁齿轮最大转矩均具有不同的影响，优化选择方式也不同。基于上述分析，最终选取的不同系列磁齿轮模型优化设计尺寸参数见表 3-2。

表 3-2　磁齿轮系列优化设计尺寸参数

参数名称	数　值								
调磁环内半径/mm	40	50	60	70	80	90	100	110	120
内铁芯内径/mm	46	54	68	82	96	110	126	142	158
内铁芯外径/mm	60	74	92	110	126	144	162	180	198
内永磁体外径/mm	78	98	118	138	158	178	198	218	238
内、外气隙厚度/mm	1	1	1	1	1	1	1	1	1
内、外转子极弧系数	1	1	1	1	1	1	1	1	1
调磁环内径/mm	80	100	120	140	160	180	200	220	240

续表

调磁环外径/mm	96	118	142	166	190	212	236	262	284
调磁环极弧系数	0.5	0.5	0.5	0.5	0.5	0.5	0.5	0.5	0.5
外永磁体内径/mm	98	120	144	168	192	214	238	264	186
外永磁体外径/mm	110	134	160	186	212	234	260	286	310
外铁芯外径/mm	118	144	172	200	228	252	280	308	334

尺寸优化后的磁齿轮与初始尺寸的磁齿轮的转矩密度对比见表 3-3。可以看出，尺寸优化后的磁齿轮材料利用率更高。

表 3-3 磁齿轮转矩密度对比

调磁环内半径/mm		40	50	60	70	80	90	100	110	120
转矩密度/ ($N \cdot mm/mm^3$)	优化尺寸下	171	201	218	237	242	256	263	268	267
	初始尺寸下	163	180	189	196	202	214	1 88	227	226

3.3.6 轴向长度设计优化

磁齿轮存在漏磁现象，漏磁是磁源通过特定磁路泄露在空气中的磁场能量。漏磁系数对磁齿轮的性能有较大影响。在永磁同步电机中，漏磁路径复杂多变，既有极间漏磁，又有端部漏磁。而在磁齿轮设计中，端部漏磁的影响比较明显。

因为二维静态仿真中轴向上各横截面的磁场状态相同，而仿真结果的默认轴向长度为 1m，所以轴向长度的计算需要进行三维静态分析，而三维静态仿真得到的结果与二维静态仿真后对结果进行长度改变处理后的结果存在差异，这是由于三维仿真考虑了永磁材料轴向漏磁而导致的。但三维静态仿真所花费的时间比二维静态仿真长得多，如果需要处理大量的尺寸数据，现有条件非常消耗时间。所以需要对前期得到的二维模型进行三维求解，与二维处理后的结果相比较，求得其漏磁系数。在设计磁齿轮时，按照二维模型的转矩值进行计算，用最后的结果乘漏磁系数，得到最终的转矩值。

根据上文得到的不同系列的磁齿轮模型尺寸参数，对每一系列磁齿轮模型的轴向长度进行参数化设置，然后进行三维静态仿真，将三维输出转矩与二维输出转矩相比，得到不同尺寸系列下的端部漏磁系数，如图 3-11 所示。

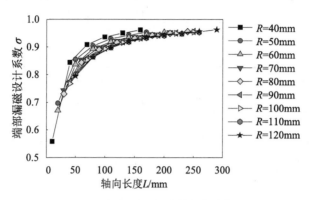

图 3-11　端部漏磁系数随轴向长度变化曲线

由图 3-11 可知，对于同一尺寸系列，随着轴向长度的增加，漏磁的减少使端部漏磁系数逐渐增加，即输出转矩逐渐增加，但增加幅度越来越小。轴向长度越大，对端部漏磁的影响越小。磁齿轮实际设计时应减少端部漏磁的影响，故磁齿轮轴向长度应尽量选得大些，综合考虑磁齿轮的输出转矩及强度、刚度问题，选取端部漏磁设计系数为 0.90~0.96。

3.4　材料参数分析

磁齿轮输出转矩与永磁体的性能直接相关，且与永磁体剩磁几乎呈线性关系。但在常见的钕铁硼永磁材料中，不同牌号的永磁材料与剩磁和矫顽力无明显对应规律，而在永磁电机中，常根据最大磁能积选择不同性能的永磁体。磁能积越大，产生同样效果时所需磁材料越少。不同牌号的永磁材料有唯一对应的最大磁能积。

根据国产钕铁硼永磁材料的部分牌号及主要磁性能，改变永磁材料的牌号，其具有对应的最大磁能积以及特定的剩磁、内禀矫顽力。依据永磁体牌号对应的剩磁、矫顽力进行磁齿轮输出转矩仿真，求得的最大输出转矩值如图 3-12 所示。

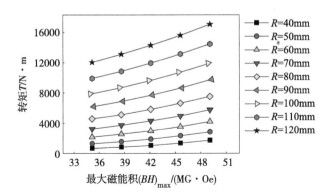

图 3-12　输出转矩随最大磁能积变化曲线

由图 3-12 可知，随着最大磁能积的增加，最大输出转矩增大，且两者几乎呈线性关系。因为永磁材料的牌号和最大磁能积一一对应，故建立磁齿轮设计公式时，可引入最大磁能积参数。

3.5　磁齿轮设计公式建立

根据第 3.4 节中不同参数对输出转矩的影响规律及优化方式可知，在确定将调磁环内半径作为磁齿轮的基准设计尺寸后，其他尺寸设计参数的最优值便可基本确定。因此，进行磁齿轮设计时，其转矩计算公式只需要建立调磁环内径与输出转矩的计算模型。

在电机学中，一般由麦克斯韦应力张量法计算电磁力和电磁转矩。磁齿轮转子上传递的平均转矩也可由麦克斯韦应力张量法推导出来。其表达式为

$$T = \frac{lR^2}{\mu_0} \int_0^{2\pi} B_r B_\theta \mathrm{d}\theta \tag{3-2}$$

式中　B_r、B_θ——半径 R 处气隙磁通密度的径向和切向分量（T）；

　　　　l——有效轴向长度（mm）；

　　　　R——磁齿轮上的任意圆周半径（mm）；

　　　　μ_0——真空磁导率。

由式（3-2）可知，磁齿轮转矩与半径的二次方成正比，也与气隙磁通

密度相关。在磁齿轮尺寸选为最优尺寸时，气隙磁通密度只与永磁体材料有关。将磁齿轮调磁环半径的二次方与上一节得到的不同牌号对应的最大转矩参数进行拟合，结果如图 3-13 所示。

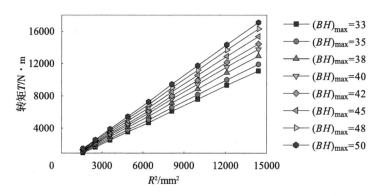

图 3-13　输出转矩与半径的二次方拟合曲线

通过拟合可得，转矩与半径的二次方呈一次函数关系，不同系数只与材料参数有关。不同牌号对应不同的剩磁，同时对应不同的拟合系数，见表 3-4。

表 3-4　材料参数及拟合参数表

牌号	剩磁/T	a 项	最大磁能积/（kJ/m³）	$-b$ 项
33	1.15	1	267.9	364.6
35	1.19	1.072	284.1	383.9
38	1.24	1.165	308.4	413.7
40	1.28	1.243	324.7	436.7
42	1.31	1.302	340.9	455.1
45	1.35	1.384	365.3	479.6
48	1.39	1.468	389.6	505.3
50	1.42	1.54	405.8	523.1

将剩磁与拟合系数 a 项进行拟合，最大磁能积与拟合系数 $-b$ 进行拟合，结果如图 3-14、图 3-15 所示。

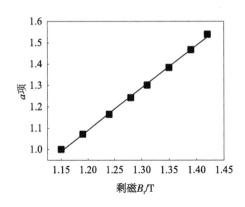

图 3-14　剩磁与 *a* 项拟合曲线　　　图 3-15　最大磁能积与−*b* 项拟合曲线

将得到的拟合系数与式（3-2）进行整理可得

$$T = \frac{R^2}{\mu_0}(1.989B_r - 1.297) - K_s \frac{102(BH)_{\max}}{4\pi} - 59.52 \qquad (3-3)$$

式中　$(BH)_{\max}$ ——最大磁能积（MG·Oe）；

　　　　B_r ——剩磁（T）；

　　　　K_s ——磁路饱和系数，其值为 1.05~1.30。

对有限元仿真数据和拟合公式（3-3）的结果进行误差分析，其误差最大不超过 5%，结果如图 3-16 所示。

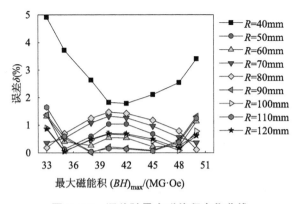

图 3-16　误差随最大磁能积变化曲线

根据第 3.3.6 节得出的结论，将轴向长度和端部漏磁因素考虑到式（3-

3) 中，整理得

$$T = L\sigma \left[\frac{R^2}{\mu_0}(1.989B_r - 1.297) - K_s \frac{102(BH)_{max}}{4\pi} - 59.52 \right] \quad (3-4)$$

式中　σ——端部漏磁设计系数，其值为 0.90~0.96，与磁齿轮体积有关。

　　L——轴向长度（m），默认为 1m。为了减少端部漏磁的影响，应选取
　　　　较大尺寸。

最后考虑气隙厚度的影响。将气隙厚度进行参数化建模，在保证其他厚度结果不变的情况下，改变气隙厚度，选取不同调磁环半径、剩磁为 1.35T、矫顽力为 12200Oe 的永磁体模型进行仿真，结果如图 3-17 所示。

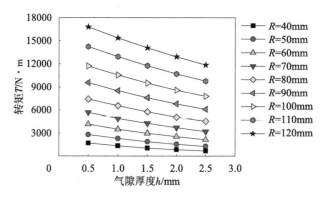

图 3-17　输出转矩随气隙厚度变化曲线

由图 3-17 可知，输出转矩随气隙厚度的增加逐渐降低，接近线性变化规律，但不同尺寸系列下的输出转矩随气隙的变化率不同。而且在同一尺寸的永磁体中，气隙厚度改变与转矩呈指数关系。故引入气隙系数，不同尺寸对应的气隙系数如图 3-18 所示。

将气隙厚度为 1mm 定为基准厚度，则引入气隙系数的磁齿轮设计公式如下

$$T = K_\delta^{\frac{\delta-1}{0.5}} L\sigma \left[\frac{R^2}{\mu_0}(1.989B_r - 1.297) - K_s \frac{102(BH)_{max}}{4\pi} - 59.52 \right] \quad (3-5)$$

式中 K_δ ——气隙系数，与磁齿轮调磁环内径有关；

   δ ——气隙厚度（mm）。

当磁齿轮调磁环内径为 70mm，内、外转子及调磁环尺寸取最优值，气隙不同时，二维仿真输出转矩及公式计算输出转矩见表 3-5。

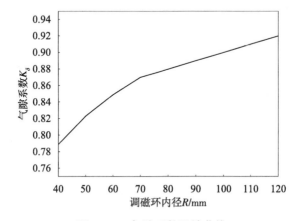

图 3-18 气隙系数设计曲线

表 3-5 转矩误差

气隙厚度/mm	转矩/N·m		误差（%）
	仿真结果	计算结果	
0.5	6300	6264	0.57
0.8	5776	5762	0.24
1.4	4853	4875	0.45
1.5	4717	4742	0.53
1.6	4583	4611	0.61
2.0	4094	4125	0.76
2.1	4009	4012	0.07
2.5	3595	3589	0.17

由表 3-5 可知，基于气隙厚度，有限元仿真的输出转矩与设计公式计算所得输出转矩的误差最大不超过 1%，综合说明设计公式结果可以代替仿真结果，满足设计要求。

通过变换，将式（3-5）写成磁齿轮基准尺寸 R 与各参数相关的公式，并将输出转矩写成与功率有关的形式，则最终的磁齿轮设计公式为

$$R = \sqrt{\frac{\left(\dfrac{9550P}{nK_{\delta}^{\frac{\delta-1}{0.5}}L\sigma} + K_s\dfrac{102(BH)_{\max}}{4\pi} + 59.52\right)\mu_0}{(1.989B_r - 1.297)}} \qquad (3-5)$$

式中　P——输出功率（kW）。

　　n——输出转速（r/min）。

3.6　本章小结

本章采用有限元法，建立了同轴式磁场调制型磁齿轮模型；基于环比增长率分析，确定了磁齿轮各构件的最优尺寸参数；考虑材料参数、轴向漏磁、气隙厚度等因素的影响，基于麦克斯韦应力张量法，拟合得到了磁齿轮设计公式。该设计公式具有较高的计算精度，能够满足确定磁齿轮基本参数的要求，简化了磁齿轮的设计过程，缩短了设计周期。

第 4 章　磁齿轮损耗、效率及温度场分析

第 3 章研究的对象为磁齿轮的静态转矩，忽略了损耗对磁齿轮性能的影响。因此，本章对同轴式磁齿轮的参数化模型进行三维动态仿真，改变磁齿轮构件参数，分析磁齿轮损耗及传动效率随设计参数变化的规律。基于有限元仿真，提出多种降低损耗、提高传动效率的优化措施，并进行比较分析。

磁齿轮在传动过程中产生的各种损耗，最终会以热量的形式表现出来。由于存在温度差，系统中会发生热量传递，磁齿轮工作时内部会产生温升，其最终决定了磁齿轮的传动性能及结构安全性。因此在设计磁齿轮时，需要结合磁场仿真结果，对磁齿轮温度场进行动态仿真分析。由于磁齿轮主要通过风冷降温，因此对磁齿轮试验样机模型进行空气场仿真分析，确定合适的散热结构及措施。

4.1　磁齿轮损耗分析

磁齿轮主要由永磁体、硅钢及不导磁的隔块组成，这些铁磁性材料在变化的磁场中会产生损耗。磁齿轮的损耗一般由磁路中的铁芯损耗、机械损耗和附加损耗组成。

铁磁性材料受高次谐波的影响会产生铁芯损耗。由于硅钢为 0.35mm 的硅钢片叠压而成，且薄片表面涂有绝缘氧化物，因此磁齿轮中硅钢产生的铁芯损耗比较小。对于永磁体来说，由于是大块导体，因此涡流损耗占铁芯损耗的绝大部分，且目前所用的永磁材料大多为高性能钕铁硼材料，其电阻率低，产生的损耗较大。故可以将磁齿轮中的铁芯损耗分成硅钢铁损和永磁体涡流损耗两部分进行研究。

4.1.1 硅钢铁损

硅钢铁损主要包括磁滞铁芯损耗、涡流铁芯损耗和附加铁芯损耗。铁磁性材料通过磁畴转向实现磁化，在铁磁体在交变磁场中反复磁化的过程中，磁畴不断转动并相互摩擦，消耗能量导致发热，这种损耗称为磁滞铁芯损耗。通过铁芯的磁通交变时，铁芯内将感应出电动势和漩涡状电流。在其流通路径上的等效电阻中产生的焦耳损耗称为涡流铁芯损耗。除了主磁通基波分量所需的时变磁通密度的损耗外，由磁导谐波引起的损耗称为附加铁芯损耗。附加铁芯损耗远小于铁芯的磁滞损耗和涡流损耗。

硅钢铁芯损耗值不宜直接测量获取，计算方法较为复杂。1988 年贝尔托蒂（Bertotti）提出了铁耗分离理论，基于该理论的铁芯损耗模型为

$$P = P_h + P_c + P_e = K_h f(B_m)^2 + K_c (fB_m)^2 + K_e (fB_m)^{1.5} \qquad (4-1)$$

式中　　B_m——交变磁通分量幅值（T）；

$\quad\quad K_h$——磁滞铁芯损耗系数；

$\quad\quad K_c$——涡流铁芯损耗系数；

$\quad\quad K_e$——附加铁芯损耗系数；

$\quad\quad f$——交变磁场频率（Hz）。

通常情况下，损耗系数可以通过基波计算值来获取，通过分析大量试验数据，校正经验系数根据统计得到。由于不同材料成分、生产系统千差万别，这些系数与经验值会有差别。

4.1.2 永磁体涡流损耗

永磁体由于材料自身特点，无法像硅钢片那样沿轴向叠压，因此，在交变磁通穿过永磁体时会产生涡流，从而产生较大的涡流损耗。在永磁体各向同性、磁场均匀分布且忽略磁路饱和的条件下，提出永磁体涡流损耗的线性叠加计算模型。

如图 4-1 所示，环向长度为 l、轴向长度为 d、厚度为 h、电阻率为 ρ 的永磁体被磁场穿过，设磁通密度幅值 B 随时间以正弦规律变化，径向充磁。

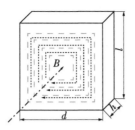

图 4-1　永磁体涡流损耗计算示意模型

磁通密度幅值 B 通过回路内的区域，则回路所包围的磁通最大值为

$$\Phi = ldB \tag{4-2}$$

根据法拉第电磁感应定律，得到回路中感应电动势的有效值为

$$E = \frac{\omega \Phi}{\sqrt{2}} = \sqrt{2}\,\pi fldB \tag{4-3}$$

该回路上的电阻取决于电阻率 ρ、路径长度 L 和横截面面积 S。其涡流回路的等效电阻可以表示为

$$R = \rho \frac{L}{s} = \rho \left(2\,\frac{l}{dh} + 2\,\frac{d}{lh}\right) = 2\rho\,\frac{d^2 + l^2}{dlh} \tag{4-4}$$

根据欧姆定律，永磁体涡流损耗 P 为

$$P = \frac{E^2}{R} = \frac{\pi^2 f^2 B^2 h l^3 d^3}{\rho(d^2 + l^2)} \tag{4-5}$$

对式（4-5）进行分析可知，永磁体涡流损耗与磁通密度幅值、机械转动频率、电阻率和永磁体几何尺寸有关。

4.1.3　机械损耗

机械损耗主要是由转子风摩损耗和轴承摩擦损耗造成的。磁齿轮一般适用于低转速、高转矩的工况，转子旋转表面与空气摩擦造成的风摩损耗很小，

通常可以忽略不计。磁齿轮风摩损耗的计算公式为

$$P_{\mathrm{p}} = c_{\mathrm{f}}\rho\pi\omega^{3}R^{4}L \qquad (4\text{-}6)$$

式中　c_{f}——风摩试验系数；

　　　ρ——空气密度（kg/m³）；

　　　L——转子轴向长度（mm）；

　　　R——转子半径（mm）；

　　　ω——转子转速（rad/s）。

　　任何使用轴承的机构都会产生轴承摩擦损耗，其取决于转速、轴承载荷、轴承型号、润滑方式等。滚动轴承摩擦损耗的计算公式为

$$P_{\mathrm{f}} = 0.15\frac{F}{d}v \times 10^{-5} \qquad (4\text{-}7)$$

式中　F——轴承载荷（N）；

　　　d——滚子中心处的直径（m）；

　　　v——滚子中心的圆周速度（m/s）。

4.1.4　附加损耗

　　附加损耗也称杂散损耗，是由多种不同现象引起的。磁齿轮中的附加损耗包括气隙谐波在转子和定子表面产生的涡流损耗，磁齿轮端部漏磁导致的端部法兰、机壳等结构件中的铁芯损耗。附加损耗在磁齿轮总损耗中的占比很小，一般只占输入功率的1%。

4.2　磁齿轮损耗模型建立

　　磁齿轮作为一种机械传动机构，传动效率是评价其性能最有效且最重要的指标之一，本章主要研究磁齿轮的损耗及效率问题。结合上一章对磁齿轮结构进行优化后得到的尺寸数据，使用 Infolytica MagNet 有限元仿真软件，建立磁齿轮三维模型。考虑铁芯损耗的影响，进行三维动态仿真分析。

4.2.1　模型建立

三维建模思路与上一章类似，使用 Infolytica MagNet 软件建立磁齿轮的参数化三维模型，选用调磁环内径为 50mm 磁齿轮模型，轴向长度设为 100mm。以调磁环内径为基准，将内、外转子，内、外铁芯及调磁环厚度作为参数化变量进行设置。

4.2.2　材料选择及网格划分

根据材料参数，选用剩磁为 1.39T、矫顽力为 13000Oe、电导率为 625000 S/m 的钕铁硼永磁材料作为内、外转子永磁体使用，径向充磁。调磁环及内、外铁芯为导磁材料，选用 M235 型号的硅钢片叠压而成，每片厚 0.35mm。内、外永磁体隔块及调磁环隔块为非导磁部分，材料选用环氧树脂。

Infolytica MagNet 软件对三维模型的网格划分采用了类似四面体的设置，每个四面体元素由四个顶点定义。对于三维动态仿真，网格大小对模拟结果的准确性有很大影响，同时也会影响仿真求解速度。综合考虑，设置磁齿轮模型的最大单位网格尺寸为 5mm。

4.2.3　边界条件及求解设置

在 Infolytica MagNet 软件边界条件设置中，需要通过绘制空气包，将仿真模型及求解区域包住，软件将默认其为该模型的计算边界。对于动态仿真，需要分别对内、外转子及调磁环进行旋转设置。其中，将不动的调磁环的转速设置为 0，内转子转速为 500r/min，外转子转速为 117.647 r/min。设置运动体后，需要再建立运动空气包，将所有运动件包裹住。

Infolytica MagNet 软件使用共轭梯度法和牛顿拉夫逊法进行迭代求解，磁齿轮模型中有非线性材料，故系统将默认进行牛顿拉夫逊法求解。其默认精度为 1%，最大迭代次数为 20。仿真时长设置为转子转一个对极的时长，即 0.03s，仿真步长为 0.003s。

4.3 影响规律分析

4.3.1 内铁芯厚度的影响

改变内铁芯厚度，分析其对磁齿轮性能的影响。磁齿轮的输出转矩、损耗、总损耗及传动效率随内铁芯厚度变化曲线如图 4-2 所示。

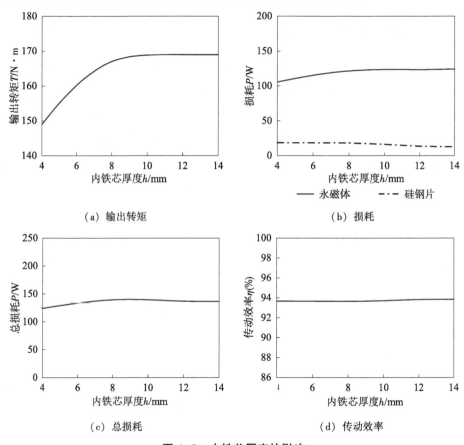

（a）输出转矩　　　　　　　　（b）损耗

（c）总损耗　　　　　　　　（d）传动效率

图 4-2　内铁芯厚度的影响

由图 4-2 可知，随着内铁芯厚度的增大，磁齿轮输出转矩逐渐增大，之后基本保持不变，这与上一章的二维静态仿真规律一致。永磁体涡流损耗随着内铁芯厚度的增加而缓慢增加，硅钢片铁芯损耗则缓慢减少。由于在磁齿轮损耗中，永磁体涡流损耗比硅钢片铁芯损耗大得多，故随着内铁芯厚度的增加，磁齿轮的总电磁损耗先缓慢增加后缓慢减小，而内铁芯厚度的变化几乎不会改变磁齿轮的传动效率。上述规律表明在一定厚度下，内铁芯对磁齿轮的传动性能基本没有影响。

4.3.2　外铁芯厚度的影响

改变外铁芯厚度，分析其对磁齿轮性能的影响。磁齿轮的输出转矩、损耗、总损耗及传动效率随外铁芯厚度变化曲线如图 4-3 所示。

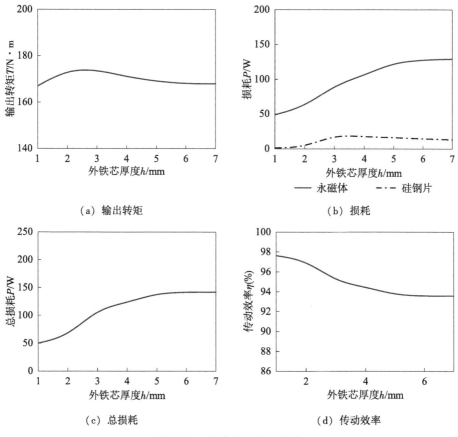

（a）输出转矩　　　　　　　　　　（b）损耗

（c）总损耗　　　　　　　　　　（d）传动效率

图 4-3　外铁芯厚度的影响

由图 4-3 可知，随着外铁芯厚度的增加，磁齿轮输出转矩急剧增大，之后在一定范围内波动，这与二维静态仿真的规律一致。永磁体涡流损耗与硅钢片铁芯损耗随着外铁芯厚度的增加而先增加再趋于稳定，磁齿轮总损耗变化曲线与永磁体涡流损耗趋势基本一致。随着外铁芯厚度的增大，磁齿轮的传动效率逐渐降低并趋于平稳。上述规律表明，在保证磁齿轮外转子结构强度的情况下，外铁芯厚度可以选得小一些。

4.3.3　调磁环厚度的影响

改变调磁环厚度，分析其对磁齿轮性能的影响。磁齿轮的输出转矩、损耗、总损耗及传动效率随调磁环厚度变化曲线如图 4-4 所示。

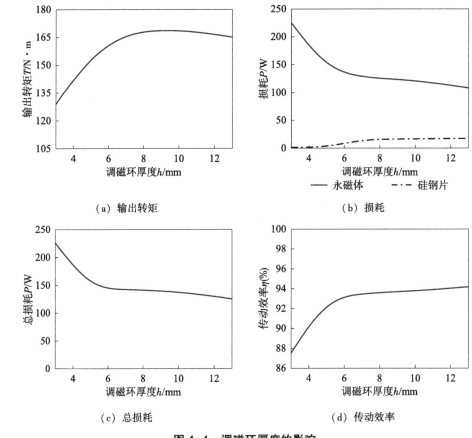

（a）输出转矩　　　　　（b）损耗

（c）总损耗　　　　　（d）传动效率

图 4-4　调磁环厚度的影响

由图 4-4 可知，随着调磁环厚度的增加，磁齿轮输出转矩先增大，然后缓慢减小，变化趋势与静态仿真结果一致。永磁体涡流损耗随着调磁环厚度的增加而减少，硅钢片铁芯损耗则缓慢增加。由于永磁体涡流损耗比硅钢片铁芯损耗大得多，故磁齿轮总电磁损耗随着调磁环厚度的增加而减小。调磁环厚度较小时，磁齿轮输出转矩很低，同时永磁体涡流损耗较大，因此磁齿轮传动效率较低。随着调磁环厚度的增加，传动效率缓慢提高。上述规律表明，在满足结构要求的情况下，调磁环厚度可选取得相对大些。

4.3.4　内永磁体厚度的影响

改变内永磁体厚度，分析其对磁齿轮性能的影响。磁齿轮的输出转矩、损耗、总损耗及传动效率随内永磁体厚度变化曲线如图 4-5 所示。

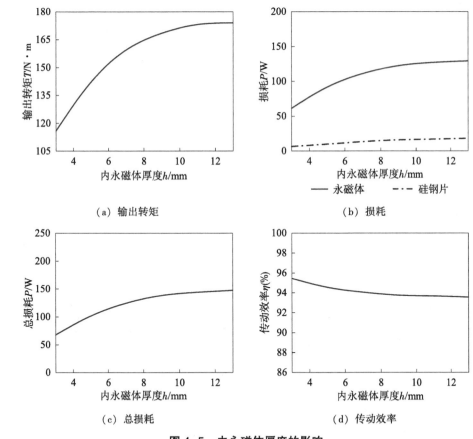

（a）输出转矩　　　　　　　　　　（b）损耗

（c）总损耗　　　　　　　　　　（d）传动效率

图 4-5　内永磁体厚度的影响

由图 4-5 可知，随着内永磁体厚度的增加，磁齿轮输出转矩增加，且增加得越来越缓慢，这与二维静态仿真的规律一致。永磁体涡流损耗、硅钢片铁芯损耗及磁齿轮总损耗都随着内永磁体厚度的增大而增加，磁齿轮效率则随之缓慢下降。因此，内永磁体厚度不应选取得太大。

4.3.5 外永磁体厚度的影响

改变外永磁体厚度，分析其对磁齿轮性能的影响。磁齿轮的输出转矩、损耗、总损耗及传动效率随外永磁体厚度变化曲线如图4-6所示。

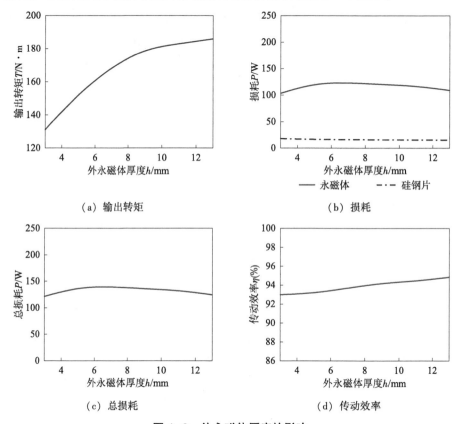

（a）输出转矩　　　　　　　　　（b）损耗

（c）总损耗　　　　　　　　　（d）传动效率

图4-6　外永磁体厚度的影响

由图4-6可知，磁齿轮输出转矩随着外永磁体厚度的增加而增大，且增大得越来越缓慢，这与二维静态仿真的规律一致。硅钢片铁芯损耗基本不变，随着外永磁体厚度的增加，永磁体涡流损耗先增加后趋于稳定。磁齿轮传动效率随着外永磁体厚度的增加而提高。

由上述规律可知，外永磁体厚度应主要依据对应的输出转矩来选取。过厚的外永磁体虽然可以降低损耗、提高传动效率，但会增加成本及安装难度，同时存在结构强度问题，故外永磁体需要选择合适的厚度。

4.3.6　输入转速的影响

输入转速的大小决定了频率的高低，改变输入转速，分析其对磁齿轮性能的影响。磁齿轮的输出转矩、损耗、总损耗及传动效率随输入转速变化曲线如图 4-7 所示。

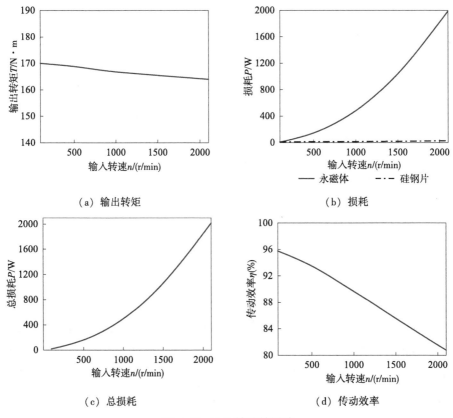

　　（a）输出转矩　　　　　　　　　　　　　（b）损耗

　　（c）总损耗　　　　　　　　　　　　　（d）传动效率

图 4-7　输入转速的影响

由图 4-7 可知，随着输入转速的升高，磁齿轮输出转矩缓慢下降，永磁体涡流损耗和硅钢片铁芯损耗都增加。磁齿轮总损耗随输入转速的升高而明显增加，且增加速度较快。磁齿轮传动效率随输入转速的增加而明显降低。通过数据拟合分析，输入转速与永磁体涡流损耗之间基本满足二次乘幂关系，与涡流损耗公式（4-5）的推导结果一致。上述规律表明，磁齿轮适用于低转速工况，输入转速越快，损耗越大，传动效率越低。

4.4 磁齿轮降损优化

4.4.1 改变永磁材料

目前，烧结钕铁硼材料是最常用的永磁材料之一，它具有高剩磁、高矫顽力、高磁能积等优异特性，是当代磁性能超强、性价比极高的永磁材料。但烧结钕铁硼材料的电阻率较低，故产生的损耗较大。通过选取烧结钕铁硼、粘结钕铁硼、铁氧体和钐钴合金这四种常见的永磁材料，在不改变磁齿轮结构参数的情况下进行仿真对比，结果见表4-1。

表4-1 不同永磁材料磁齿轮的传动性能对比

参数	烧结钕铁硼	粘结钕铁硼	铁氧体	钐钴合金
输出转矩/N·m	169	46	14.5	107
内永磁体损耗/W	9.6	0.3	1.19×10^{-9}	9
外永磁体损耗/W	114.3	0.45	1.54×10^{-8}	129
总损耗/W	140	1.2	0.07	139
输出效率（%）	93.7	99.7	99.9	90.4

由表4-1可以看出，粘结钕铁硼和铁氧体作为永磁材料，永磁体产生的损耗基本可以忽略不计，输出效率高达99.7%以上。但其输出转矩性能较烧结钕铁硼作为永磁材料的磁齿轮有明显差距。故如果选用性能低的永磁材料，确实可以提升输出效率，但为了达到较高的输出转矩，则需要增大磁齿轮的整体尺寸，从而会增加成本。

4.4.2 改变传动方式

由第2章可知，磁齿轮的工作方式主要有内、外转子转动和内转子、调磁环转动两种。对同一尺寸的磁齿轮，改变传动方式或转速进行仿真模拟，结果见表4-2。

表4-2　不同传动方式磁齿轮的传动性能对比

参数	内、外转子转速（500r/min）	内转子、调磁环转速（500r/min）	内、外转子转速（1700r/min）	内转子、调磁环转速（1700r/min）
输出转矩/N·m	169	216	165	212
输出功率/W	2366	2382	8046	8099
内永磁体损耗/W	9.6	6.4	64.7	39.8
外永磁体损耗/W	114	74	1240	815
总损耗/W	140	92	1328	873
输出效率（%）	93.7	95.9	83.9	89.1

由表4-2可以看出，将调磁环作为输出方式的磁齿轮与将外转子作为输出方式的磁齿轮相比，其输出功率略微升高，但永磁体损耗明显较小，故传动效率较高。上述结果表明，在不考虑传动比的情况下，应优先将磁齿轮设计为调磁环输出的传动方式。

4.4.3　改变调磁环结构

磁齿轮通过调磁环改变气隙磁场磁导进行调制，使自身传动性能得到提升。但调磁环同时会在气隙中产生不能形成有效转矩的谐波分量，这会产生脉动转矩，从而产生多余的损耗。此外，在磁齿轮实际加工和安装中，调磁环会因内、外永磁体的作用而产生结构变形。因此，需要对调磁环结构进行设计，加入导磁块连接桥，在易于加工的前提下，保证其强度和刚度稳定，同时提高磁齿轮的传动效率。例如，图4-8所示为三种引入连接桥的调磁环对应的磁齿轮模型，其连接桥厚度为1mm，分别靠近调磁环外侧、中间和内侧。仿真结果见表4-3。

　（a）中桥　　　　　　　　（b）内桥　　　　　　　　（c）外桥

图4-8　三种引入连接桥的调磁环对应磁齿轮模型

表 4-3　不同位置调磁环连接桥磁齿轮的传动性能对比

参数	不加桥	外桥	中桥	内桥
输出转矩/N·m	169.0	101.0	118.0	138.0
内永磁体损耗/W	9.6	6.2	8.4	3.8
外永磁体损耗/W	114.3	93.8	66.0	79.0
总损耗/W	140.0	102.0	76.6	84.9
输出效率（%）	93.7	92.4	94.9	95.2

由表 4-3 可知，引入连接桥后，磁齿轮的输出转矩和损耗都会有所下降，连接桥越靠近调磁环外侧，输出转矩下降得越多；连接桥越靠近调磁环内侧，其输出效率越高。故在考虑调磁环结构强度的设计中，宜在调磁环内侧引入连接桥，综合效果较好。

4.4.4　内永磁体削角

气隙磁场中的高次谐波幅值和相对于转子的交变频率耦合是产生转矩波动、增加涡流损耗的主要原因。这些高次谐波是由永磁体产生的非正弦磁场经过调制产生的。内、外永磁体产生的高次谐波主要是相对应永磁体磁场经调制产生的。因此，借鉴电机电磁设计的方法，对内永磁体进行削角设计，使其产生的磁场尽量呈正弦型，以降低外永磁体高次气隙谐波中不能形成有效转矩的谐波分量，进而达到降低永磁体涡流损耗的目的。

例如，图 4-9 所示为两种内永磁体削角的磁齿轮，一种为直线削角方案，另一种为圆弧削角方案。仿真结果见表 4-4。

（a）直线削角

（b）圆弧削角

图 4-9　两种内永磁体削角的磁齿轮模型

表 4-4　不同内永磁体削角磁齿轮的传动性能对比

参数	不削角	直线削角	圆弧削角
输出转矩/N·m	169.0	167.0	147.0
内永磁体损耗/W	9.6	9.4	9.3
外永磁体损耗/W	114.3	106.0	83.9
总损耗/W	140.0	126.0	100.0
输出效率（%）	93.7	94.2	94.7

由表 4-4 可知，两种削角方式都可以有效降低外永磁体的损耗，直线削角方式对输出转矩的影响不大，且相比于圆弧削角加工难度小、加工成本低。

不同永磁材料的性能参数不同，在烧结钕铁硼永磁体两侧加入低性能的同性铁氧体永磁体，不仅可以得到削角的效果，同时可在不破坏原永磁体形状的情况下降低加工成本。图 4-10a 所示为采用不同材料作为内永磁体的磁齿轮模型，图 4-10b 所示为不加铁氧体材料，只保留钕铁硼材料的对比模型，仿真结果见表 4-5。

由表 4-5 可知，替换铁氧体的磁齿轮的输出转矩基本不变，损耗降低，输出效率升高；而不加铁氧体的对比模型的输出转矩下降较多，输出效率与加铁氧体的基本一样。通过将铁氧体材料引入烧结钕铁硼永磁体两侧，不改变原有的转子结构，无须对钕铁硼材料进行多余加工，内永磁体的安装更为简单，制造成本得到降低。

（a）替换铁氧体　　　　　　　　　　（b）不加铁氧体

图 4-10　内永磁体添加铁氧体的磁齿轮模型

表4-5　内永磁体添加铁氧体磁齿轮的传动性能对比

参数	不削角	替换铁氧体	不加铁氧体
输出转矩/N·m	169.0	166.0	163.0
内永磁体损耗/W	9.6	3.8	3.8
外永磁体损耗/W	114.3	103.0	100.0
总损耗/W	140.0	116.0	113.0
输出效率（%）	93.7	94.6	94.7

4.4.5　永磁体分块

　　根据式（4-5），永磁体涡流损耗与其横截面尺寸有关。对永磁体进行分块，可将涡流限制于小平面回路中，从而可以避免回路电压串联，增大等效电阻，使永磁体涡流损耗降低。

　　1.　永磁体轴向分块

　　首先将内永磁体进行轴向分块，通过软件将每两块永磁体之间的平面设置为电绝缘面，外永磁体保持不变，改变分块数，分析分块对磁齿轮性能的影响。磁齿轮输出转矩、损耗及传动效率随内永磁体分块数变化曲线如图4-11所示。

　　然后以同样的方法对外永磁体进行分块设置，内永磁体保持不变，改变分块数，分析分块对磁齿轮性能的影响。磁齿轮输出转矩、损耗及传动效率随外磁体分块数变化曲线如图4-12所示。

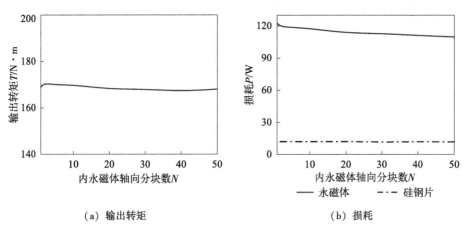

（a）输出转矩　　　　　　　（b）损耗

图4-11　内永磁体轴向分块的影响

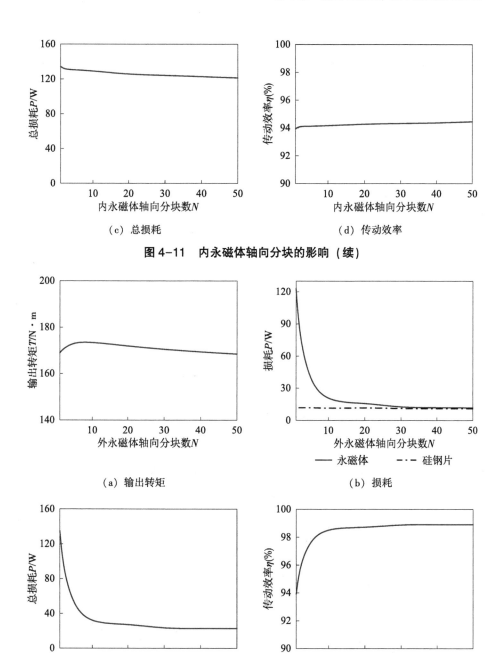

（c）总损耗

（d）传动效率

图 4-11　内永磁体轴向分块的影响（续）

（a）输出转矩

（b）损耗

（c）总损耗

（d）传动效率

图 4-12　外永磁体轴向分块的影响

由图 4-12 可知，永磁体分块对磁齿轮输出转矩与硅钢片铁芯损耗基本没有影响，随着永磁体分块数的增加，永磁体涡流损耗先明显下降后缓慢下降并趋于稳定，磁齿轮总损耗与永磁体涡流损耗的变化规律一致，传动效率先快速增加后趋于稳定。由此可知，永磁体分块可降低涡流损耗，提高传动效率。

图 4-13 所示分别为内永磁体和外永磁体单独分块时，该模型内、外永磁体涡流损耗随分块数变化曲线。

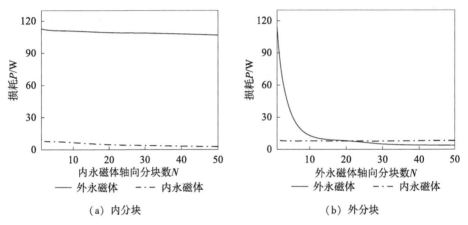

(a) 内分块　　　　　　　　(b) 外分块

图 4-13　内、外永磁体轴向分块涡流损耗对比

由图 4-13 可知，磁齿轮涡流损耗主要来源于外永磁体，且对内、外永磁体分块后，对应的外、内永磁体涡流损耗基本不变。在同样的分块数下，外永磁体损耗减小效果显著。

2.　永磁体环向分块

由于单个外永磁体较窄，环向分块成本高且较为困难，实际工程中很难实施，故只对内永磁体进行环向分块仿真。其处理方法与内永磁体轴向分块类似，仿真结果见表 4-6。

表 4-6　内永磁体环向分块磁齿轮的传动性能对比

参数	不分块	环2	环3	环5	环1、轴50	环5、轴50
输出转矩/N·m	169.0	169.0	169.0	168.0	168.0	167.0
内永磁体损耗/W	9.6	6.7	5.8	4.3	2.7	1.1
外永磁体损耗/W	114.3	112.0	111.0	108.0	107.0	106.0

参数	不分块	环 2	环 3	环 5	环 1、轴 50	环 5、轴 50
总损耗/W	140.0	135.0	132.0	128.0	121.0	119.0
输出效率（%）	93.7	94.4	94.5	94.6	94.8	95.0

注："环 2"表示环向分 2 块，"环 1、轴 50"表示环向分 1 块、轴向分 50 块，依此类推。

由表 4-6 可知，内永磁体损耗随环向分块数的增加而降低，输出效率随之提升。通过对比环向分 5 块、轴向分 50 块与不分块内永磁体的磁齿轮输出性能可以发现，轴向和环向同时分块能使永磁体损耗明显下降，更有利于提高输出效率。但相比于轴向分块，环向分块的加工成本高、充磁难度大，因此需要结合实际情况，对永磁体进行适当的分块处理。

将内、外永磁体同时分块进行仿真，模拟六种分块组合，仿真结果见表 4-7。

表 4-7 不同永磁体分块方式下磁齿轮的传动性能对比

参数	内 1、外 1	内 10、外 5	内 20、外 10	内 50、外 40	内轴 50、环 5、外 40
输出转矩/N·m	169.0	169.0	167.0	161.0	162.0
内永磁体损耗/W	9.6	6.6	5.0	3.1	1.1
外永磁体损耗/W	114.3	26.0	8.4	3.1	3.0
总损耗/W	140.0	44.4	25.2	17.0	15.0
输出效率（%）	93.7	97.9	98.8	99.1	99.3

由表 4-7 可知，永磁体分块能够明显降低涡流损耗，且输出转矩下降得不明显。分块数越多，涡流损耗越小，理论上磁齿轮输出效率可以达到 99%以上。因此，对永磁体进行适当的分块，是提高磁齿轮传动性能，且适合磁齿轮加工、安装和生产的最优措施。

4.5 传热原理及磁齿轮温度场参数分析

4.5.1 传热基本原理

由于物体内部或物体之间存在温度差，热量将自动从温度较高的地方传递至温度较低的地方。热量通过传导、对流和辐射传递出去。

1. 热传导

热传导主要是通过分子、自由电子之间的相互作用传递热能。傅里叶导热定律给出了热传导的基本计算公式，即

$$Q = -\lambda S \nabla T \qquad (4\text{-}8)$$

式中　Q——热流量（W）；

　　　λ——热导率［W/(m·℃)］；

　　　S——散热面积（m²）；

　　　∇T——温度梯度（℃/m）。

2. 热对流

热对流是指由于流体相对固体表面流动，冷、热分子相互交换的热量传递过程。热对流总是伴随着热传导现象。牛顿冷却公式可以进行热交换基本计算，即

$$Q = AS \,|\, T_s - T_f | \qquad (4\text{-}9)$$

式中　T_s——相对固体表面温度（℃）；

　　　T_f——相对液体表面温度（℃）；

　　　A——对流换热系数，又称散热系数［W/(m²·℃)］。

3. 热辐射

热辐射是指物体通过因热而发出的辐射能电磁波来传递能量的方式。物体的热辐射率可根据波尔兹曼定律经验公式来计算，即

$$Q = \varepsilon S \sigma T^4 \qquad (4\text{-}10)$$

式中　ε——物体发射率［W/(m²·℃)］；

　　　σ——斯蒂芬—玻尔兹曼常数；

　　　T——物体温度（℃）。

在磁齿轮试验样机中，热传导和热对流是主要的散热方式，辐射传热所

占的比例非常有限，磁齿轮样机的外壳选用黑色表面时对辐射传热有一定的促进作用。磁齿轮运行中产生的热量主要通过外转子硅钢外表面和磁齿轮两侧端面进行热传导散热。同时，在内、外气隙接触表面，外转子表面和转子端面等旋转表面，热量会通过空气对流进行散热。热导率及物体发射率由材料本身决定，不同结构表面的散热系数不同，需要进行合适的选取才能更准确地得到磁齿轮的工作温度分布。

4.5.2　温度场参数分析

研究磁齿轮温度分布时，需要对其温度场参数进行分析。由于选用常见电机材料，因此磁齿轮各部分的热导率及损耗对应的热生成率已经确定，则散热系数的选取是进行温度场计算的先决条件。散热系数与传热过程中的许多因素有关，如物体本身和冷却介质的物理属性、散热固体表面的形貌、旋转表面的速度等。因此，通常需要采用理论分析法或试验法来推算出物体表面的散热系数。在电机学中，已经有比较完善的确定散热系数的经验公式，磁齿轮的散热系数可以借鉴陈世坤提出的电机散热系数选取的经验公式进行选取。

若忽略散热表面几何尺寸等因素的影响，则可以近似地认为电机各部位的散热系数仅与空气的流速有关。电机散热系数的经验公式为

$$a = a_0(1 + k\sqrt{v}) \tag{4-11}$$

式中　a_0——发热表面在平静空气中的散热系数，已涂漆的金属表面散热系数为 16.7；

　　　k——考虑气流吹拂效率的系数，其中圆柱体外表面为 1.3，端部表面为 1.0，内表面为 0.8；

　　　v——空气吹拂表面的速度（m/s）。

气隙散热系数公式为

$$a = N_u \frac{c}{D} \tag{4-12}$$

式中　N_u——努塞尔数；

　　　　c——空气的热导率 $[W/(m \cdot \text{℃})]$；

　　　　D——气隙平均直径（m）。

其中，气隙中的努塞尔数的计算公式比较复杂，因此气隙散热系数需要通过仿真软件计算获得。

4.6　磁齿轮温度场仿真分析

4.6.1　空气场仿真模型设置

由第 4.5 节可知，温度场参数的确定是温度场有限元仿真的关键。根据相应公式，散热系数的确定需要知道空气吹拂表面的速度。因此，需要对磁齿轮样机模型进行空气场仿真。

选取第 3 章得到的调磁环内径为 40mm 的磁齿轮模型优化参数进行建模。以内转子为输入端、外转子为输出端，轴向长度为 70mm。

根据模型基本参数，对磁齿轮试验样机进行设计。磁齿轮试验样机的三维模型如图 4-14 所示。

图 4-14　磁齿轮试验样机的三维模型

利用 SolidWorks 软件中的"流体仿真"（Flow Simulation）模块进行空气场仿真，设置仿真类型为外流场分布，流体设置为空气，忽略重力的影响。首先进行输入转速为 500r/min 时的空气场仿真。设置内转子以转速 500r/min 沿顺时针方向旋转，外转子以转速 117.65r/min 沿逆时针方向旋转。模拟磁齿轮稳定运行时试验样机中的空气流动情况，空气流动迹线及风速分布云图如图 4-15、彩图 4-16 所示。

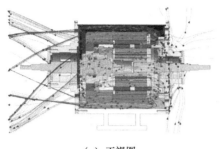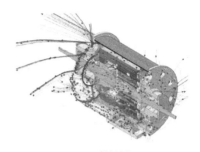

(a) 正视图　　　　　　　　　　　(b) 斜视图

图 4-15　500r/min 样机空气流动迹线

通过风速分布云图可以得到，输入转速为 500r/min 时内转子端部风速约为 3m/s，调磁环端部风速约为 0.3m/s，外转子端部风速约为 1m/s，内转子内表面风速约为 0.6m/s，外转子外表面风速约为 1.3m/s。

将输入转速调整为 1500r/min，则输出转速为 352.94r/min，对高速磁齿轮稳定运行时的空气流动进行模拟，风速分布云图如彩图 4-17 所示。

通过风速分布云图可以得到，输入转速为 1500r/min 时，内转子端部风速约为 6.25m/s，调磁环端部风速约为 1m/s，外转子端部风速约为 2.2m/s，内转子内表面风速约为 2m/s，外转子外表面风速约为 2.5m/s。

4.6.2　温度场有限元仿真介绍及设置

在前两章的仿真中，默认永磁体材料性能保持不变，但实际上，永磁体材料性能会随温度的改变而变化。不同温度下钕铁硼材料的剩磁不同，随着温度的升高，剩磁逐渐减小；当温度达到材料的居里温度点后，材料的磁化强度降为 0。温度升高会对磁齿轮性能产生影响，因此需要对磁齿轮进行电磁场和温度场动态耦合仿真。

利用 Infolytica MagNet 和 ThermNet 有限元仿真软件可以对磁齿轮进行电磁与温度双向耦合仿真，考虑其随时间变化的损耗、功率和温度的影响。在双向耦合求解中，电磁场和温度场仿真同时进行，将电磁场仿真得到的铁芯损耗作为热源设置到温度场仿真中，而温度场仿真使温度变化，从而使永磁材料的性能随之变化，进而铁芯损耗相应改变，温度场的变化率即随之改变。如此循环仿真，双向的连接和基于温度的材料属性，可以确保在每一次耦合过程中，都会对损耗和温度进行更新，直到温度场平稳。

磁齿轮的永磁体材料选取高性能钕铁硼，牌号为 N42SH，电导率为 555556 S/m，不同磁极永磁体间设置绝缘，其磁性参数见表 4-8。

表 4-8 N42SH 牌号永磁体随温度变化参数

温度/℃	剩磁/T	矫顽力/Oe
-40	1.40	13468
20	1.30	12553
60	1.24	11936
80	1.21	11622
100	1.18	11298
120	1.15	10965
150	1.10	10475
180	1.05	9957
200	1.02	9579
220	0.99	9148

调磁环及内、外铁芯为导磁材料，选用 M235 硅钢片叠压而成，每片厚 0.35mm。内、外永磁体隔块及调磁环隔块为非导磁部分，选用环氧树脂材料。设置磁齿轮模型的最大单位网格尺寸为 5mm。

ThermNet 软件中的边界设置主要包括绝缘边界、环境温度、散热系数及气隙对流连接等。环境温度设置为 20℃，根据式 (4-11) 及第 4.5 节得到的各部分风速，当输入转速为 500r/min 时，磁齿轮温度场仿真模型的散热系数见表 4-9。

表 4-9 500r/min 磁齿轮的散热系数 单位：$W/(m^2 \cdot ℃)$

参 数	数值
内转子端部散热系数	45.63
内转子内表面散热系数	27.05
定子端部散热系数	25.84
外转子端部散热系数	33.40
外转子外表面散热系数	41.45

内、外气隙表面采用气隙对流连接的边界设定，对流连接通常用来仿真旋转装置中转子和定子之间的热量对流转换。模型采用基于实际电机试验的经验公式，该系数的确定主要由转子转速和气隙长度决定。输入气隙厚度、转子转速及气隙所在圆环的直径，软件将自行计算得到气隙散热系数。

当进行电磁场和温度场的动态耦合仿真时，温度场仿真步长与电磁场仿真步长至少需要有一个数量级的差别，这样设置才能进行循环耦合仿真。电磁场求解设置仿真精度为 1%，仿真时长为 0.03s；仿真步长为 0.003s；温度场仿真精度设为 1%，仿真时长设为 25000s，仿真步长设为 2500s。

4.6.3 电磁场、温度场动态耦合仿真分析结果

磁齿轮模型样机稳定工作时的各部分损耗见表 4-10。

表 4-10 500r/min 磁齿轮各部分损耗值 单位：W

部分	内永磁体	外永磁体	调磁环	内铁芯	外铁芯
损耗值	3.5	5.7	1.8	0.5	1.2

磁齿轮温度分布云图及各部分温度随时间变化曲线如彩图 4-18、图 4-19 所示。

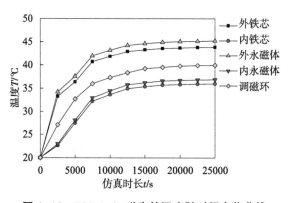

图 4-19 500r/min 磁齿轮温度随时间变化曲线

磁齿轮电磁场、温度场耦合仿真仅考虑磁齿轮本身传动时的发热情况，不考虑磁齿轮样机因安装、结构要求导致的热传导及通风散热问题。由仿真结果可以看出，磁齿轮稳定工作时温度基本维持在 44℃。

彩图 4-20 所示为 500r/min 磁齿轮外转子温度分布云图，由于外永磁体的损耗较大，因此磁齿轮中的热量主要由外转子产生，其温度基本维持在44℃。外转子内侧安装外永磁体，且外气隙厚度为 1mm，间隙较小不宜散热，因此会出现 47℃的局部最高温度。而外铁芯表面与空气接触，散热面积大，因此外转子内侧温度比外表面温度高。

彩图 4-21、彩图 4-22 所示分别为 500r/min 磁齿轮调磁环和内转子温度分布云图。调磁环作为定子，其温度基本维持在 39℃，由于硅钢片的损耗较小，调磁环温升主要来自内、外转子散热。由于调磁环中的非导磁隔块不产生损耗，因此其自身温度主要来自两侧的硅钢片产生的热量传导，非导磁隔块的中心温度相对较低。

虽然内转子的总损耗高于调磁环中硅钢的损耗，但由于内转子作为输入，具有较高的转速，散热系数较高，因此其稳定时的温度维持在 36℃左右。

模拟实际样机设计中永磁体的分块情况，对内、外永磁体轴向分 7 块，每一块的轴向长度为 10mm。对分块后的磁齿轮模型进行电磁场、温度场耦合仿真。分块后磁齿轮模型样机稳定工作时各部分损耗值见表 4-11。

表 4-11 分块后磁齿轮模型样机稳定工作时各部分损耗值　　单位：W

部分	内永磁体	外永磁体	调磁环	内铁芯	外铁芯
损耗值	2.4	1.9	1.7	0.5	1.1

分块后磁齿轮总体和各部分温度分布云图以及各部分温度如彩图 4-23、彩图 4-24 所示。

由仿真结果可以看出，由于永磁体分块，其涡流损耗有所降低。内、外转子温度较不分块的磁齿轮有所下降，外转子温度稳定在 31℃。硅钢片损耗基本不随永磁体分块数的变化而改变，这与第 4.4.5 节的结论一致。由于内、外转子温度降低，调磁环温度相应降低，稳定时平均温度为 35℃。内转子稳定工作时的温度为 27℃。

进行磁齿轮设计时，应考虑多种工况下的传动性能。将输入转速调整为 1500r/min，模拟仿真磁齿轮传动时温度的分布情况。改变输入转速后的磁齿轮各部分散热系数见表 4-12。输入转速为 1500r/min 时，磁齿轮模型样机稳定工作时的各部分损耗值见表4-13，磁齿轮总体和各部分温度分布云图以及各部分温度如彩图4-25、彩图4-26所示。

表4-12 1500r/min磁齿轮的散热系数　　　单位：W/(m²·℃)

参　　数	数值
内转子端部散热系数	58.28
内转子内表面散热系数	36.98
定子端部散热系数	33.40
外转子端部散热系数	41.47
外转子外表面散热系数	48.11

表4-13 1500r/min磁齿轮各部分损耗值　　　单位：W

部分	内永磁体	外永磁体	调磁环	内铁芯	外铁芯
损耗值	22.8	35.0	10.1	0.6	4.3

由仿真结果可以看出，输入转速越大，磁齿轮的损耗越高。永磁体损耗增加，同时输入转速增加，导致散热系数变大，因此磁齿轮温度并没有急剧增加。外转子温度稳定在59℃，局部最高温度为64℃；调磁环稳定工作时的平均温度为52℃；内转子稳定工作时的温度为47℃。

4.7 磁齿轮试验样机散热分析

4.7.1 磁齿轮试验样机空气场温度仿真

对输入转速为500r/min、未分块的磁齿轮试验样机模型进行空气场温度仿真。彩图4-27所示为磁齿轮试验样机稳定工作时的空气温度场分布，彩图4-28所示为其表面温度场分布。

通过仿真可以看出，在磁齿轮工作时，壳体内部空气很难与外部空气进行交换，不利于磁齿轮试验样机的通风散热。因此，需要对磁齿轮样机结构进行设计及优化，以便得到较为合理的散热方案。

4.7.2 散热方案—增加散热格栅

通过仿真可知，外转子存在局部高温。由于样机的长径比较大，且样机内部没有设置扇叶，外转子外表与外壳之间的热空气很难从轴向法兰孔排出，因此可以将具有承重功能的样机上壳改为散热格栅结构，增设 7 个散热条，结构如图 4-29、图 4-30 所示。

图 4-29　散热格栅　　　　　图 4-30　增加散热格栅的磁齿轮样机模型

对增加散热格栅的磁齿轮样机模型进行空气场仿真，设置输入转速为 500r/min。模拟磁齿轮稳定运行时的空气流动情况，空气流动迹线如图 4-31 所示。

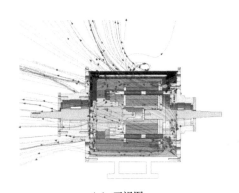

(a) 正视图　　　　　　　　　　　(b) 斜视图

图 4-31　增加散热格栅后的空气流动迹线

与不加散热格栅的磁齿轮样机的空气场进行对比，增加散热格栅后，磁齿轮壳体内部的空气有一大部分将通过散热格栅流出。彩图 4-32、彩图 4-33 所示分别为增加散热格栅的磁齿轮样机模型的空气温度场分布和样机表面温度场分布，可以明显地看出有气体从样机上方流出，有一大部分热量从散热格栅排出磁齿轮样机之外。气隙中的空气温度和磁齿轮外壳体表面温度与不加散热格栅的磁齿轮样机相比，均有一定的降低。仿真结果表明，增加散热格栅对磁齿轮试验样机的通风降温有一定的作用。

4.7.3　散热方案一增加风扇

在常见的电机制造中，空气冷却是应用最广泛的散热方式之一。电机轴向通风系统主要是将大直径的风扇安装在电机壳体内部，空气由电机外部抽入，通过电机内部循环后，再回到周围环境中去。由于磁齿轮内部空间较小，结构较为复杂，很难在其内部增加风扇。因此，将风扇安装于磁齿轮输入端法兰外的输入轴上，通过输入轴的旋转带动风扇转动，气体因叶片产生的压力沿轴向作用于磁齿轮样机上，产生散热降温的作用。外置风扇和安装外置风扇的磁齿轮模型样机如图 4-34、图 4-35 所示。

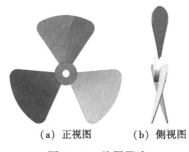

(a) 正视图　　(b) 侧视图

图 4-34　外置风扇　　　　**图 4-35　安装外置风扇的磁齿轮样机模型**

对增加风扇的磁齿轮样机模型进行空气场仿真，输入转速为 500r/min。模拟磁齿轮稳定运行时的空气流动情况，空气流动迹线如图 4-36 所示。

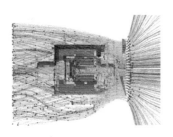

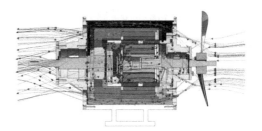

(a) 全部空气正视图　　　　　　　(b) 内部空气正视图

图 4-36　安装外置风扇的磁齿轮空气流动迹线

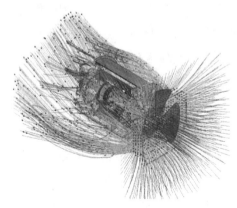

（c）全部空气斜视图

图4-36　安装外置风扇的磁齿轮空气流动迹线（续）

可以明显地看出，在风扇的作用下，有大量空气通过磁齿轮样机表面，且磁齿轮内部空气的轴向流通明显增加。彩图4-37、彩图4-38所示分为安装外置风扇的磁齿轮样机模型的空气温度场分布和表面温度场分布。

可以明显地看出，磁齿轮样机壳体外表面的温度明显降低，样机内部的温度也有所下降。仿真结果表明，增加风扇对磁齿轮试验样机的通风降温有明显的作用。

4.8　本章小结

本章对磁齿轮各部分的损耗理论进行分析。考虑损耗对磁齿轮的影响，对同轴式磁齿轮的参数化模型进行三维动态仿真。通过改变磁齿轮的结构参数，分析了磁齿轮损耗及传动效率随设计参数的变化规律。基于有限元仿真，对改变永磁体材料、传动方式、调磁环及内永磁体结构和永磁体分块等优化措施进行对比分析，提出降低磁齿轮损耗、提升其传动效率的优化方法。经分析比较后认为，对永磁体进行适当分块，是降低损耗、提高传动性能，且适合磁齿轮加工、安装、生产的最优措施。同时，由于损耗会影响磁齿轮的传动效率，因此，对于第3章提出的磁齿轮设计公式，需要在实际应用中考虑不同工况、不同设计尺寸，并对公式计算结果加以修正。

另外，本章对磁齿轮散热原理进行了分析，建立了磁齿轮试验样机三维模型，通过仿真得到样机内部空气流通情况，确定了其散热系数。对磁齿轮进行温度场、电磁场耦合动态仿真计算，分析了磁齿轮各部件的温升情况。将温度场仿真结果导入磁齿轮试验样机进行温度分布计算与分析，提出了两种散热降温方式，并通过仿真验证其可行性，经分析后认为，增加外置风扇对磁齿轮试验样机的通风降温有明显的作用。

第 **5** 章　磁齿轮样机试验分析

通过有限元仿真分析可知，磁齿轮传动过程中会产生损耗，使温度升高、传动效率下降。本章对有限元仿真结果进行验证，以现有磁齿轮试验样机为基础，对试验样机及试验平台进行改进，以测试磁齿轮试验样机的性能，并与仿真结果进行比较，从而证明仿真结果的正确性。

5.1　磁齿轮试验样机的结构及其改进

5.1.1　调磁环设计

为了提高调磁环的结构强度，防止其产生"鼓肚"变形，采用分体式调磁环结构。由第 4 章的分析可知，在调磁环内侧引入导磁块连接桥后，磁齿轮的传动效率提高，传动转矩下降不明显，综合效果较好。因此，采用内连接桥导磁结构形式，并沿轴向在导磁块上钻 7 个通孔，如图 5-1b 所示，然后将导磁结构沿轴向平分为两段，中间采用由不导磁的特种工程塑料聚醚醚酮（PEEK）制作的加强环进行加固，加强环沿轴向开孔，其结构如图 5-1c 所示。

将两段导磁块与加强环用 7 根 M3 螺杆进行连接，导磁块其中一端与 PEEK 底座进行拼插连接，最后在螺杆两端用螺母进行紧固，7 根螺杆既有连接固定调磁环骨架的作用，又可以进一步增大调磁环的结构强度，抑制其产生"鼓肚"变形。拼接后的调磁环骨架如图 5-2 所示。

(a) 导磁块斜视图　　　　(b) 导磁块正视图　　　　(c) 加强环正视图

图 5-1　调磁环导磁块及加强环结构

(a) 导磁块与底座　　　　(b) 底座正视图　　　　(c) 骨架斜视图

图 5-2　拼接后的调磁环骨架

调磁环的非导磁部分采用环氧树脂胶真空灌胶的加工方式，需要在调磁环骨架内外安装模具，模具采用不与环氧树脂胶发生反应的尼龙 66（聚己二酰己二胺）材料。模具模型与安装后的调磁环如图 5-3 所示。

(a) 内模具模型　　　　(b) 外模具模型　　　　(c) 安装模具斜视图

(d) 安装模具顶部　　　　　　(e) 安装模具底部

图 5-3　模具模型与安装后的调磁环

调磁环骨架的加强环通孔用于环氧树脂胶的流通，环氧树脂胶从模具口灌入，流经导磁块空隙，最终流入底座导胶槽中。经过加热灌胶、冷却、去除模具后，调磁环即制作完成，如图5-4所示。

（a）调磁环斜视图　　　　　　　　　　　（b）调磁环正视图

图5-4　调磁环

5.1.2　磁齿轮试验样机的尺寸参数

考虑由加工和安装误差引起的摩擦、磨损现象，内、外气隙均取2.5mm；由于调磁环的加强环厚度为10mm，因此磁齿轮的实际轴向长度为60mm。该磁齿轮的传动比为4.25∶1，采用内、外转子传动方式。磁齿轮试验样机的尺寸参数见表5-1。

表5-1　磁齿轮试验样机的尺寸参数

参数	数值	参数	数值
内铁芯内径/mm	44	调磁环极弧系数	0.5
内铁芯外径/mm	64	外气隙厚度/mm	2.5
内永磁体内径/mm	64	外永磁体内径/mm	104
内永磁体外径/mm	80	外永磁体外径/mm	116
内气隙厚度/mm	2.5	外铁芯内径/mm	116
内转子极弧系数	0.92	外铁芯外径/mm	136
调磁环内径/mm	85	外转子极弧系数	0.92
调磁环外径/mm	99	轴向长度/mm	60

在材料选择方面，内、外铁芯硅钢片的牌号为B20AT1500；调磁环导磁块硅钢片的牌号为50WW470；内、外永磁体采用钕铁硼材料，牌号为N35H，表面镀锌；径向充磁设计。

5.1.3　试验平台的搭建

图 5-5 所示为磁齿轮传动性能试验系统结构框架图。磁齿轮试验样机的输入、输出转速与转矩数据可由磁齿轮两端的动态转矩传感器获取。磁齿轮工作温度由热电偶读数式温度传感器获得，接触式温度热敏探头贴在固定的调磁环外表面上，用于测量调磁环外表面温度。

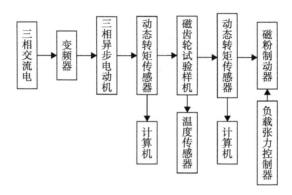

图 5-5　磁齿轮传动性能试验系统结构框架图

通过变频器改变三相异步电动机的频率，为磁齿轮试验样机提供不同的输入转速。通过负载张力控制器提供不同的励磁电流，改变磁粉制动器的输出转矩，为磁齿轮试验样机提供的不同负载。磁齿轮传动性能试验平台如图 5-6 所示。

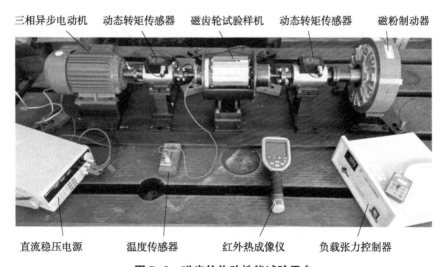

图 5-6　磁齿轮传动性能试验平台

5.2 磁齿轮传动效率试验

对磁齿轮试验样机进行性能测试，保证变频器频率为 5Hz，则电机额定同步转速为 300r/min。通过张力控制器调整励磁电流，直至磁齿轮发生过载保护，此时磁粉制动器的负载转矩为 9N·m。利用动态转矩传感器测得磁齿轮稳定工作时的输入、输出转矩及转速，如图 5-7 所示。

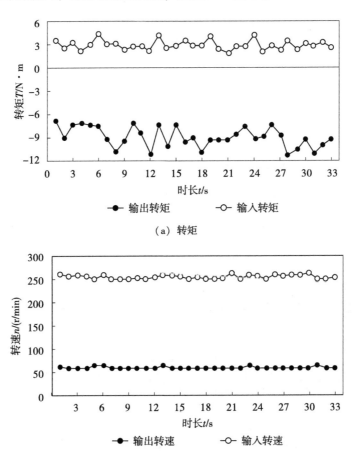

（a）转矩

（b）转速

图 5-7　磁齿轮稳定工作时的输入、输出转矩及转速

图5-7中输入转矩的平均值为 2.88N·m，输入转速的平均值为 255.7 r/min，输出转矩的平均值为8.98N·m，输出转速的平均值为59.6r/min。以同样的尺寸、材料条件建立磁齿轮三维模型进行动态仿真，输入转速设置为试验时测得的磁齿轮输入转速，得到稳定工作后的磁齿轮输入、输出转矩。然后计算试验与仿真得到的输入、输出功率，并分别计算传动效率，结果见表5-2。

表 5-2　试验与仿真数据对比

参数	仿真结果	试验结果
输入转速/（r/min）	255.7	255.7
输入转矩/N·m	3.63	2.88
输入功率/W	96.9	77.1
输出转速/（r/min）	60.2	59.6
输出转矩/N·m	14.20	8.98
输出功率/W	89.2	56.0
传动效率（%）	92	72
传动比	4.25	4.28

由于磁齿轮仿真采用的是磁齿轮的原理模型，没有对安装与传动连接件进行模拟，因此需要考虑实际情况，并对通过有限元仿真得到的效率进行修正。磁齿轮试验样机内部使用两对滚子轴承和一对球轴承，其两端通过刚性凸缘联轴器与转矩传感器进行连接。经查阅，一对滚子轴承的传动效率为0.98，一对球轴承的传动效率为0.99，刚性凸缘联轴器的传动效率为0.98。因此，仿真得到的修正效率为84%。

通过对仿真结果和试验数据进行比较，发现试验数据整体偏小。使用百分表对磁齿轮旋转状态下外转子的圆跳动误差进行测量，如图5-8所示。

（a）远支承轴承端   （b）近支承轴承端

图 5-8　圆跳动误差的测量

　　测量外转子近支承轴承端和远支承轴承端的径向位移量，可得远支承端的竖直位移为 0.67mm，近支承端的竖直位移为 0.09mm，且百分表指针的摆动周期不规律。因此，外转子传动轴存在轴心漂移、轴头摆动现象。

　　通过分析上述现象可知，由于外转子远支承端为悬空状态，使得外转子整体存在挠度。且由于试验样机在加工、装配过程中构件变形、精度等原因造成的误差，导致传动效率较低。由图 5-8 可以看出，输出转矩的波动较大，这是由于整体试验平台的同轴度误差较大，凸缘联轴器克服径向偏差所产生的转矩对测量结果具有一定影响，同时凸缘联轴器的传动效率也因同轴度误差大而有所下降。因此，该磁齿轮试验样机的传动效率较低、传动性能较差。

5.3　磁齿轮温升试验

　　对磁齿轮试验样机进行温升试验，设定电机输入转速为 500r/min。电机起动后，每隔 10min 读取一次温度传感器数值。由于内、外转子均为旋转件，无法在工作中对其外表面进行接触式测量，故本次测量的温升件为调磁环，测试时的环境温度为 10℃。调磁环温升变化曲线如图 5-9 所示。

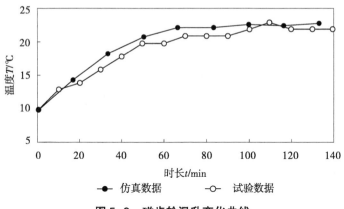

图 5-9　磁齿轮温升变化曲线

　　在温度保持稳定后，用红外热成像仪对磁齿轮样机不反光部分进行温度热成像采集，结果如图 5-10 所示。

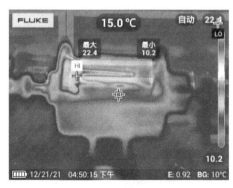 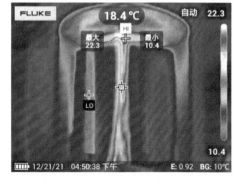

（a）正视图　　　　　　　　　　　　　（b）俯视图

图 5-10　磁齿轮试验样机红外成像结果

　　通过对比试验数据和仿真数据可以看出，调磁环工作时的温度为 22℃，稳定时间约为 90min。仿真结果和试验结果基本一致，可以证实前文温度场分析结果的准确性及可行性，表明多物理场耦合温度仿真结果可以作为确定磁齿轮工作温度的依据。

5.4　本章小结

　　本章对磁齿轮试验样机的空载转速、传动比、满载传动效率与温升以及过载保护进行了测试，将试验结果与有限元仿真结果进行了对比验证，并分析了结果的差异性。经分析后认为，传动轴安装精度及刚度较低是导致试验结果较差的主要原因；同时结果表明，多物理场耦合温度仿真结果可以作为确定磁齿轮工作温度的依据。

第 6 章　永磁变速机的示范应用

6.1　概述

永磁变速机是由永磁体建立励磁磁场，基于磁场调制原理开发的一种非接触式动力传递装置。除具有传统机械齿轮箱所具备的变速传动特性外，它还具有同轴拓扑结构体积小、无接触、无摩擦、免润滑、免维护、过载自保护、效率高等优点，可以有效解决目前变速传动系统中机械齿轮箱无法避免的振动、噪声、磨损、漏油及疲劳点蚀等问题。同时，由于永磁变速机的损耗为电磁涡流损耗，低转速非满功率运行时损耗低、效率高，因而可以替代机械齿轮箱，广泛应用于各类转速变换的传动系统中，如提高转速的风力、水力发电系统，以及降低转速的汽车动力传递、船舶电力推动系统等。

永磁变速机目前在国外已完成小功率样机制造，并在特定场合开始示范应用。而国内所做的工作主要集中在永磁变速机与电机的集成应用上，如将永磁变速机集成到风机系统、电动车领域中。目前，永磁变速机无产品、无使用案例，缺乏原动机与负载之间高效率、高可靠性、智能化的较大功率永磁变速传动技术，尤其是百千瓦级永磁变速机关键部件的设计、制造、测试技术等。国家电投集团中央研究院以集团公司某电厂为应用场景，研制并示范应用的132kW 永磁变速机，证实了它可以利用磁场耦合实现非接触式动力传递，为磁场调制型永磁变速机替代机械齿轮箱的应用与推广提供了技术支撑。

6.2　永磁变速机的永磁体建构

根据磁场调制型磁齿轮的传动原理，设计永磁变速机的核心部件，主要包括内磁环、调磁环、外磁环三部分（图6-1）。永磁变速机的谐波由永磁体产生，内、外磁环永磁体的性能会对永磁变速机的性能产生重要影响，而永磁体的建构则是确定永磁体性能的关键因素之一。

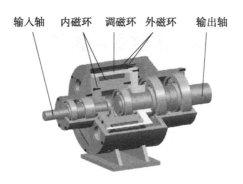

输入轴　内磁环　调磁环　外磁环　输出轴

(a) 同轴结构图

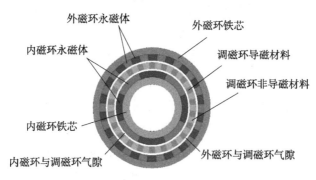

外磁环永磁体　　　　　　外磁环铁芯
内磁环永磁体　　　　　　调磁环导磁材料
　　　　　　　　　　　　调磁环非导磁材料
内磁环铁芯
内磁环与调磁环气隙　　　外磁环与调磁环气隙

(b) 同轴拓扑结构图

图6-1　永磁变速机结构示意图

国家电投集团中央研究院研发的132kW永磁变速机样机上的内磁环永磁体采用表贴式，材料为N42SH，剩磁为1.317T，矫顽力为12.71kOe，永磁体为瓦形结构，轴向长度为140mm。

由于内磁环永磁体采用先粘接后整体充磁的传统工艺，转矩输出不理想，永磁体表面中心部位磁感应强度最低值仅为0.25T左右，因此需要从永磁体建构的角度对永磁变速机进行优化。

6.2.1　永磁体建构的原理

永磁体的建构需要考虑形状、分块、充磁方式等因素，会直接影响永磁变速机的损耗、表磁、气隙磁通密度等，进而影响永磁变速机的效率和输出功率。

以形状和分块为例，在永磁变速机运行过程中，永磁体表面的磁场发生周期性变化，由于永磁体具有较高的电导率，将产生较大的涡流损耗，引起永磁体温度升高。稀土永磁体的居里温度点比较低，一般温度超过120℃时永磁体会发生退磁，降低了永磁变速机的使用寿命。但在一定的外形尺寸条件下，尽量减小永磁体的径向厚度，增加永磁体的轴向分块数（各永磁体块间做好绝缘措施），可以有效降低永磁体的损耗，提高设备效率。

6.2.2 充磁后粘接对永磁体表面磁感应强度的影响

目前常见的永磁材料如钕铁硼经过熔炼、制粉、压制、烧结、机加工、表面处理、充磁等步骤可得到成品永磁体。对于大块永磁体采用先充磁后粘接的工艺路线极为少见。

运用有限元软件 ANSYS 进行仿真计算，设定剩磁为 1.317T，矫顽力为12.71kOe，永磁体外径为 180mm、内径为 150mm、侧面夹角为 60°、径向充磁，分别取长度和宽度方向上共 4 条路径进行磁感应强度比较。对比分为三种情况：①整体充磁；②沿轴向分为 5 块永磁体充磁后粘接；③沿轴向分为10 块永磁体充磁后粘接。永磁体间粘接胶厚度为 0.1mm。永磁体表磁测试路径如图 6-2 所示，永磁体建构及网格划分如图 6-3 所示。

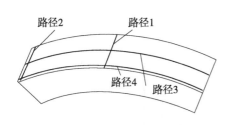

图 6-2 永磁体表磁测试路径

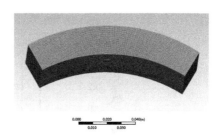

图 6-3 永磁体建构及网格划分

假设不同情况下永磁体均充磁至饱和且均匀磁化，永磁体外部为空气外罩，在空气外罩表面施加磁通量平行边界条件，永磁体间粘接胶用空气代替。

图 6-2 中路径 1 为瓦形永磁体中部轴向，其仿真结果对比如图 6-4 所示。

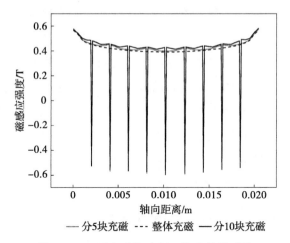

图 6-4　瓦形永磁体路径 1 仿真结果对比

从路径 1 的仿真结果对比中可以看出，在瓦形永磁体中部轴向：

①无论是分块充磁后粘接还是整体充磁，从边部到中心，永磁体表面磁感应强度均逐渐降低，且其最大值几乎不变。

②外形尺寸不变，分块后相同极性并列粘接，表面磁感应强度会增加，而且随着分块数量的增加增幅变大。

③分块后永磁体表面磁感应强度的波动要大于整体充磁，分块粘接的永磁体粘接缝位置磁极会反转。

路径 2 为瓦形永磁体边部轴向，仿真结果对比如图 6-5 所示。

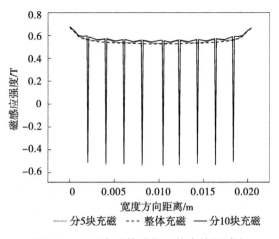

图 6-5　瓦形永磁体路径 2 仿真结果对比

从路径 2 的仿真结果对比中可以得到与路径 1 仿真结果对比类似的结论，二者只有一点不同：沿轴向相同距离处，路径 2 的磁感应强度值要大于路径 1 的磁感应强度值。

路径 3 为瓦形永磁体中部周向，仿真结果对比如图 6-6 所示。

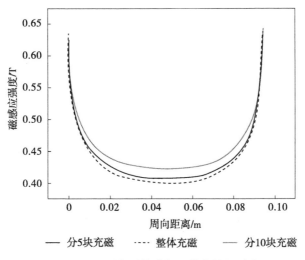

图 6-6　瓦形永磁体路径 3 仿真结果对比

从路径 3 的仿真结果对比中可以看出，在瓦形永磁体中部周向：

①无论是分块充磁后粘接还是整体充磁，从边部到中心，永磁体表面磁感应强度均逐渐降低。

②无论是分块充磁后粘接还是整体充磁，表面磁感应强度的最大值几乎不变。

③外形尺寸不变，分块后相同极性并列粘接，表面磁感应强度会增加，而且随着分块数量的增加增幅变大。

路径 4 为瓦形永磁体边部周向，仿真结果对比如图 6-7 所示。

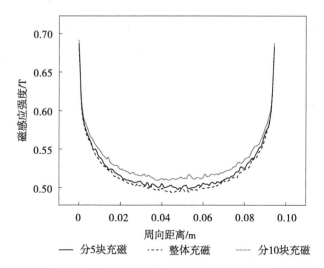

图 6-7　瓦形永磁体路径 4 仿真结果对比

　　从路径 4 的仿真结果对比中可以得到与路径 3 仿真结果对比类似的结论，二者只有一点不同：沿周向相同距离处，路径 4 的磁感应强度值要大于路径 3 的磁感应强度值。

　　根据充磁后粘接的仿真结果，内磁环永磁体在第二轮优化中将长度为 140mm 的永磁体沿轴向分为 14 块（图 6-8），每块的长度为 10mm，采用先充磁后粘接的工艺路线。

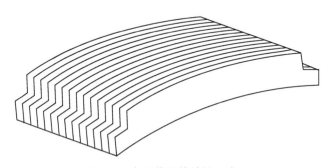

图 6-8　永磁体分块粘接示意图

　　通过仿真分析可以得出以下结论：永磁体建构过程中采用分块充磁后粘接的方法，永磁体的表面磁感应强度会增加，而且分块越多，增幅越大。

6.2.3　小结

本节建立了永磁体分块充磁后的理论计算模型，开发了一套充磁后粘接的永磁体装配工装，不但完成了充磁后小块永磁体的装配，尺寸精度达到预期要求，而且发现永磁体表磁性能通过分块充磁后粘接得到了进一步的提升，内磁环永磁体表面磁感应强度最小值增加约20%，输出转矩增加约10%，为后续永磁体充磁后分块粘接方案的实施提供了有效的科学依据。

6.3　实验室性能测试

在完成百千瓦级永磁变速机方案设计、论证、仿真分析、加工制造、设备装配等的基础上，本节对样机的关键指标进行实验室测试，并根据电厂示范工况的需求对样机进行不断完善，直至达到可示范运行技术指标。

6.3.1　测试参考依据

（CB/T 4149—2011）《船用齿轮箱台架试验方法》；

（GB/T 10069.1—2006）《旋转电机噪声测定方法及限值　第1部分：旋转电机噪声测定方法》；

（GB/T 1029—2021）《三相同步电机试验方法》；

（GB/T 755—2019）《旋转电机　定额和性能》；

（GB/T 10068—2020）《轴中心高为56mm以上电机的机械振动　振动的测定、评定及限值》。

6.3.2　测试结果分析

1. 绝缘性测试

为了有效控制调磁环在永磁变速机运行过程中的涡流损耗，须保证调磁环各个部位的绝缘性（硅钢块片层间、定位柱与硅钢和钢制法兰间、热管与定位柱间）。绝缘性测试采用手持式万用表，如图6-9a所示。测试结果显示，调磁环各部件在装配过程中采用的绝缘措施使其电阻均达到兆欧级，表明调磁环具有较好的绝缘性，如图 6-9b 所示。热管及端部散热装置的固定如图 6-9c 所示。

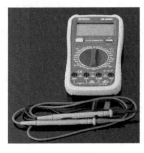  

(a) 万用表　　　　　　　　(b) 调磁环　　　　　　　　(c) 热管

图 6-9　调磁环绝缘性测试实物图

2. 运行平滑程度检查

示范样机采用听针判断各轴承在低速运行状态下的平滑程度（图 6-10）。样机完成装配后水平放置，输入端装配联轴器，转动输入轴，利用听针判断各个轴承的运行状态。经测试，低速状态下轴承旋转无异响，运行平稳。

(a) 听针　　　　　　　　　　(b) 永磁变速机示范样机

图 6-10　听针和示范样机实物图

样机完成装配后，分别采用 1.0mm、1.5mm、2mm 厚的环氧树脂片测量静置状态下样机的外气隙大小。旋转输入轴，调磁环旋转一周，最大外气隙厚 2.0~2.5mm，最小外气隙厚 1.5~2.0mm。因此，样机运行过程中能够保证调磁环无剐蹭运行。

3. 样机卧式测试

(1) 最大输出转矩测试

首先设置样机在50r/min转速下低速运行,利用听针判断样机运行平滑程度。样机运行无异常后提升转速,测试样机在不同转速下的输出转矩。样机最大输出转矩随着转速的增加而逐渐下降。在外磁环两侧增加磁屏蔽硅钢环的状态下,永磁变速机在500r/min转速下的最大输出转矩为11204N·m。经过二期优化,即取消外磁环两侧的磁屏蔽硅钢环后,调磁环硅钢块采用取向硅钢,同时内转子永磁体采用分块充磁再粘接的制备工艺,在相同转速(500r/min)下,永磁变速机的最大输出转矩为15149N·m,明显高于改造前的最大输出转矩,整体性能获得显著提升,满足实际运行需求。在稳定性方面,初始样机内转子永磁体强度不足,转速高于900r/min后发生断裂。后期采用碳缠绕工艺优化内转子永磁体表面,高转速下,内转子永磁体断裂问题得到解决,变速机能够在990r/min满转速下稳定运行(图6-11)。

图6-11 永磁变速机测试现场图

(2) 温升测试

永磁变速机的内磁环、调磁环均为旋转部件,工作过程中无法实时采集温度参数,因此测试中的温度参数均由内置于外磁环永磁体附近的热电偶采集。在400r/min的转速下,外磁环温度随运行时间的增加不断上升,如图6-12所示。升温速率随外磁环温度的升高而逐渐下降,但在运行60min内温度并未达到恒定。法兰孔加装强制通风扇后并未对温升有明显影响。

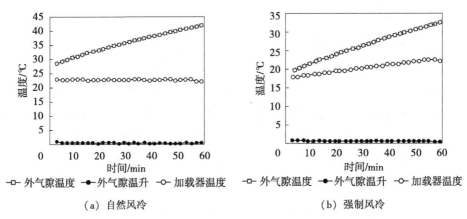

（a）自然风冷   （b）强制风冷

图 6-12　输入转速为 400r/min 时的温升曲线 （卧式测试）

在 600r/min 的输入转速下，外磁环温升表现出与 400r/min 转速下相似的变化趋势，如图 6-13 所示。但是，其升温速率略高于以 400r/min 的转速运行时的升温速率。加载器温度变化受冷却水流量大小的影响，未对永磁变速机测试结果产生影响。

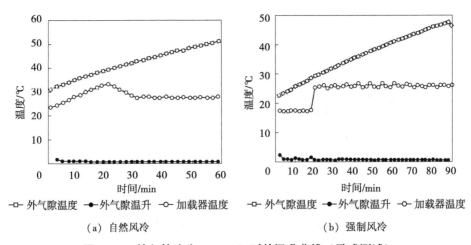

（a）自然风冷   （b）强制风冷

图 6-13　输入转速为 600r/min 时的温升曲线 （卧式测试）

4. 样机立式测试

永磁变速机立式测试在 1∶1 空冷岛模拟平台上完成，如图 6-14 所示，并使用手持式红外转速仪测试样机转速。

图 6-14　永磁变速机立式测试

（1）温升测试

立式状态下，永磁变速机外气隙厚度变化情况与卧式测试时接近，最薄处为 1.5mm，因此永磁变速机可以无剐蹭地稳定运行。在 600r/min 的输入转速下，永磁变速机外磁环温升曲线与卧式测试时并未表现出明显差别，如图 6-15 所示。

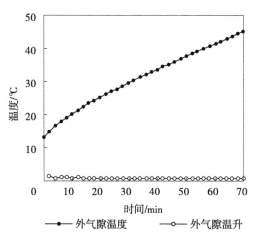

图 6-15　输入转速为 600r/min 时的温升曲线（立式测试）

调磁环是永磁变速机上的关键部件，高温会导致调磁环变形，诱发永磁变速机故障。为了获得准确的调磁环温度特征，后期在调磁环不同部位预置热电偶，以消除由外气隙导致的测温偏差。同时，在调磁环上增设热管以增强其散热性能，从而有效控制调磁环升温。

　　图6-16所示为输入转速等于200r/min时的温升曲线，外磁环升温速率明显低于400r/min时的升温速率，连续运行350min后温度达到36.97℃，升温速率降低到0.02℃/min。调磁环从输入端到输出端，不同层硅钢温度分别为37℃、36℃、35℃、33℃。

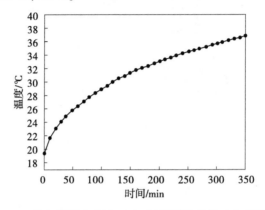

图6-16　输入转速为200r/min时的温升曲线（立式测试）

　　输入转速增加至400r/min时，外磁环升温速率有所提高，如图6-17所示，连续运行4h后温度达到38.77℃，升温速率为0.05℃/min，高于200r/min时的升温速率。调磁环从输入端到输出端不同层硅钢温度分别为48℃、41℃、41℃、38℃。继续增加运行时长至8h，调磁环最高温度为48.21℃，外筒温度升高至51℃。但外筒的升温速率降低至1.5℃/h，因此判定调磁环热平衡温度为48℃，外筒平衡温度不高于60℃。

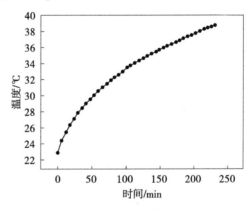

图6-17　输入转速为400r/min时的温升曲线（立式测试）

输入转速继续增加至 600r/min 时，外磁环升温速率有所提高，如图 6-18 所示，连续运行 10min 后温度达到 28℃，升温速率为 30℃/h。连续运行 15min 后，温度达到 31℃，升温速率为 32℃/h。继续增加运行时长至 40min，温度达到 37℃，升温速率为 21℃/h。

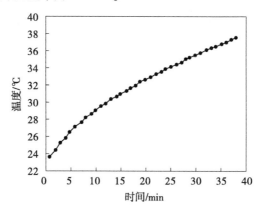

图 6-18　输入转速为 600r/min 时的温升曲线（立式测试）

输入转速增至 900r/min 时，如图 6-19 所示，连续运行 11min 后，外磁环温度从 19℃增加至 30.48℃，升温速率达到 57.4℃/h。在 12min 内，调磁环温度升高至 38℃（升高幅度达到 19℃），升温速率远高于 600r/min 时的测试值。

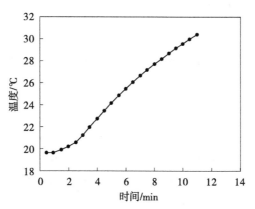

图 6-19　输入转速为 900r/min 时的温升曲线（立式测试）

（2）噪声测试

图 6-20 所示为永磁变速机在不同转速下进行立式测试的噪声水平，除输

入转速为 600r/min 时的运行噪声达到 53.7dB 外，永磁变速机运行噪声均在 45dB 左右。

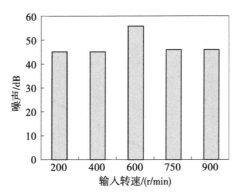

图 6-20　永磁变速机在不同转速下进行立式测试的噪声水平

6.3.3　小结

本节介绍了一套完整的永磁变速机实验室测试方案和评价体系，对永磁变速机进行了系统性的多维度指标评估，得到的评估结果可有效地指导样机的优化改造。

①外磁环端部的导磁材料会加剧端部漏磁，内转子永磁体与铁芯的结合强度较低，调磁环整体结构强度需要提高。针对上述问题进行优化后效果明显，设备在测试过程中运转稳定，满足测试要求。

②实验室性能初测表明，永磁变速机性能达到了预期效果，转速和转矩传递平稳，结构设计合理，在零部件加工制造及样机装配过程中，装配精度及绝缘性满足要求，调磁环室温状态下的强度和刚度满足永磁变速机大转矩输出要求。

③永磁变速机涡流损耗产生的热量无法通过单一的冷却方式充分散失，这里采用强制风冷结合热管散热方式，散热效果明显，样机可以在额定负载下保持长时间运转，设备满足示范应用相关要求。

④永磁变速机实际测试最大输出转矩、效率虽已达到项目要求，但明显低于计算仿真结果，需要对理论计算模型进行优化。

⑤经过多次测试和优化，永磁变速机达到实际工况示范要求，可以开展工

程示范应用；同时，不断优化样机上出现的超负荷下产热、散热以及振动问题。

6.4 永磁变速机示范应用

通过对永磁变速机进行实验室测试和多次优化，其各项指标均已达到电厂示范设计要求。示范应用永磁变速机的国家电投集团公司某电厂（以下简称"电厂"）拥有 112 台空冷塔风机，其配置相应数量的 132kW 减速齿轮箱。据统计，每年 6—9 月风机齿轮箱满功率运行期打齿率达 7%，其余月份风机齿轮箱平均加载功率为 70% 左右，冬季加载功率更是低至 25%。经协商，选取该电厂 1 号机组 8 列 7 机位用于永磁变速机示范。现需对空冷岛起重系统、安装平台进行评估，并提出可行性改造方案，为实现永磁变速机的示范应用提供前提保障。

6.4.1 平台改造与校核

132kW 永磁变速机与电厂空冷岛用弗兰德减速机（H2NV109B）功能指标类似，在性能上可以替代弗兰德减速机。但由于永磁变速机与弗兰德减速机在外形、安装尺寸及重量等方面存在差异，因此，需要对电厂机位进行改造以满足示范需求，见表 6-1。

表 6-1 机位改造需求对照表

参数	空冷塔风机现状	永磁变速机	备注
起重系统额定起重量/t	2	—	1. 改造前后扇叶的位置不变
输出轴长/mm	650	820	2. 输出轴长是指输出轴端面（连接扇叶侧）与减速机安装面之间的距离
减速机重量/t	约 1.3	约 3.2	

结合空冷岛现有机位实际情况，改造方案主要分为两部分：起重系统改造和安装结构改造。

1. 起重系统改造与校核

空冷岛现有起重系统采用单轨电动葫芦起重机形式，额定起重量为 2t，轨道梁材料为 25a 工字钢，梁间跨距为 6m，轨道空间布置如图 6-21 所示。永磁变速机重约 3.2t，结合电厂现状，起重系统改造完成后，吊装 1 号机组 8 列 7 机位用吊装系统的额定起重量为 3.5t。起重系统的改造分为两部分：将额定起重量为 2t 的电动葫芦起重机更换为额定起重量为 5t 的电动葫芦起重机；轨道梁（25a 工字钢）采用增加支点的方式进行加固。前者更换滑轨及起重葫芦即可，简单易行，此处不做赘述。

轨道梁加固分为室内和室外两部分，室内轨道梁可利用室内既有的三脚架钢梁作为固定点增加的钢梁，新增钢梁与原有 25a 工字钢通过螺栓连接在一起，增加原有 25a 工字钢支点，如图 6-21 所示。

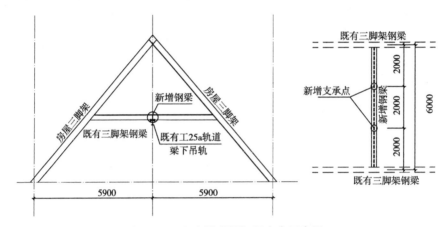

图 6-21　室内轨道梁加固方案示意图

室外轨道可利用立柱间支承作为固定点新增钢梁，新增钢梁与既有 25a 工字钢焊接在一起，增加既有 25a 工字钢支点，如图 6-22 所示。

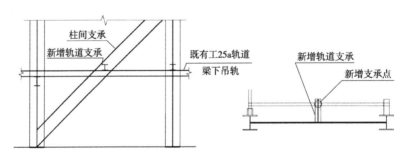

图 6-22　室外轨道加固方案示意图

按照本方案，起重系统的额定起重量由 2t 增加到 3.5t，需要按照相关标准进行校核。

（1）改造设计依据

《建筑结构可靠性设计统一标准》（GB 50068—2018）；

《建筑结构荷载规范》（GB 50009—2012）；

《钢结构设计标准（附条文说明［另册］）》（GB 50017—2017）；

《悬挂运输设备轨道》（图集号：05G359）。

（2）荷载导算

根据《悬挂运输设备轨道》（图集号：05G359），一台 3t 悬挂运输设备的永久荷载标准值为 4.68kN，可变荷载标准值为 40.81kN。参考河南省矿山起重机有限公司起重机资料，5t MD 型、30m 起升高度起重机的自重为 7.83kN，结合《悬挂运输设备轨道》（图集号：05G359），按 3t 起重机资料等比缩放 3.5t 起重机永久荷载标准值为 5.45kN，则永久荷载标准值取 7.83kN；按 3t 起重机资料等比缩放 3.5t 起重机可变荷载标准值，取可变荷载标准值为 47.62kN。

2. 安装结构改造与校核

由于永磁变速机与机械齿轮减速机的安装尺寸、输出轴长度、重量等均不相同，本次改造需要保证原机位扇叶位置不变，因此选择减速机安装板下挂方案。

①针对永磁变速机输出轴较长的问题，安装永磁变速机时增加支座，以保证扇叶位置不变。

②针对永磁变速机较机械齿轮减速机重量增加显著的问题，安装板、安装梁均采取了不同的加强方式。

③由于永磁变速机替代机械齿轮减速机示范，该机位安装结构改造完成后，永磁变速机和机械齿轮减速机可以共用。安装结构改造示意图如图 6-23 所示。

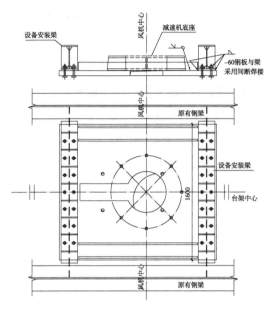

图 6-23　安装结构改造示意图

设备底板和支承梁结构如图 6-24 所示，底板厚度为 60mm，将安装梁和底板同时建模进行计算。

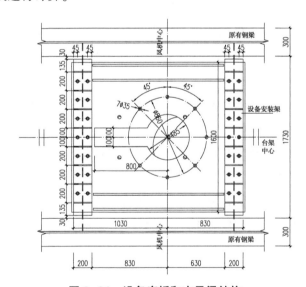

图 6-24　设备底板和支承梁结构

（1）材料性能

设备底板和支承梁材料为 Q235B，环境温度取 20℃，材料性能见表 6-2。

表 6-2　材料性能

材料	弹性模量/GPa	密度/（kg/m³）	泊松比	屈服应力/MPa	基本许用应力/MPa
Q235B	210	7850	0.3	235	92.5

注：表中基本许用应力来自 ASME BPVC Ⅱ D。

（2）载荷工况

载荷工况仅考虑结构本身和设备的自重，不考虑地震等不可抗力的作用，设备质量取 7610kg。机械齿轮减速机整套系统重约 4.2t，永磁变速机整套系统重约 6.3t，包括电机、电机支架、联轴器、扇叶、减速机等。

（3）评定准则

因载荷工况仅考虑自重，板、壳型部件一次应力许用限值见表 6-3。

表 6-3　板、壳型部件一次应力许用限值

部件使用等级	载荷组合	薄膜应力限值	薄膜加弯曲应力限值
O	静载荷（DW）	$\sigma_m \leq 1.0S$	$\sigma_m + \sigma_b \leq 1.5S$

注：σ_m—总体薄膜应力；σ_b—弯曲应力；S—基本许用应力。

（4）模拟计算结果

本计算主要关注设备板和安装梁的受力，为了消除边界效应带来的应力集中，将原有钢梁包括在计算模型中。设备板与安装梁之间由 28 个螺栓连接，安装梁与原有钢梁之间为绑定接触，以模拟二者之间的刚性连接，原有钢梁的四个边界定义为固定端。

在设备板的中间面赋予 7610kg 的质量点，模拟设备质量，如图 6-25 所示。对模型整体施加重力加速度 9.81m/s²。

设备板用实体单元模拟，安装梁由于存在加强板，因此用壳单元模拟。

板螺栓孔与梁螺栓孔采用虚拟圆形截面梁连接，该连接的作用为对板孔底面与梁孔顶面进行六自由度绑定，且考虑了连接梁的材料属性。

网格划分方法为曲率和间隙优先划分，即网格优先从大曲率和小缝隙位

置进行细化，并向外延伸，如图 6-26 所示。因此，螺栓孔和加强板处为优先划分区域，远离螺栓孔区域的网格趋于稀疏。

图 6-25　约束载荷分布

图 6-26　网格划分

模型的应力强度最大值为 122.07MPa，位置在板底部螺栓孔处，如图 6-27 所示。

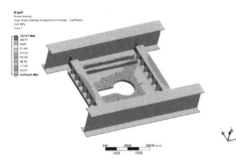
图 6-27　整体应力强度云图

安装梁薄膜应力云图如图 6-28 所示，最大值为 62.702MPa。

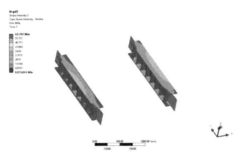
图 6-28　安装梁薄膜应力云图

安装梁薄膜加弯曲应力的最大值为 105.14MPa，如图 6-29 所示。

图 6-29　安装梁薄膜加弯曲应力云图

对设备板最大应力处和中间螺栓孔较薄弱处进行应力线性化，可得到设备板的薄膜应力和薄膜加弯曲应力，如图 6-30 所示。

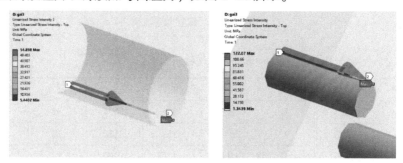

图 6-30　设备板中心小孔与设备板螺栓孔处的应力线性化路径

薄膜应力与弯曲应力如彩图 6-31 所示，其中红色线为薄膜应力，蓝色线为薄膜加弯曲应力，棕色线为峰值应力，但其不参与评定。

根据前文的应力限值进行评定，评定结果见表 6-4。

表 6-4　应力评定结果

部件	工况	应力评定准则	计算应力/MPa	应力限值/MPa	应力比
设备板	使用等级 O	$\sigma_m \leqslant S$	15.43	92.50	0.17
		$\sigma_m + \sigma_b \leqslant 1.5S$	56.89	138.75	0.41
安装梁	使用等级 O	$\sigma_m \leqslant S$	62.70	92.50	0.68
		$\sigma_m + \sigma_b \leqslant 1.5S$	105.14	138.75	0.76

注：σ_m—总体薄膜应力；σ_b—弯曲应力；S—基本许用应力。

由表6-4可知，应力满足规范要求。

螺栓拉力值通过提取特殊梁连接的力得到。本次改造设备板与设备安装梁采用的连接螺栓为10.9级M20螺栓，其最小拉力载荷约为250000N，满足要求。螺栓位置如图6-32所示，各位置螺栓拉力见表6-5。

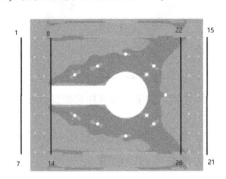

图 6-32　螺栓位置

表 6-5　螺栓拉力表

位置	拉力/N	位置	拉力/N	位置	拉力/N	位置	拉力/N
1	4223	8	2983	15	5691	22	4713
2	1373	9	1648	16	2120	23	2830
3	1886	10	4506	17	1900	24	4183
4	2778	11	6628	18	2196	25	5166
5	1869	12	4502	19	1897	26	4203
6	1393	13	1666	20	2099	27	2839
7	4216	14	2979	21	5692	28	4712

6.4.2　机位改造及示范运行

如上所述，电厂示范机位改造方案符合相关规范，满足使用要求，顺利通过了电厂示范评审。在所有前期准备工作完毕后，施工人员开始进行改造工作。

按照工作内容及施工顺序进行改造，主要分为四部分：①起重系统加固；②原平台结构（包括原电机、减速机、减速机固定梁、安装板）拆除；③永磁变速机平台（包括固定梁、安装板）安装；④永磁变速机吊装及接线。

1. 起重系统加固

起重系统加固分为两部分：电动葫芦更换和轨道加固。

（1）电动葫芦更换

电厂原电动葫芦额定起重量为 2t，而起重系统加固完成后，要求 1 号机组 8 列 7 机位额定起重量为 3.5t，故选用起重量为 5t 的电动葫芦予以更换，运行轨道不变。新电动葫芦配备限位器、重量限制器，具备遥控功能。

（2）轨道加固

电厂原轨道梁为 25a 工字钢，经测算在额定起重量 3.5t 工况下，轨道梁需要进行加固。由于作业面位于平台高空，为保证施工安全和质量，必须由专业人员先搭设脚手架再进行加固作业。

室内轨道梁加固包括如下内容：

①作业防护。考虑该处为高空作业，并且会有焊接、打磨、钻孔等动火作业，提前在平台上铺设防火毯等材料，以防金属屑、焊渣、飞溅等杂物落到地面上。

②加固用钢梁预制。铆工根据现场既有轨道梁尺寸，对加固用钢梁现场下料，将加固用钢梁和轨道钢连接处的螺栓孔定位，再用磁力钻在相应孔位钻孔。

③加固用钢梁吊装。在现有三角钢梁处焊接吊点，用电动葫芦将预制的加固用钢梁运至轨道梁上。

④连接固定。用螺栓把加固用钢梁和轨道梁连接固定，再用连接板把三角钢梁和新增钢梁焊接在一起。

室外轨道梁加固与室内轨道梁大致相同，唯一的不同之处在于室外轨道梁与加固用钢梁采用焊接而非螺栓连接，此处不做赘述。

2. 原平台结构拆除

原电机、减速机与后续改造有干涉，故必须拆除。此处为高空作业，为保证作业安全，必须由专业人员搭设脚手架；同时考虑有动火作业，作业面下方应铺设防火毯，以防金属屑、焊渣、飞溅等杂物落到地面上。拆卸作业按如下步骤进行：

①使减速机输出端与扇叶脱离，同时将扇叶固定。

②电机拆线，并做好标记。

③拆卸电机、减速机，并转移至走廊平台安全处放置。

④测量减速机输出轴的位置，并做好标记，为后续安装新梁做准备。

⑤拆卸减速机固定梁、安装板，并转移至走廊平台安全处放置。

3. 永磁变速机平台安装

该安装作业按如下步骤进行：

①先利用空冷岛电动葫芦将固定梁、安装板运至空冷岛平台上。

②根据上述标记，确定好固定梁的安装位置，先将一根固定梁固定。

③根据已固定的固定梁位置，将安装板就位。

④根据安装板位置，结合上述标记，将第二根固定梁就位。

⑤根据标记再次校核尺寸、调平。

⑥所有固定梁通过焊接固定，安装板通过螺栓固定。

⑦安装板与固定梁翼缘断续焊。

4. 永磁变速机吊装及接线

永磁变速机吊装及接线是关键作业之一，其步骤如下：

①先用螺栓连接永磁变速机的加高底座和设备底板。

②用加固后的起重系统将永磁变速机就位。

③用框式水平仪将永磁变速机调平，各固定螺栓用转矩扳手把紧。

④用螺栓紧固扇叶与减速机输出轴连接法兰。

⑤安装电机并接线。安装完成的永磁变速机示范应用平台如图 6-33 所示。

图 6-33　永磁变速机示范应用平台

6.4.3　示范运行测试

将 132kW 永磁变速机安装于校核合格的、改造后的示范机位处，所有配备的机械和电机安装到位后开展示范运行与测试，测试内容包括：与原有机械齿轮箱结构对比所有工况条件下的效率、噪声、振动等，获得永磁变速机替代传统机械齿轮箱的优势和劣势；永磁变速机于空冷岛现场进行测试，测试过程中分别记录驱动电机电流、永磁变速机永磁体温升、永磁变速机振动及噪声数据，同时获取机械齿轮箱在相同转速下的对比数据，测试结果与分析具体如下。

1.　电流

与原有机械齿轮箱相比，在 400r/min 以下低速运转时，永磁变速机驱动电流降低 10% 以上，节能表现相对较好。但随着转速上升，其电流涨幅高于机械齿轮箱，电流的表现不够理想，转速功率对比曲线如图 6-34 所示。

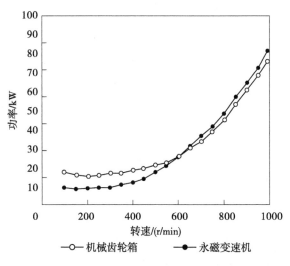

图 6-34　转速功率对比曲线

经分析，永磁变速机在 400r/min 以上高速运行时，电流表现不佳的主要原因如下：

①永磁变速机样机的额定功率为 132kW，高于机械齿轮箱的额定功率 80.8kW，较大的额定功率使其在相同转速下的耗能变大。

②根据永磁变速机的原理特性，永磁体涡流损耗与输入转速呈正相关关系，转速越高，涡流损耗越大，且由于永磁体层间绝缘程度等问题，使永磁变速机以高转速运行时的电流涨幅高于机械齿轮箱。

因此，进行样机优化设计时，需要着重考虑损耗控制，如增强永磁体层间绝缘、永磁体与铁芯表面绝缘，绝缘特性应满足仿真边界条件设定要求，以减少涡流损耗。

2. 温度

针对温升的表现，机械齿轮箱采用油冷散热方式，在满转速运行条件下，齿轮箱油温在5h前后达到稳态热平衡，热平衡后的油温控制在70~80℃，在DCS中设定90℃报警。永磁变速机样机低转速运行时，外磁环永磁体升温速率约为3℃/h，随着转速上升，升温速率上涨较为明显，在现场实测中最高约10℃/h。

经分析，永磁变速机温升较大的主要原因如下：

①永磁变速机以高转速运行时电流较大，损耗均表现为永磁体发热，随着转速上升，发热更加显著。

②在夏季，空冷岛室内环境温度最高可达60℃左右，由于环境风温度过高，若只采用风冷散热结构，不利于设备散热。

因此，进行样机优化设计时，可根据损耗计算结果，对温度场进行仿真分析，提高仿真中的环境温度边界条件和流体场散热效果，并采用更加有效的散热方式，以确保永磁体处于正常工作状态，不发生高温失磁现象而导致设备硬件故障。同时，应考虑结构件的热变形，防止由于高温热变形导致硬件损坏的情况出现。

3. 振动

机械齿轮箱满转速运行时振速平均值为1.6mm/s，振幅平均值为0.085mm。由于空冷岛平台位于48m高空，高振幅运行属于危险工况条件，在DCS中设定振幅最大值为2.6mm，超过最大值后驱动系统将自动停机。相比之下，永磁变速机运行时振速平均值为1.2mm/s，振幅平均值为0.04mm，振动状态表现良好；但在测试过程中，随着转速上升表现出短周期区间性共振现象。永磁变速机出现区间性共振的主要原因如下：

①机械齿轮箱重量为1.1t，永磁变速机样机重量为3.2t，其本体重量远

大于机械齿轮箱，在高转速运行时容易与平台发生共振现象。

②永磁变速机样机设计时未进行模态仿真分析，不了解样机的振型和固有频率。

在永磁变速机优化设计中，应考虑全转速区间样机本体的振动情况，同时进行轻量化设计，降低样机的重量，对设备优化后的结构、重量进行固有模态分析，防止发生共振现象。

4. 噪声

对于噪声，由于现场环境条件复杂，多台空冷风机同时运行，仅针对现场机械齿轮箱和永磁变速机 1m 处进行噪声测量，机械齿轮箱满转速环境噪声平均值为 80dB（A），与永磁变速机运行时的噪声测定值差异较小。试验测试受现场环境影响，并且受测试水平所限，不能严格区分设备之间的噪声差异，噪声测定值仅供参考。

永磁变速机具有非接触式传动的固有结构，相比于机械齿轮箱的优势为低噪声运行，前提是要确保设备中的轴承不发生损坏。

6.4.4　小结

永磁变速机各项关键性能通过实验室测试的技术指标后，经过平台改造、校核，开展示范运行，主要实现如下内容：

①首次提出永磁变速机空冷岛示范性能检测方法和实施方案，依托此方案完成空冷岛用永磁变速机示范性能检测，全方位地衡量永磁变速机的特性，为永磁变速机在其他领域的示范应用提供技术参考。

②永磁变速机在 400r/min 以下低转速运转时可节能 10%，在 400r/min 以上运行时基本与机械齿轮箱损耗一致。因此，永磁变速机的节能特性明显。

③测试对比机械齿轮箱与永磁变速机的振动性能，振幅由 1.6mm/s 降低至 1.2mm/s，说明永磁变速机具有明显的降振效果，其在对振动指标要求较高的领域具有更广阔的应用前景。

④因空冷岛冷却系统的综合噪声较大，无法单独测试永磁变速机的噪声指标，但从理论上分析，永磁变速机因不存在接触式传动，所以其噪声指标优于机械齿轮箱。

⑤测试过程中发现，永磁变速机在特定转速下会与平台结构发生明显共振现象，尤其是在转速为 400r/min 左右时，因此在永磁变速机设计过程中须进行模态分析。

⑥永磁变速机的极限转矩约为 15000N·m，且永磁体温升超出预期，须在设计过程中进行磁路计算和磁体设计重点分析。

综合现场示范应用测试结果可见，永磁变速机在节能、降振方面具有明显优势。同时，目前可继续从减重、磁路设计、永磁体性能提升等方面对永磁变速机进行深入优化，详见第 6.5 节。

6.5　永磁变速机的仿真优化

在永磁变速机样机研制及示范应用过程中，如样机计算仿真、机械结构设计、零部件加工、样机装配、实验室测试和示范性能检测等，发现样机所表现出的性能指标（最大输出转矩、涡流损耗）与计算仿真结果有较大偏差。为了进一步优化永磁变速机，本节通过构建永磁变速机双转子计算仿真模型，对其磁通密度分布、转矩特性、损耗特性进行仿真分析，并通过实测数据验证发现问题和提出解决方案，同时优化理论计算模型，提高模型计算精度，为后续样机优化奠定基础。

6.5.1　优化仿真思路

首先借助 JMAG 软件通过 2D 电磁仿真快速获得仿真结果，再通过 3D 仿真更准确地研究永磁变速机的端部、调制环轴向分段处端部效应的影响。在此阶段，使用两种修正模型与实测结果进行对比。最终，分别考虑机械结构导磁引起漏磁和永磁体充磁不完全两种因素与实测转矩相互验证，确定永磁变速机最大输出转矩与仿真结果存在差异的主要原因，并使用该模型计算损耗。

6.5.2　有限元仿真分析

1. 电磁仿真

磁力线图和磁通密度云图如彩图 6-35、彩图 6-36 所示。其中，磁力线图正常，说明仿真设置正确。磁通密度云图显示内、外磁环的磁通密度最大值分别为 1.70T、1.50T，铁芯饱和程度不高，永磁变速机处于正常工作状态。

　　理想状态下（不考虑漏磁、永磁体充磁）的转矩波形如图 6-37 所示，表明在功角为 -90deg、转速为 750r/min 的情况下，永磁变速机的平均转矩最大，内磁环、调磁环的平均转矩分别约为 3019N·m、-40824N·m。

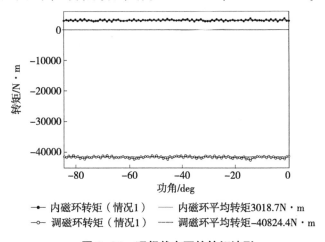

图 6-37　理想状态下的转矩波形

　　理想状态下的 3D 仿真磁通密度云图如彩图 6-38 所示，从彩图 6-38a 中可以看出，内磁环铁芯最大磁通密度为 1.67T，外磁环铁芯饱和程度较低，最大磁通密度为 1.50T，永磁变速机整体的饱和程度不高，能够正常工作。从彩图 6-38b 中可以看出，由于调磁环轴向分三段，轴向的磁通密度情况也分三段，沿轴向有调磁环的部分磁通密度较大，无调磁环的部分磁通密度较小。这种磁通密度分布会影响永磁体的涡流分布，造成实际有效长度小于 420mm，导致永磁变速机能够提供的转矩减小。

　　3D 仿真转矩波形图如图 6-39 所示，表明内磁环、调磁环的平均转矩分别约为 -1980N·m、29417N·m。由于端部效应，3D 仿真下的平均转矩小于 2D 仿真结果，但 3D 仿真的转矩仍不能与试验测得的转矩相互验证。

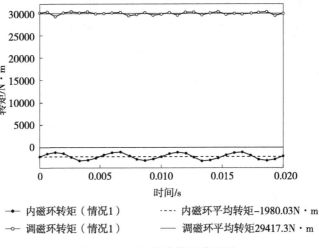

图 6-39　3D 仿真转矩波形图

2. 漏磁 3D 电磁仿真

彩图 6-40 所示的磁通密度云图表明，支承杆和法兰盘导磁对磁路有一定影响，部分磁通沿支承杆进入法兰盘，再流入其他支承杆。图 6-41 所示的转矩波形图显示，内磁环和调磁环的平均转矩分别约为 -1931N·m、28271N·m，与上文中不考虑支承杆和法兰盘导磁时的仿真结果相差约 2.5% 和 4.1%，说明这两部分的漏磁不会造成电磁转矩的大幅降低。

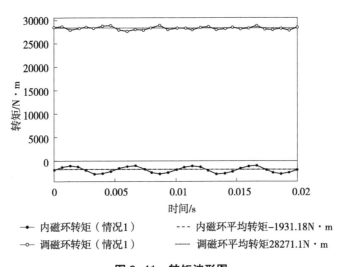

图 6-41　转矩波形图

3. 校核后的 3D 电磁仿真

（1）表磁校验结果

首先预估内磁环静磁场剩磁为 0.70T，内磁环静磁场仿真结果显示，轴向位置 210mm 处弧线上的表磁法向分量如图 6-42a 所示，永磁体中心点的磁通密度为 0.146T。此结果与内磁环表面磁场测量结果（210mm 处，0.22T、0.26T、0.23T、0.08T、0.23T、0.20T、0.21T、0.25T）中该位置处的测量数据 0.23T 相差甚远。第二次估计剩磁借助内磁环静磁场仿真获得的表磁仿真结果如图 6-42b 所示，永磁体中心点的磁通密度为 0.23T，与表磁实测数据相对应。因此，内磁环剩磁水平为 1.10T。同理，根据图 6-43 可知，外磁环的剩磁水平为 1.22T。

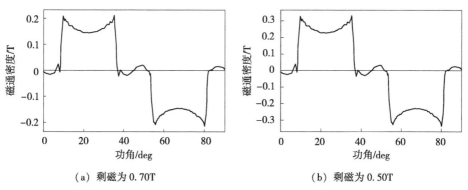

(a) 剩磁为 0.70T　　　　　　　(b) 剩磁为 0.50T

图 6-42　内磁环剩磁水平分别为 0.70T 和 1.10T 时
轴向位置 210mm 处弧线上的表磁法向分量

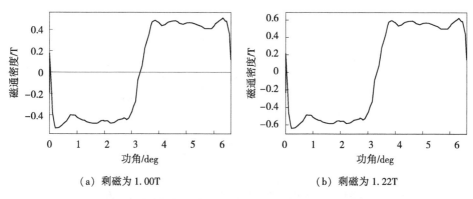

(a) 剩磁为 1.00T　　　　　　　(b) 剩磁为 1.22T

图 6-43　外磁环剩磁水平分别为 1.00T 和 1.22T 时
轴向位置 210mm 处弧线上的表磁法向分量

（2）剩磁估计校核

1.10T、1.22T 剩磁水平下的磁通密度云图如彩图 6-44 所示，内磁环、外磁环最大磁通密度分别为 1.45T、1.30T，与理想充磁下的磁通密度云图相比，饱和程度有所下降。此剩磁水平下的调磁环平均转矩为 22000N·m，相较于理想充磁下的平均转矩（29417N·m）有所降低，但仍有不小差距。因此，需要对剩磁水平进行重新评估。

由于磁路不饱和，认为永磁变速机的转矩与内、外磁环磁通密度幅值的乘积成正比，对比 15149N·m，推测内、外磁环永磁体的剩磁水平应该分别为

$$B_{r内} = 1.10T \times \sqrt{15149/22000} = 0.913T \approx 0.9T$$

$$B_{r外} = 1.22T \times \sqrt{15149/22000} = 1.012T \approx 1.0T$$

在 0.9T、1.0T 剩磁水平下（彩图 6-45 和图 6-46），内磁环、调磁环的平均转矩分别约为 -999N·m、14875N·m。调磁环仿真转矩 14875N·m 与试验测得转矩 15149N·m 基本一致。因此，在充磁不完全的情况下，内磁环永磁体的剩磁为 0.9T，外磁环的剩磁为 1.0T。

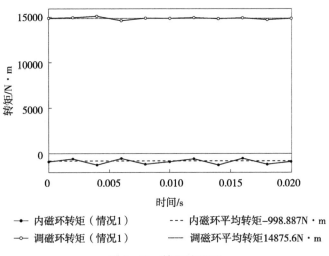

图 6-46　转矩波形图

4. 损耗计算

永磁变速机的损耗主要包括铁芯部分的铁耗、支承杆的涡流损耗和永磁体的涡流损耗。如果同时进行铁耗和永磁体涡流损耗仿真，需要增加网格划

分数量，计算时间过长。因此，此过程将铁耗、永磁体涡流损耗分开仿真。在计算上述三部分损耗的过程中，采用的三个仿真模型有所区别，但使用的材料是相同的。其中，永磁体的 B-H 曲线由相对磁导率 1.05 和剩磁水平 0.9T、1.0T 决定，电阻率为 $1.8 \times 10^{-6} \Omega \cdot m$。

（1）铁耗仿真结果

根据磁环结构的对称性特征，铁耗计算的有限元 3D 模型采用 1/4 模型（圆周方向 π 的范围 1/2 模型，轴向 210mm 的范围 1/4 模型），且仅绘制出有效部分，即外磁环的铁芯、永磁体，内磁环的铁芯、永磁体，调磁环的铁芯，不绘制支承杆。这样的模型通过施加边界条件，可得到与全模型相同的仿真结果，且计算时间大大缩短。

铁耗仿真结果如图 6-47 所示，图中每一列对应永磁变速机中一个零件的损耗数据。内磁环铁芯总损耗值为 0.26W，对应图中第 2 列数据"I-GUIGANG"；外磁环铁芯总损耗值为 290W，对应图中第 3 列数据"O-GUIGANG"；调磁环铁芯总损耗值为 179.5W，对应图中第 4 列"SP-DAO-1"和第 5 列"SP-DAO-2"之和。总铁耗值约为 470W。

	Frequency, Hz	I-GUIGANG [Case 1]	O-GUIGANG [Case 1]	SP-DAO-1 [Case 1]	SP-DAO-2 [Case 1]	Total [Case 1]
1	Total Loss	0.263211510666	290.164661458	122.674438575	56.8259914846	469.928303029
2	50	0.00360737895081	278.663784076	76.6842059814	34.2610861788	389.612683616
3	100	0.0029950175444	2.71607034688	1.55629249202	0.741706616122	5.01706447256
4	150	0.00534252871539	4.31591886828	2.79208735224	1.94767075397	9.06101950321
5	200	0.00746553388369	1.02099575739	3.96164973119	1.90057363806	6.89068466052
6	250	0.00457478700364	1.92852917263	13.9550114322	6.39894683572	22.2870622276
7	300	0.00454381666291	0.384644436658	3.75219663084	1.81198715625	5.95337204041
8	350	0.0031816100244	0.487196631941	3.16360094775	1.59113435555	5.24511354527
9	400	0.0079080181084	0.170360594387	2.88891865358	1.39063708007	4.45782432984
10	450	0.00423504549672	0.170488611392	2.00668940953	0.98895048984	3.17036355625
11	500	0.0096964717113	0.0913160872007	3.74491482813	1.79119771742	5.63712510447
12	550	0.010957560649	0.0623528666445	1.56388849527	0.760895205857	2.39809412843
13	600	0.020061016867	0.0455657508645	1.70912917568	0.865654039169	2.64040998258
14	650	0.100681347387	0.0266009165362	1.17091980202	0.564384933441	1.86258699938
15	700	0.0651938792631	0.0655210553167	2.50778583371	1.22898760986	3.86748837815
16	750	0.0127675146956	0.0153162855738	1.21714780974	0.5821788745	1.82741048451

图 6-47 铁耗仿真结果

总铁耗在不同频率下的分布情况如图 6-48 所示。从频率上看，50Hz 与 250Hz 下的铁耗占比最大，说明铁芯中不同交变频率的磁场中，50Hz 和 250Hz 这两个频率的磁场分量占主要成分。

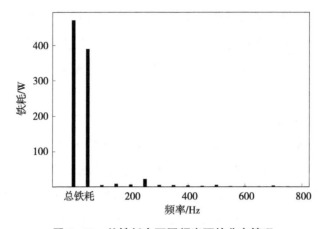

图6-48 总铁耗在不同频率下的分布情况

（2）支承杆涡流损耗计算

支承杆涡流损耗的有限元3D模型采用1/4模型，除了绘制外磁环的铁芯、永磁体，内磁环的铁芯、永磁体，调磁环的铁芯等有效部分，还绘制了支承杆，其轴向长度为210mm，即仅考虑支承杆在铁芯有效长度范围内的涡流损耗，其在轴向上是连续的，不是叠片堆叠而成的。

图6-49所示为所有支承杆（116根）的总涡流损耗随时间的变化曲线。计算损耗取第二个周期内（0.02~0.04s）的平均值，其值约为16.1W。因此，116根支承杆总的涡流损耗为16.1W。支承杆的涡流损耗相比于总铁耗，占比很小；但相比于调磁环铁芯损耗（179.5 × 1.2W = 215.4W），占比为7.5%，有一定的比例。

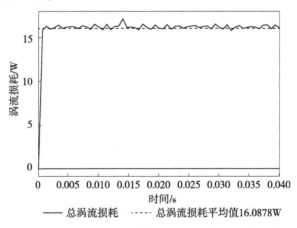

图6-49 所有支承杆的总涡流损耗随时间的变化曲线

（3）永磁体涡流损耗计算

样机中永磁体均为沿轴向分段。由于端部效应，靠近永磁变速机端部和靠近调磁环分段处的永磁体块的涡流损耗与位于永磁变速机内部的永磁体块的涡流损耗有所不同。为了减少网格数量，同时保持仿真精度，在轴向上绘制少量块数的永磁体，位于永磁变速机内部的永磁体块数减少为 1 块，保留靠近端部的永磁体块。对轴向简化的模型进行仿真后，再通过折算计算出总的永磁体涡流损耗。

①端部效应范围的确定。根据内磁环永磁体的磁通密度沿轴向分布，确定边缘效应的范围。彩图 6-50 所示为磁通密度云图，图 6-51 所示为永磁体表面磁通密度沿轴向的变化直线分布图。在靠近永磁变速机端部处，端部效应的范围约为 20mm，等于 2 块内磁环永磁体的轴向长度、8 块外磁环永磁体的轴向长度，即 $n_1 = 2$，$m_1 = 8$；在靠近调磁环分段的部分，端部效应的范围约为 50mm，等于 5 块内磁环永磁体的轴向长度、20 块外磁环永磁体的轴向长度，即 $n_3 = 5$，$m_3 = 20$；那么，内部永磁体的数量为 $n_2 = 10$，$m_2 = 40$，$n_4 = 8$，$m_4 = 32$。

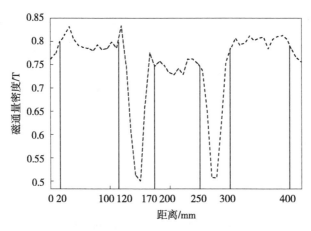

图 6-51　永磁体表面磁通密度沿轴向的变化直线分布图

根据以上数据可以判断出永磁体端部效应的范围如图 6-52 所示，进而可以采用如图 6-53 所示的简化仿真模型。

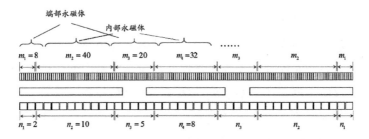

图 6-52　永磁体端部效应的范围

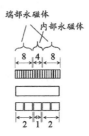

图 6-53　简化仿真模型轴向分段示意图

②永磁体涡流损耗仿真结果。图 6-54 给出了 4 组永磁体的涡流损耗仿真结果，内磁环端部永磁体的平均损耗为 $253.454\text{W}/16 \approx 15.84\text{W}$；内磁环内部永磁体的平均损耗为 $90.3036\text{W}/4 \approx 22.58\text{W}$。外磁环端部永磁体的平均损耗为 $399.14\text{W}/864 \approx 0.4620\text{W}$；外磁环内部永磁体的平均损耗为 $45.2217\text{W}/216 \approx 0.2094\text{W}$。

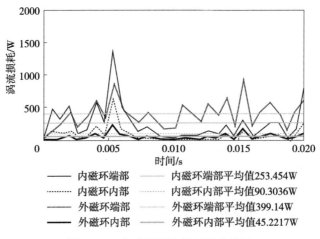

图 6-54　永磁体涡流损耗仿真结果

　　永磁体的总涡流分布如下：内磁环有端部效应处的永磁体的总涡流损耗为 1774.08W，无端部效应处的永磁体的总涡流损耗为 5057.92W，内磁环永磁体的总涡流损耗约为 6832.00W；外磁环有端部效应处的永磁体的总涡流损耗为 2794.18W，无端部效应处的永磁体的总涡流损耗为 2532.90W，外磁环永磁体的总涡流损耗约为 5327.00W。总的永磁体涡流损耗约为 12159.00W。

　　（4）绝缘对涡流损耗的影响

　　当内磁环永磁体轴向分为 42 段、外磁环永磁体轴向分为 168 段，且段与段之间绝缘良好时，永磁体涡流损耗如图 6-55 所示。由图可知，内磁环永磁体的损耗为 1475W，外磁环永磁体的损耗为 16W，所有永磁体的总损耗为 1491W。

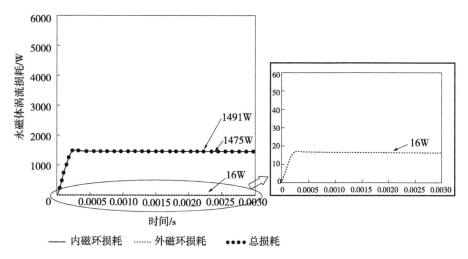

图 6-55　永磁体层间绝缘良好时的涡流损耗

6.5.3　小结

　　本节通过优化仿真计算完善永磁变速机的理论仿真模型，形成了一套完整的永磁变速机磁路及损耗设计仿真模型，为永磁变速机样机优化提供了数据支撑和理论指导。

　　①优化后的磁路计算结果表明，现有永磁体磁性与理想永磁体磁性差距较大，永磁变速机最大输出转矩明显低于计算仿真结果，下一步优化样机设

计需要集中考虑永磁体结构和生产工艺。

②通过对损耗特性的计算仿真，证实了永磁变速机的发热主要来自永磁体的涡流损耗，提出永磁体分块能够有效地降低永磁体的涡流损耗，加强永磁体层间绝缘可以明显缓解涡流损耗的产生。

③通过永磁变速机优化仿真计算发现样机原有结构的设计缺陷，提出永磁变速机优化样机的改造方案，为后续永磁变速机的开发及优化奠定基础。

6.6 本章小结

本章介绍了国家电投集团中央研究院在集团公司某电厂对第一代永磁变速机进行的示范应用，实际证实了永磁变速机可以利用磁场耦合实现非接触、安全高效、免维护的动力传递，有望解决目前转速变换系统中机械齿轮箱无法避免的振动、噪声、磨损、漏油及疲劳点蚀、效率低等问题，为磁场调制型磁齿轮永磁变速机替代机械齿轮箱的应用与推广提供了具体的示范应用案例。

第 **7** 章 磁场调制型磁齿轮传动系统自由振动分析

本章在第 2 章所得构件间磁耦合刚度分析的基础上，建立了磁场调制型磁齿轮传动系统的动力学模型和动力学微分方程，分析了算例磁齿轮传动系统的固有频率和振型，推导出固有频率对系统设计参数的灵敏度公式，并对各参数的灵敏度变化规律进行分析，为磁齿轮系统动态参数设计以及系统强迫振动、参数振动和非线性振动分析等奠定了基础。

7.1 磁场调制型磁齿轮的磁耦合刚度

根据第 2 章各构件所受的径向、切向磁耦合力，各构件间磁耦合刚度的径向、切向分量可通过求导数计算得到，其表达式分别为

$$k_{r-j} = \mathrm{d}F_{r-j}/\mathrm{d}r, \quad j = \mathrm{in}, \mathrm{out} \tag{7-1}$$

$$k_{t-j} = \mathrm{d}F_{t-j}/(R_{t-j}\mathrm{d}\theta), \quad j = \mathrm{in}, \mathrm{out} \tag{7-2}$$

式中　　r——某一点至圆心的距离（m）；

　　　　θ——内、外转子处于某一相对位置时，某一永磁体中间位置相对于 x 轴的位置角（rad）；

　　　　R_{t-j}——内、外转子的回转半径（m）。

F_{r-j}、F_{t-j}——径向、切向磁耦合力（N）；

k_{r-j}、k_{t-j}——磁耦合刚度的径向、切向分量（N/m）。

式（7-1）和式（7-2）需要对电磁耦合力求导，即对内、外转子产生的磁通密度求导，可先对无调磁环时的磁通密度求导，然后再计算存在调磁环时的

磁通密度，进而积分得到磁耦合刚度。对不存在调磁环时内、外气隙中的磁通密度求导，即对 $B_{r1}(r)$、$B_{\theta1}(r)$、$B_{r2}(r)$、$B_{\theta2}(r)$ 先求导，其导数分别为

$$\begin{cases} B_{r1}'(r) = \sum_{n=1,3,5,\cdots}^{\infty} np_1 b_{rn1}(r) \cos\left[np_1(\theta - \omega_1 t) + np_1\theta_{10}\right] \\ B_{\theta1}'(r) = \sum_{n=1,3,5,\cdots}^{\infty} np_1 b_{\theta n1}(r) \sin\left[np_1(\theta - \omega_1 t) + np_1\theta_{10}\right] \\ B_{r2}'(r) = \sum_{n=1,3,5,\cdots}^{\infty} np_2 b_{rn2}(r) \cos\left[np_2(\theta - \omega_2 t) + np_2\theta_{20}\right] \\ B_{\theta2}'(r) = \sum_{n=1,3,5,\cdots}^{\infty} np_2 b_{\theta n2}(r) \sin\left[np_2(\theta - \omega_2 t) + np_2\theta_{20}\right] \end{cases} \quad (7-3)$$

调制函数对 θ 的导数较为复杂，这里不写出其具体表达式。将式（7-3）代入式（7-1）和式（7-2），按照计算电磁转矩的方法，可得传动系统内、外转子与调磁环之间的磁耦合刚度的解析表达式。

依据表2-2所列的磁场调制型磁齿轮设计参数以及前文推导的径向和切向磁耦合刚度的解析表达式，可得到机构内、外转子与调磁环间的磁耦合力和磁耦合刚度，如图7-1所示。

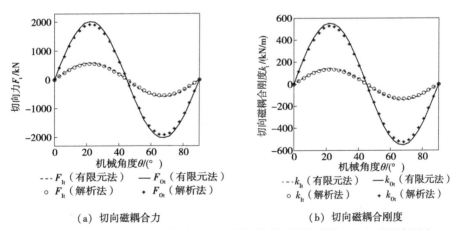

（a）切向磁耦合力 　　　（b）切向磁耦合刚度

图7-1　磁场调制型磁齿轮内、外转子与调磁环间的磁耦合力和磁耦合刚度

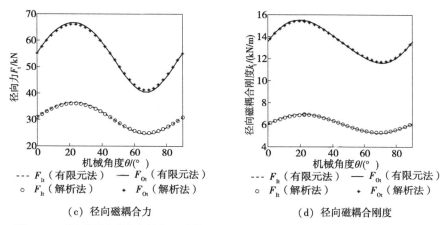

（c）径向磁耦合力　　　　　　（d）径向磁耦合刚度

图 7-1　磁场调制型磁齿轮内、外转子与调磁环间的磁耦合力和磁耦合刚度（续）

由图 7-1 可知，有限元法和解析法计算得到的磁场调制型磁齿轮内、外转子与调磁环之间的切向磁耦合力、切向磁耦合合刚度、径向磁耦合力和径向磁耦合合刚度结果误差较小，相互验证了这两种计算方法的准确性。

由图 7-1 a、b 可以看出，磁场调制型磁齿轮传动系统的切向磁耦合力及切向磁耦合合刚度随内、外转子相对旋转角的变化呈正弦变化规律。当内、外转子无相对转动，即磁齿轮传动系统处于零点、平衡位置时，外转子无转矩输出，内、外转子与调磁环间的切向磁耦合力及磁耦合合刚度为零。随着内、外转子相对旋转角的增大，当内转子转过其上半个永磁体弧长对应的角度时，内、外转子上的转矩、切向磁耦合力和切向磁耦合合刚度均达到最大值。

由图 7-1 c、d 可以看出，磁场调制型磁齿轮传动系统的径向磁耦合力及径向磁耦合合刚度随内、外转子相对旋转角的增大也呈现出周期性变化规律，但其平均值不为零。当内转子相对于外转子转过半个内转子永磁体弧长所对应的角度时，内、外转子间的径向磁耦合力及径向磁耦合合刚度达到最大值。

内、外转子与调磁环间的径向磁耦合合刚度比切向磁耦合合刚度小很多，这是由于径向磁拉力沿整个圆周分布，内、外转子上的径向磁拉力矢量和较小，因此内、外转子上的径向磁耦合合刚度也较小。

由第 2.4 节中主要设计参数对转矩特性的影响规律可知，在进行磁齿轮机构参数优化时，为了保证该机构的传动能力和材料利用率，同时考虑加工和安装等问题，永磁体厚度、调磁环厚度、气隙厚度不适宜做大幅度调整。而在算例磁齿轮机构尺寸一定的情况下，构件间的磁耦合刚度大小与转矩大小直接相关。当磁齿轮传动中各构件上的转矩达到最大值时，其磁耦合刚度也达到最大值。因此，本节主要分析轴向长度、剩磁及内转子铁芯轭部外径对径向、切向磁耦合刚度最大值的影响规律。

　　磁场调制型磁齿轮的磁耦合刚度随轴向长度、剩磁的变化曲线如图 7-2 所示。由图 7-2 a 可知，随着磁齿轮机构轴向长度的增大，内、外转子与调磁环间的磁耦合刚度呈线性增加趋势，但径向磁耦合刚度相对于切向磁耦合刚度在数值上仍比较小。这是由于随着磁齿轮机构轴向长度的增加，内、外转子与调磁环间的磁耦合能力增强，机构的传动能力提升，各构件间的磁耦合刚度增大。

　　由图 7-2 b 可知，当内、外转子上的永磁体剩磁同步增加时，内、外转子与调磁环间的磁耦合刚度逐步增大，但并非以严格的线性关系增大，同时，径向磁耦合刚度仍相对较小。这是由于永磁体剩磁的增大，会使内、外转子的静磁能增加，机构的传动能力提升，各构件间的磁耦合力增大，从而使各构件间的磁耦合刚度增大。

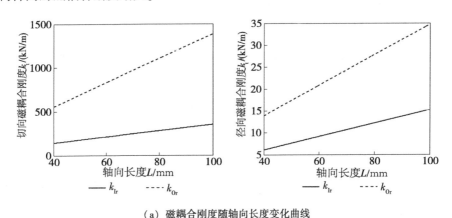

（a）磁耦合刚度随轴向长度变化曲线

图 7-2　磁耦合刚度随轴向长度、剩磁变化曲线

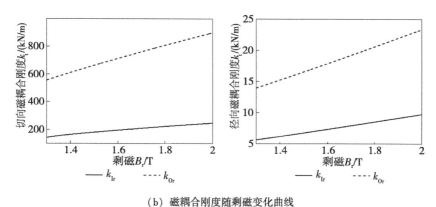

（b）磁耦合刚度随剩磁变化曲线

图 7-2　磁耦合刚度随轴向长度、剩磁变化曲线（续）

磁场调制型磁齿轮的磁耦合刚度随内转子铁芯轭部外径变化曲线如图 7-3 所示。由图 7-3 可知，除内转子外，当各构件径向厚度和气隙厚度不变时，随着内转子铁芯轭部外径尺寸增大，由于各构件间的磁耦合面积增加，使系统的传动能力提高，各构件间的磁耦合刚度提高，但径向磁耦合刚度值仍较小。

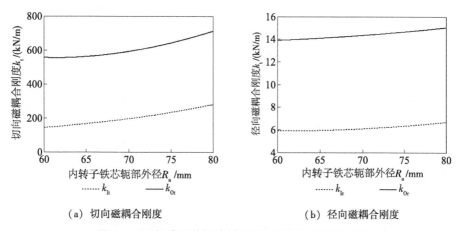

（a）切向磁耦合刚度　　　　　　（b）径向磁耦合刚度

图 7-3　磁耦合刚度随内转子铁芯轭部外径变化曲线

磁场调制型磁齿轮的磁耦合刚度随偏心距变化曲线如图 7-4 所示。由图 7-4 可知，当内转子存在偏心时，各构件间的切向磁耦合刚度基本不变，但径向磁耦合刚度迅速增大。由第 2.4.6 节的分析可知，内转子偏心对机构传动能力影响极小，所以各构件间的切向磁耦合刚度几乎不变。但由于内转子存在偏心，各构件所承受的不平衡径向力将逐渐增大，同时，各构件间的径向磁耦合刚度迅速增加。但考虑到构件偏心相对较小，径向磁耦合刚度相对于切向磁耦合刚度仍较小。

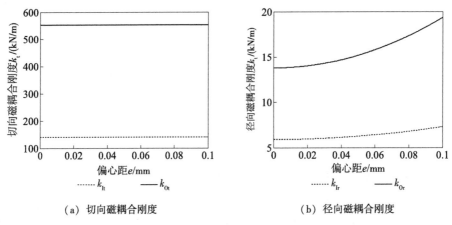

（a）切向磁耦合刚度　　　　　　　（b）径向磁耦合刚度

图 7-4　磁耦合刚度随偏心距变化曲线

　　磁齿轮传动系统的动力学性能与各构件间的磁耦合刚度密切相关，考虑工况环境中的外界激励进行系统参数优化时，可通过改变永磁体剩磁（由永磁材料和充磁强度决定）、轴向长度及构件尺寸来实现系统动力学性能调整。构件偏心虽然对磁耦合刚度有一定影响，尤其是当偏心较大时，径向磁耦合刚度增加得较多；但考虑到加工和装配精度要求，微量偏心对各构件间磁耦合刚度变化的影响较小；构件偏心会导致系统不平衡及转矩波动，应尽量减小偏心，在对系统参数进行优化设计时，可以忽略其影响。

7.2　磁场调制型磁齿轮传动系统动力学模型及方程

　　依据第 2 章所述的磁场调制型磁齿轮系统的结构，该传动系统的动力学模型由两个子系统模型组成，即内转子—调磁环子系统和外转子—调磁环子系统。分别建立两个子系统的动力学模型，然后综合可得磁齿轮整体传动系统的动力学模型。

　　磁场调制型磁齿轮的磁耦合动力学模型采用了以下假设：

　　①磁场调制型磁齿轮机构中的主要构件均为刚体，其弹性变形可忽略

不计。

②内、外转子上的永磁体与调磁环之间的磁耦合作用可以简化为沿切向及横向的线性弹簧，内、外转子与基座间的支承也可以等效为沿其横向的线性弹簧。调磁环与基座间的约束可以简化为沿其切向及横向的线性弹簧约束。

③构件的相对运动产生的摩擦力忽略不计，调磁环的磁场调制作用导致的磁耦合刚度的时变部分忽略不计。

④不发生过载失步现象，不考虑所有构件的加工及安装误差。

⑤内、外转子上的永磁体分别具有完全相同的尺寸及性能参数，调磁环中的导磁与非导磁部分也具有完全相同的尺寸和性能参数。

由第 2 章的分析可知，根据磁场调制型磁齿轮转动部件的不同，机构的运转分为两种工况。转动部件的不同会使传动系统的动力学模型有一定的区别，下面对两种工况分别进行讨论。

7.2.1　调磁环固定工况的动力学模型及方程

调磁环固定工况下，磁场调制型磁齿轮传动系统动力学模型如图 7-5 所示，其中图 7-5a 所示为内转子—调磁环子系统，图 7-5b 所示为外转子—调磁环子系统。在传动系统动力学模型中，内、外转子及调磁环的扭转角位移分别为 θ_I、θ_O、θ_S，为方便起见，用相应的扭转线位移代替扭转角位移，即

$$u_i = R_i \theta_i \ , i = \mathrm{I, S, O} \tag{7-4}$$

式中　R_I ——内转子绕其轴线的回转半径（m）；

$\quad\quad R_S$ ——调磁环绕其轴线的回转半径（m）；

$\quad\quad R_O$ ——外转子绕其轴线的回转半径（m）。

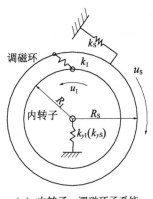

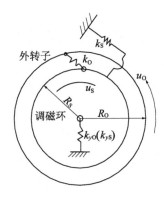

（a）内转子—调磁环子系统　　　　　　（b）外转子—调磁环子系统

图 7-5　调磁环固定工况下磁场调制型磁齿轮传动系统动力学模型

内、外转子及调磁环的横向振动位移分别为 y_I、y_O、y_S，则系统的广义位移矩阵可写为

$$x = \begin{bmatrix} u_I & y_I & u_S & y_S & u_O & y_O \end{bmatrix}^T \tag{7-5}$$

1. 内转子—调磁环子系统

图 7-5 a 所示的内转子—调磁环子系统动力学模型，其运动微分方程为

$$\begin{cases} M_I \ddot{u}_I + k_I x_I \cos\alpha = T_I / R_I \\ m_I \ddot{y}_I + k_I x_I \sin\alpha + k_{yI} y_I = 0 \\ M_S \ddot{u}_S - k_I x_I \cos\alpha + k_S u_S = 0 \\ m_S \ddot{y}_S - k_I x_I \sin\alpha + k_{yS} y_S = 0 \end{cases} \tag{7-6}$$

式中　M_I——内转子绕其轴线回转的等效质量（kg），$M_I = J_I / R_I^2$；

　　　M_S——调磁环绕其轴线回转的等效质量（kg），$M_S = J_S / R_S^2$；

　　　J_I——内转子绕其轴线回转的转动惯量（kg·m²），$J_I = m_I R_I^2 / 2$；

　　　J_S——调磁环绕其轴线回转的转动惯量（kg·m²），$J_s = m_S R_S^2 / 2$；

　　　m_I——内转子的质量（kg）；

　　　m_S——调磁环的质量（kg）；

　　　k_I——内转子与调磁环间的综合磁耦合刚度（N/m），$k_I = \sqrt{k_{Ir}^2 + k_{It}^2}$；

k_{Ir} ——内转子与调磁环间磁耦合刚度的径向分量（N/m）；

k_{It} ——内转子与调磁环间磁耦合刚度的切向分量（N/m）；

k_{yI} ——内转子的横向支承刚度（N/m）；

k_{yS} ——调磁环的横向支承刚度（N/m）；

k_S ——调磁环的扭转支承刚度（N/m）；

x_I ——内转子与调磁环间的相对位移（m）；

α ——内转子与调磁环间的啮合角（°），$\alpha = \arctan(k_{Ir}/k_{It})$；

T_I ——内转子上输出的时变转矩（N·m）。

内转子与调磁环间的相对位移 x_I 利用式（7-7）进行计算

$$x_I = (u_I - u_S)\cos\alpha + (y_I - y_S)\sin\alpha \tag{7-7}$$

将式（7-7）代入式（7-6），可得内转子—调磁环子系统的动力学微分方程为

$$\begin{cases} M_I \ddot{u}_I + k_I(u_I - u_S)\cos^2\alpha + k_I(y_I - y_S)\sin\alpha\cos\alpha = T_I/R_I \\ m_I \ddot{y}_I + k_I(u_I - u_S)\sin\alpha\cos\alpha + k_I(y_I - y_S)\sin^2\alpha + k_{yI}y_I = 0 \\ M_S \ddot{u}_S - k_I(u_I - u_S)\cos^2\alpha - k_I(y_I - y_S)\sin\alpha\cos\alpha + k_S u_S = 0 \\ m_S \ddot{y}_S - k_I(u_I - u_S)\sin\alpha\cos\alpha - k_I(y_I - y_S)\sin^2\alpha + k_{yS}y_S = 0 \end{cases} \tag{7-8}$$

2. 外转子—调磁环子系统

图 7-5 b 所示的外转子—调磁环子系统动力学模型，其运动微分方程为

$$\begin{cases} M_0 \ddot{u}_0 + k_0 x_0 \cos\beta = T_0/R_0 \\ m_0 \ddot{y}_0 + k_0 x_0 \sin\beta + k_{y0}y_0 = 0 \\ M_S \ddot{u}_S - k_0 x_0 \cos\beta + k_S u_S = 0 \\ m_S \ddot{y}_S - k_0 x_0 \sin\beta + k_{yS}y_S = 0 \end{cases} \tag{7-9}$$

式中　M_0 ——外转子绕其轴线的等效质量（kg），$M_0 = J_0/R_0^2$；

$\quad\quad J_0$ ——外转子绕其轴线的转动惯量（kg·m²），$J_0 = m_0 R_0^2/2$；

$\quad\quad m_0$ ——外转子的质量（kg）；

k_0 ——外转子与调磁环间的磁耦合刚度（N/m），$k_0 = \sqrt{k_{0r}^2 + k_{0t}^2}$；

k_{0r} ——外转子与调磁环间磁耦合刚度的径向分量（N/m）；

k_{0t} ——外转子与调磁环间磁耦合刚度的切向分量（N/m）；

k_{y0} ——外转子的横向支承刚度（N/m）；

x_0 ——外转子与调磁环间的相对位移（m）；

β ——外转子与调磁环间的啮合角（°），$\beta = \arctan(k_{0r}/k_{0t})$；

T_0 ——外转子上的时变输出转矩（N·m）。

外转子与调磁环间的相对位移 x_0 利用式（7-10）进行计算

$$x_0 = (u_0 - u_S) \cos\beta + (y_0 - y_S) \sin\beta \tag{7-10}$$

将式（7-10）代入式（7-9），可得外转子—调磁环子系统的动力学微分方程为

$$\begin{cases} M_0 \ddot{u}_0 + k_0(u_0 - u_S)\cos^2\beta + k_0(y_0 - y_S)\sin\beta\cos\beta = T_0/R_0 \\ m_0 \ddot{y}_0 + k_0(u_0 - u_S)\sin\beta\cos\beta + k_0(y_0 - y_S)\sin^2\beta + k_{y0}y_0 = 0 \\ M_S \ddot{u}_S - k_0(u_0 - u_S)\cos^2\beta - k_0(y_0 - y_S)\sin\beta\cos\beta + k_S u_S = 0 \\ m_S \ddot{y}_S - k_0(u_0 - u_S)\sin\beta\cos\beta - k_0(y_0 - y_S)\sin^2\beta + k_{yS}y_S = 0 \end{cases} \tag{7-11}$$

3. 整个系统

式（7-8）及式（7-11）分别定义了调磁环固定工况下内转子—调磁环子系统、外转子—调磁环子系统的微分方程组，将其联合可得整个系统的矩阵形式的运动微分方程组，系统矩阵形式的无阻尼微分方程为

$$m\ddot{x} + kx = F \tag{7-12}$$

其中，m 为质量矩阵、k 为刚度矩阵、F 为载荷矢量矩阵，分别定义如下

$$m = \mathrm{diag}([M_I \quad m_I \quad M_S \quad m_S \quad M_0 \quad m_0])$$
$$F = [T_I/R_I \quad 0 \quad 0 \quad 0 \quad T_0/R_0 \quad 0]^T$$

$$k = \begin{bmatrix} k_{\mathrm{I}}\cos^2\alpha & k_{\mathrm{I}}\sin\alpha\cos\alpha & -k_{\mathrm{I}}\cos^2\alpha \\ k_{\mathrm{I}}\sin\alpha\cos\alpha & k_{\mathrm{I}}\sin^2\alpha + k_{y\mathrm{I}} & -k_{\mathrm{I}}\sin\alpha\cos\alpha \\ -k_{\mathrm{I}}\cos^2\alpha & -k_{\mathrm{I}}\sin\alpha\cos\alpha & k_{\mathrm{I}}\cos^2\alpha + k_{\mathrm{O}}\cos^2\beta + k_{\mathrm{S}} \\ -k_{\mathrm{I}}\sin\alpha\cos\alpha & -k_{\mathrm{I}}\sin^2\alpha & k_{\mathrm{I}}\sin\alpha\cos\alpha + k_{\mathrm{O}}\sin\beta\cos\beta \\ 0 & 0 & -k_{\mathrm{O}}\cos^2\beta \\ 0 & 0 & -k_{\mathrm{O}}\sin\beta\cos\beta \end{bmatrix}$$

$$\begin{bmatrix} -k_{\mathrm{I}}\sin\alpha\cos\alpha & 0 & 0 \\ -k_{\mathrm{I}}\sin^2\alpha & 0 & 0 \\ k_{\mathrm{I}}\sin\alpha\cos\alpha + k_{\mathrm{O}}\sin\beta\cos\beta & -k_{\mathrm{O}}\cos^2\beta & -k_{\mathrm{O}}\sin\beta\cos\beta \\ k_{\mathrm{I}}\sin^2\alpha + k_{\mathrm{O}}\sin^2\beta + k_{ys} & -k_{\mathrm{O}}\sin\beta\cos\beta & -k_{\mathrm{O}}\sin^2\beta \\ -k_{\mathrm{O}}\sin\beta\cos\beta & k_{\mathrm{O}}\cos^2\beta & k_{\mathrm{O}}\sin\beta\cos\beta \\ -k_{\mathrm{O}}\sin^2\beta & k_{\mathrm{O}}\sin\beta\cos\beta & k_{\mathrm{O}}\sin^2\beta + k_{y\mathrm{O}} \end{bmatrix}$$

当外载荷 **F** 为零时，可得磁齿轮传动系统的矩阵形式的自由振动微分方程为

$$m\ddot{x} + kx = 0 \tag{7-13}$$

7.2.2　外转子固定工况的动力学模型及方程

外转子固定工况下，磁场调制型磁齿轮传动系统动力学模型如图 7-6 所示。

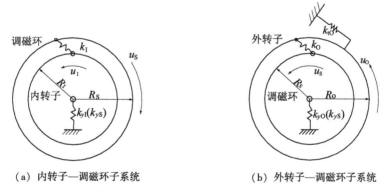

（a）内转子—调磁环子系统　　　　　（b）外转子—调磁环子系统

图 7-6　外转子固定工况下磁场调制型磁齿轮传动系统动力学模型

1. 内转子—调磁环子系统

图 7-6 a 所示的内转子—调磁环子系统动力学模型，其运动微分方程为

$$\begin{cases} M_{\mathrm{I}}\ddot{u}_{\mathrm{I}} + k_{\mathrm{I}}x_{\mathrm{I}}\cos\alpha = T_{\mathrm{I}}/R_{\mathrm{I}} \\ m_{\mathrm{I}}\ddot{y}_{\mathrm{I}} + k_{\mathrm{I}}x_{\mathrm{I}}\sin\alpha + k_{y\mathrm{I}}y_{\mathrm{I}} = 0 \\ M_{\mathrm{S}}\ddot{u}_{\mathrm{S}} - k_{\mathrm{I}}x_{\mathrm{I}}\cos\alpha = T_{\mathrm{S}}/R_{\mathrm{S}} \\ m_{\mathrm{S}}\ddot{y}_{\mathrm{S}} - k_{\mathrm{I}}x_{\mathrm{I}}\sin\alpha + k_{y\mathrm{S}}y_{\mathrm{S}} = 0 \end{cases} \qquad (7\text{-}14)$$

式中　T_{S}——调磁环上的时变输出转矩。

将式（7-7）代入式（7-14），可得内转子—调磁环子系统的动力学微分方程为

$$\begin{cases} M_{\mathrm{I}}\ddot{u}_{\mathrm{I}} + k_{\mathrm{I}}(u_{\mathrm{I}} - u_{\mathrm{S}})\cos^2\alpha + k_{\mathrm{I}}(y_{\mathrm{I}} - y_{\mathrm{S}})\sin\alpha\cos\alpha = T_{\mathrm{I}}/R_{\mathrm{I}} \\ m_{\mathrm{I}}\ddot{y}_{\mathrm{I}} + k_{\mathrm{I}}(u_{\mathrm{I}} - u_{\mathrm{S}})\sin\alpha\cos\alpha + k_{\mathrm{I}}(y_{\mathrm{I}} - y_{\mathrm{S}})\sin^2\alpha + k_{y\mathrm{I}}y_{\mathrm{I}} = 0 \\ M_{\mathrm{S}}\ddot{u}_{\mathrm{S}} - k_{\mathrm{I}}(u_{\mathrm{I}} - u_{\mathrm{S}})\cos^2\alpha - k_{\mathrm{I}}(y_{\mathrm{I}} - y_{\mathrm{S}})\sin\alpha\cos\alpha = T_{\mathrm{S}}/R_{\mathrm{S}} \\ m_{\mathrm{S}}\ddot{y}_{\mathrm{S}} - k_{\mathrm{I}}(u_{\mathrm{I}} - u_{\mathrm{S}})\sin\alpha\cos\alpha - k_{\mathrm{I}}(y_{\mathrm{I}} - y_{\mathrm{S}})\sin^2\alpha + k_{y\mathrm{S}}y_{\mathrm{S}} = 0 \end{cases} \qquad (7\text{-}15)$$

2. 外转子—调磁环子系统

图 7-6 b 所示的外转子—调磁环子系统动力学模型，其运动微分方程为

$$\begin{cases} M_{\mathrm{O}}\ddot{u}_{\mathrm{O}} + k_{\mathrm{O}}x_{\mathrm{O}}\cos\beta + k_{\mathrm{tO}}u_{\mathrm{O}} = 0 \\ m_{\mathrm{O}}\ddot{y}_{\mathrm{O}} + k_{\mathrm{O}}x_{\mathrm{O}}\sin\beta + k_{y\mathrm{O}}y_{\mathrm{O}} = 0 \\ M_{\mathrm{S}}\ddot{u}_{\mathrm{S}} - k_{\mathrm{O}}x_{\mathrm{O}}\cos\beta = T_{\mathrm{S}}/R_{\mathrm{S}} \\ m_{\mathrm{S}}\ddot{y}_{\mathrm{S}} - k_{\mathrm{O}}x_{\mathrm{O}}\sin\beta + k_{y\mathrm{S}}y_{\mathrm{S}} = 0 \end{cases} \qquad (7\text{-}16)$$

式中　k_{tO}——外转子的扭转支承刚度（N/m）。

将式（7-10）代入式（7-16），可得外转子—调磁环子系统的动力学微分方程为

$$
\begin{cases}
M_0 \ddot{u}_0 + k_0(u_0 - u_S)\cos^2\beta + k_0(y_0 - y_S)\cos\beta\sin\beta + k_{t0}u_0 = 0 \\
m_0 \ddot{y}_0 + k_0(u_0 - u_S)\sin\beta\cos\beta + k_0(y_0 - y_S)\sin^2\beta + k_{y0}y_0 = 0 \\
M_S \ddot{u}_S - k_0(u_0 - u_S)\cos^2\beta - k_0(y_0 - y_S)\cos\beta\sin\beta = T_S/R_S \\
m_S \ddot{y}_S - k_0(u_0 - u_S)\sin\beta\cos\beta - k_0(y_0 - y_S)\sin^2\beta + k_{yS}y_S = 0
\end{cases}
\tag{7-17}
$$

同理，当外载荷 F 为零时，可得磁齿轮系统的矩阵形式的自由振动微分方程如式（7-13）所示。

3. 整个系统

式（7-15）及式（7-17）分别定义了外转子固定工况下内转子—调磁环子系统、外转子—调磁环子系统的微分方程组，将其联合可得与式（7-12）相同的整个传动系统的矩阵形式的无阻尼运动微分方程组，其中质量矩阵 m 没有变化，刚度矩阵 k、载荷矢量矩阵 F 分别定义为

$$
k = \begin{bmatrix}
k_{\mathrm{I}}\cos^2\alpha & k_{\mathrm{I}}\sin\alpha\cos\alpha & -k_{\mathrm{I}}\cos^2\alpha \\
k_{\mathrm{I}}\sin\alpha\cos\alpha & k_{\mathrm{I}}\sin^2\alpha + k_{y\mathrm{I}} & -k_{\mathrm{I}}\sin\alpha\cos\alpha \\
-k_{\mathrm{I}}\cos^2\alpha & -k_{\mathrm{I}}\sin\alpha\cos\alpha & k_{\mathrm{I}}\cos^2\alpha + k_0\cos^2\beta \\
-k_{\mathrm{I}}\sin\alpha\cos\alpha & -k_{\mathrm{I}}\sin^2\alpha & k_{\mathrm{I}}\sin\alpha\cos\alpha + k_0\sin\beta\cos\beta \\
0 & 0 & -k_0\cos^2\beta \\
0 & 0 & -k_0\sin\beta\cos\beta
\end{bmatrix}
$$

$$
\begin{matrix}
-k_{\mathrm{I}}\sin\alpha\cos\alpha & 0 & 0 \\
-k_{\mathrm{I}}\sin^2\alpha & 0 & 0 \\
k_{\mathrm{I}}\sin\alpha\cos\alpha + k_0\sin\beta\cos\beta & -k_0\cos^2\beta & -k_0\sin\beta\cos\beta \\
k_{\mathrm{I}}\sin^2\alpha + k_0\sin^2\beta + k_{yS} & -k_0\sin\beta\cos\beta & -k_0\sin^2\beta \\
-k_0\sin\beta\cos\beta & k_0\cos^2\beta + k_{y0} & k_0\sin\beta\cos\beta \\
-k_0\sin^2\beta & k_0\sin\beta\cos\beta & k_0\sin^2\beta + k_{y0}
\end{matrix}
$$

$$
F = \begin{bmatrix} T_{\mathrm{I}}/R_{\mathrm{I}} & 0 & T_S/R_S & 0 & 0 & 0 \end{bmatrix}^{\mathrm{T}}
$$

7.3 磁场调制型磁齿轮传动系统模态分析

调磁环固定和外转子固定两种工况下传动系统自由振动的分析方法相同，并且结论类似，本文后续内容仅对调磁环固定工况进行分析。当内、外转子间的初始相对转角差不同时，内、外转子上所传递的电磁转矩大小不同，内、外转子与调磁环间的磁耦合刚度也不相同。表7-1所示为算例传动系统除磁耦合刚度外的其余刚度与质量特性参数。当磁齿轮机构处于稳定运行区间时，依据磁耦合刚度大小的不同，把内、外转子与调磁环之间的磁耦合刚度分为三种不同的情况进行研究：

①$k_I = 14.10\text{kN/m}$，$k_0 = 55.40\text{kN/m}$。

②$k_I = 9.45\text{kN/m}$，$k_0 = 37.09\text{kN/m}$。

③$k_I = 4.40\text{kN/m}$，$k_0 = 17.17\text{kN/m}$。

将表2-2和表7-1以及内、外转子的磁耦合刚度代入式（7-13）得到的传动系统模态频率及振型见表7-2~表7-4，分别对应上述①~③三种情况。

表7-1　磁齿轮机构样机特性参数

$k_{y1}/(\text{MN/m})$	$k_{y0}/(\text{MN/m})$	$k_{ys}/(\text{MN/m})$	$k_S/(\text{MN/m})$	m_I/kg	m_s/kg	m_0/kg
1	1	1	1	3.5	2.5	5.6

表7-2　情况1下磁齿轮系统的模态频率及相应的模态振型

参数	内转子扭转振动模态	内转子横向振动模态	调磁环扭转振动模态	调磁环横向振动模态	外转子扭转振动模态	外转子横向振动模态
频率/(rad/s)	256.70	534.60	1197.40	637.40	366.70	422.80
模态振型	1.00E+00	1.82E-02	-5.95E-02	-6.82E-03	-4.74E-01	-2.91E-02
	-7.53E-03	1.00E+00	-1.87E-03	-5.78E-04	1.06E-02	1.22E-03
	1.80E-01	3.71E-03	1.00E+00	-2.27E-02	3.19E-01	3.55E-02
	8.49E-03	8.85E-04	1.00E-02	1.00E+00	7.54E-03	1.03E-03
	2.71E-01	-8.41E-03	-1.60E-01	-5.54E-03	1.00E+00	7.32E-02
	-2.26E-03	-3.19E-04	-2.60E-03	-1.41E-04	-4.35E-02	1.00E+00

表7-3　情况 2 下磁齿轮系统的模态频率及相应的模态振型

参数	内转子扭转振动模态	内转子横向振动模态	调磁环扭转振动模态	调磁环横向振动模态	外转子扭转振动模态	外转子横向振动模态
频率/(rad/s)	218.00	534.80	1100.70	638.45	313.61	422.88
模态振型	1.00E+00	1.91E−02	−4.64E−02	−8.69E−03	−3.06E−01	−1.34E−02
	−8.99E−03	1.00E+00	−2.74E−03	−1.31E−03	7.23E−03	1.01E−03
	1.14E−01	7.13E−03	1.00E+00	−3.29E−02	2.54E−01	3.11E−02
	9.68E−03	2.01E−03	1.50E−02	1.00E+00	1.21E−02	1.87E−03
	1.78E−01	−6.24E−03	−1.23E−01	−8.72E−03	1.00E+00	5.65E−02
	−1.65E−03	−4.24E−04	−3.67E−03	−3.97E−04	−3.13E−02	1.00E+00

表7-4　情况 3 下磁齿轮系统的模态频率及相应的模态振型

参数	内转子扭转振动模态	内转子横向振动模态	调磁环扭转振动模态	调磁环横向振动模态	外转子扭转振动模态	外转子横向振动模态
频率/(rad/s)	151.45	535.22	990.04	640.28	227.10	423.36
模态振型	1.00E+00	2.12E−02	−2.55E−02	−1.21E−02	−1.29E−01	−5.25E−03
	−1.06E−02	1.00E+00	−4.39E−03	−4.85E−03	3.46E−03	1.08E−03
	4.64E−02	1.21E−02	1.00E+00	−5.28E−02	1.42E−01	3.25E−02
	1.09E−02	7.23E−03	2.50E−02	1.00E+00	1.92E−02	5.79E−03
	7.74E−02	−3.55E−03	−6.61E−02	−1.49E−02	1.00E+00	5.36E−02
	−7.88E−04	−6.51E−04	−5.59E−03	−1.82E−03	−2.81E−02	1.00E+00

由表7-2~表7-4可知，磁齿轮传动系统具有如下的模态特征：

①磁齿轮传动系统具有 6 阶不同的固有频率，根据各模态振型特点，将各模态分别命名为内转子、外转子、调磁环的扭转振动模态和横向振动模态，即各模态中内、外转子和调磁环的相对扭转振动位移、相对横向振动位移分别为最大。

②在各模态频率中，由于内、外转子与调磁环间的磁耦合刚度较内、外转子及调磁环的横向支承刚度小得多，因而，内、外转子扭转振动模态对应

的固有频率值较小，横向振动模态对应的固有频率值相对较大。同时，由于调磁环是通过螺栓或其他连接方式固定在机座上，扭转刚度较小，其对应的扭转、横向振动模态的固有频率也比较高。

③磁齿轮传动系统的扭转振动模态频率均随着磁耦合刚度的减小而降低，综合磁耦合刚度减小时，占其主导成分的切向磁耦合刚度分量迅速减小，故磁齿轮传动系统的扭转振动模态频率均呈现降低趋势，由于调磁环与基体连接，其扭转刚度较大且基本保持不变，因此其扭转模态频率较内、外转子降低得缓慢。

④随着磁耦合刚度的减小，磁齿轮传动系统的横向振动模态频率几乎不发生变化。综合磁耦合刚度减小时，其径向分量逐渐减小，而内、外转子与调磁环间的磁耦合刚度较内、外转子及调磁环的横向支承刚度小得多，所以，磁齿轮传动系统的横向振动模态频率变化很小。

⑤随着内、外转子与调磁环间的磁耦合刚度的减小，在内转子、外转子、调磁环的扭转和横向振动六模态中，除各自的主特征自由度，即内转子、外转子、调磁环的扭转和横向振动相对值仍为1外，剩余自由度的振动均变化不大。

7.4 磁场调制型磁齿轮传动系统固有频率灵敏度分析

7.4.1 传动系统固有频率灵敏度公式推导

式（7-13）的特征值方程为

$$(k - \omega_i^2 m) \phi_i = 0 \qquad (7-18)$$

式中 ϕ_i ——磁齿轮传动系统的模态振型矢量。

式（7-18）左乘 ϕ_i^T 得

$$\phi_i^T (k - \omega_i^2 m) \phi_i = 0 \qquad (7-19)$$

如果 ω_i^2 是传动系统的孤立特征值，那么它相对于设计变量是可微的，因此可由式（7-19）求 ω_i 对设计变量的一阶导数。假设设计变量为 t，ω_i、k 和 m 是可导的函数，将式（7-19）两侧对设计变量 t 分别取偏导数得

$$\frac{\partial \boldsymbol{\phi}_i^{\mathrm{T}}}{\partial t}(\boldsymbol{k} - \omega_i^2 \boldsymbol{m})\boldsymbol{\phi}_i + \boldsymbol{\phi}_i^{\mathrm{T}}\left[\frac{\partial \boldsymbol{k}}{\partial t} - \frac{\partial(\omega_i^2 \boldsymbol{m})}{\partial t}\right]\boldsymbol{\phi}_i + \boldsymbol{\phi}_i^{\mathrm{T}}(\boldsymbol{k} - \omega_i^2 \boldsymbol{m})\frac{\partial \boldsymbol{\phi}_i}{\partial t} = 0$$

$$(7-20)$$

考虑到特征值方程式 (7-18)，且 $(\boldsymbol{k} - \omega_i^2 \boldsymbol{m})$ 是实对称矩阵，故 $\boldsymbol{\phi}_i^{\mathrm{T}}$ 为 $(\boldsymbol{k} - \omega_i^2 \boldsymbol{m})$ 的左特征向量，即

$$\boldsymbol{\phi}_i^{\mathrm{T}}(\boldsymbol{k} - \omega_i^2 \boldsymbol{m}) = 0 \qquad (7-21)$$

将式 (7-18) 和式 (7-21) 代入式 (7-20)，经简化后可得

$$\boldsymbol{\phi}_i^{\mathrm{T}}\left(\frac{\partial \boldsymbol{k}}{\partial t} - 2\omega_i \frac{\partial \omega_i}{\partial t}\boldsymbol{m} - \omega_i^2 \frac{\partial \boldsymbol{m}}{\partial t}\right)\boldsymbol{\phi}_i = 0 \qquad (7-22)$$

由式 (7-22) 可得固有频率 ω_i 对设计变量 t (传动系统质量或刚度参数) 的灵敏度公式为

$$\frac{\partial \omega_i}{\partial t} = \frac{1}{2a_{ei}}\left(\frac{1}{\omega_i}\boldsymbol{\phi}_i^{\mathrm{T}}\frac{\partial \boldsymbol{k}}{\partial t}\boldsymbol{\phi}_i - \omega_i \boldsymbol{\phi}_i^{\mathrm{T}}\frac{\partial \boldsymbol{m}}{\partial t}\boldsymbol{\phi}_i\right) \qquad (7-23)$$

其中，$a_{ei} = \boldsymbol{\phi}_i^{\mathrm{T}}\boldsymbol{m}\boldsymbol{\phi}_i$，$\dfrac{\partial \boldsymbol{k}}{\partial t}$ 和 $\dfrac{\partial \boldsymbol{m}}{\partial t}$ 由具体设计参数而定。

在任何模态下，质量矩阵 $\boldsymbol{m}$ 对刚度参量的导数均等于零，即 $\dfrac{\partial \boldsymbol{m}}{\partial t} = 0$。因此，固有频率对刚度参数的灵敏度计算公式变为

$$\frac{\partial \omega_i}{\partial t} = \frac{1}{2a_{ei}}\left(\frac{1}{\omega_i}\boldsymbol{\phi}_{ei}^{\mathrm{T}}\frac{\partial \boldsymbol{k}}{\partial t}\boldsymbol{\phi}_{ei}\right) \qquad (7-24)$$

对于各个不同模态的固有频率，都有刚度矩阵 $\boldsymbol{k}$ 对质量参量的导数值等于零，即 $\dfrac{\partial \boldsymbol{k}}{\partial t} = 0$，所以固有频率对质量参数的灵敏度计算公式为

$$\frac{\partial \omega_i}{\partial t} = -\frac{1}{2a_{ei}}\left(\omega_i \boldsymbol{\phi}_{ei}^{\mathrm{T}}\frac{\partial \boldsymbol{m}}{\partial t}\boldsymbol{\phi}_{ei}\right) \qquad (7-25)$$

1. 固有频率对质量参数的灵敏度公式

由于内转子、调磁环和外转子质量的变化均对系统质量矩阵 $\boldsymbol{M}$ 产生影响，因此可根据式（7-25）得到固有频率对质量参数的灵敏度计算公式为

$$\frac{\partial \omega_i}{\partial Q} = -\frac{1}{2a_{ei}} \left(\omega_i \boldsymbol{\phi}_{ei}^{\mathrm{T}} \frac{\partial \boldsymbol{m}}{\partial Q} \boldsymbol{\phi}_{ei} \right), \quad Q = \partial m_{\mathrm{I}}, \partial m_{\mathrm{S}}, \partial m_{\mathrm{O}} \tag{7-26}$$

2. 固有频率对刚度参数的灵敏度公式

由于内转子横向支承刚度 $k_{y\mathrm{I}}$、调磁环扭转刚度 k_{S}、调磁环横向支承刚度 $k_{y\mathrm{S}}$、外转子横向支承刚度 $k_{y\mathrm{O}}$ 和永磁体剩磁 B_{r} 的变化均对系统刚度矩阵 $\boldsymbol{k}$ 产生影响，因此可根据式（7-25）得到固有频率对刚度参数的灵敏度计算公式为

$$\frac{\partial \omega_i}{\partial Q} = \frac{1}{2a_{ei}} \left(\frac{1}{\omega_i} \boldsymbol{\phi}_{ei}^{\mathrm{T}} \frac{\partial \boldsymbol{k}}{\partial Q} \boldsymbol{\phi}_{ei} \right), \quad Q = k_{y\mathrm{I}}, k_{\mathrm{S}}, k_{y\mathrm{S}}, k_{y\mathrm{O}}, B_{\mathrm{r}} \tag{7-27}$$

由于内、外转子与调磁环间的磁耦合刚度与永磁体剩磁 B_{r} 的二次方成正比，但磁耦合刚度的表达式比较复杂，这里不给出其具体形式，可按照以下简化形式进行计算，即

$$\frac{\partial k_{\mathrm{I}}}{\partial B_{\mathrm{r}}} = 2\frac{k_{\mathrm{I}}}{B_{\mathrm{r}}}$$

$$\frac{\partial k_{\mathrm{O}}}{\partial B_{\mathrm{r}}} = 2\frac{k_{\mathrm{O}}}{B_{\mathrm{r}}}$$

3. 固有频率对磁齿轮轴向长度的灵敏度公式

由于内、外转子及调磁环的质量与磁齿轮机构的轴向长度 L 成正比，而内、外转子与调磁环之间的电磁耦合刚度也与磁齿轮机构的轴向长度 L 成正比，则质量、电磁耦合刚度对轴向尺寸的导数为单位长度的磁齿轮机构的质量、电磁耦合刚度。由式（7-23）可得

$$\frac{\partial \omega_i}{\partial L} = \frac{1}{2a_i}\left(\frac{1}{\omega_i}\boldsymbol{\phi}_i^{\mathrm{T}}\frac{\partial \boldsymbol{k}}{\partial L}\boldsymbol{\phi}_i - \omega_i\boldsymbol{\phi}_i^{\mathrm{T}}\frac{\partial \boldsymbol{m}}{\partial L}\boldsymbol{\phi}_i\right) \tag{7-28}$$

其中, $\dfrac{\partial \boldsymbol{k}}{\partial L} = \dfrac{\boldsymbol{k}}{L}$, $\dfrac{\partial \boldsymbol{m}}{\partial L} = \dfrac{\boldsymbol{m}}{L}$ 。

4. 固有频率对内转子铁芯轭部半径的灵敏度公式

磁齿轮内转子铁芯轭部半径 R_a 直接影响内、外转子与调磁环之间的磁耦合面积，进而影响内、外转子与调磁环之间的磁耦合刚度，但同时内、外转子质量均发生变化。由式（7-23）可得

$$\frac{\partial \omega_i}{\partial R_a} = \frac{1}{2a_i}\left(\frac{1}{\omega_i}\boldsymbol{\phi}_i^{\mathrm{T}}\frac{\partial \boldsymbol{k}}{\partial R_a}\boldsymbol{\phi}_i - \omega_i\boldsymbol{\phi}_i^{\mathrm{T}}\frac{\partial \boldsymbol{m}}{\partial R_a}\boldsymbol{\phi}_i\right) \tag{7-29}$$

内转子、外转子和调磁环的质量为

$$m_{\mathrm{I}} = \pi\rho_1 L\left[(R_a + d_0)^2 - (R_a - d_3)^2\right]$$

$$m_{\mathrm{O}} = \pi\rho_1 L\left[(R_a + 2d_0 + d_1 + 2d_4 + d_2)^2 - (R_a + d_0 + d_1 + 2d_4)^2\right]$$

$$m_{\mathrm{S}} = \pi\rho_2 L\left[(R_a + d_0 + d_4 + d_1)^2 - (R_a + d_0 + d_4)^2\right]$$

式中　　d_0——永磁体厚度（m）；

　　　　d_1——调磁环厚度（m）；

　　　　d_2——外转子铁芯厚度（m）；

　　　　d_3——内转子铁芯厚度（m）；

　　　　d_4——气隙厚度（m）；

　　　　ρ_1——内、外转子材料的密度（kg/m³）；

　　　　ρ_2——调磁环材料的密度（kg/m³）。

则内转子、外转子及调磁环质量对内转子铁芯轭部半径 R_a 的导数分别为

$$\frac{\partial m_{\mathrm{I}}}{\partial R_a} = 2\pi\rho_1 L(d_0 + d_3)$$

$$\frac{\partial m_{\mathrm{O}}}{\partial R_a} = 2\pi\rho_1 L(d_0 + d_2)$$

$$\frac{\partial m_S}{\partial R_a} = 2\pi \rho_2 L d_1$$

由此可得

$\partial \boldsymbol{m} / R_a =$

$$\begin{bmatrix} 2\pi\rho_1 L(d_0 + d_3) & 0 & 0 & 0 & 0 & 0 \\ 0 & \pi\rho_1 L(d_0 + d_3) & 0 & 0 & 0 & 0 \\ 0 & 0 & 2\pi\rho_2 L d_1 & 0 & 0 & 0 \\ 0 & 0 & 0 & \pi\rho_2 L d_1 & 0 & 0 \\ 0 & 0 & 0 & 0 & 2\pi\rho_2 L d_1 & 0 \\ 0 & 0 & 0 & 0 & 0 & \pi\rho_2 L d_1 \end{bmatrix}$$

内、外转子与调磁环之间的磁耦合刚度 k_I、k_O 对内转子铁芯轭部半径 R_a 的导数求解过程中，最主要的是气隙内磁通密度对内转子铁芯轭部半径 R_a 的导数求解，即不考虑调磁环时内、外气隙处的磁通密度以及调磁环位置处的复数磁导率对内转子铁芯轭部半径 R_a 的导数。各参数用内转子铁芯轭部半径 R_a 表示如下

$$b_{rn1}(r) = A\left[\left(\frac{r}{R_a + 2d_0 + d_1 + 2d_4} \right)^{np_1-1} \left(\frac{R_a + d_0}{R_a + 2d_0 + d_1 + 2d_4} \right)^{np_1+1} + \left(\frac{R_a + d_0}{r} \right)^{np_1+1} \right]$$

$$b_{\theta n1}(r) = A\left[-\left(\frac{r}{R_a + 2d_0 + d_1 + 2d_4} \right)^{np_1-1} \left(\frac{R_a + d_0}{R_a + 2d_0 + d_1 + 2d_4} \right)^{np_1+1} + \left(\frac{R_a + d_0}{r} \right)^{np_1+1} \right]$$

$$b_{rn2}(r) = B\left[\left(\frac{R_a}{R_a + d_0 + d_1 + 2d_4} \right)^{np_2-1} \left(\frac{R_a}{r} \right)^{np_2+1} + \left(\frac{r}{R_a + d_0 + d_1 + 2d_4} \right)^{np_2-1} \right]$$

$$b_{\theta n2}(r) = B\left[-\left(\frac{R_a}{R_a + d_0 + d_1 + 2d_4} \right)^{np_2-1} \left(\frac{R_a}{r} \right)^{np_2+1} + \left(\frac{r}{R_a + d_0 + d_1 + 2d_4} \right)^{np_2-1} \right]$$

$$A = C \frac{np_1 - 1 + 2\left(\dfrac{R_a}{R_a + d_0} \right)^{np_1+1} - (np_1 + 1)\left(\dfrac{R_a}{R_a + d_0} \right)^{2np_1}}{2\left[1 - \left(\dfrac{R_a}{R_a + 2d_0 + d_1 + 2d_4} \right)^{2np_1} \right]}$$

$$C = \frac{B_r}{\mu_r} \frac{4}{n\pi} \sin\left(\frac{n\pi\alpha_{p1}}{2}\right) \frac{np_1}{(np_1)^2 - 1}$$

$$B = D \frac{2\left(\dfrac{R_a + d_0 + d_1 + 2d_4}{R_a + 2d_0 + d_1 + 2d_4}\right)^{np_2+1} + (np_2 - 1)\left(\dfrac{R_a + d_0 + d_1 + 2d_4}{R_a + 2d_0 + d_1 + 2d_4}\right)^{2np_2} - (np_2 + 1)}{2\left[1 - \left(\dfrac{R_a}{R_a + 2d_0 + d_1 + 2d_4}\right)^{2np_2}\right]}$$

$$D = \frac{B_r}{\mu_r} \frac{4}{n\pi} \sin\left(\frac{n\pi\alpha_{p2}}{2}\right) \frac{np_2}{(np_2)^2 - 1}$$

然后考虑调磁环，调磁环复数磁导率对内转子铁芯轭部半径 R_a 的导数可先由式（2-6）对 R_a 进行隐函数求导，得到 w 对 R_a 的导数，然后联合式（2-5）求得 B_M 对 R_a 的导数。由于导数的具体形式非常复杂，这里不写出其具体形式。

7.4.2　传动系统固有频率对典型设计参数的灵敏度分析

依据表 2-2 和表 7-1 中的磁场调制型磁齿轮设计参数，以及内、外转子最大转矩位置对应的磁耦合刚度，可计算磁齿轮传动系统固有频率随各参数的灵敏度变化曲线。本小节针对各个典型设计参数变化对固有频率的影响情况进行分析。

1. 固有频率对内转子质量的灵敏度分析

保持磁场调制型磁齿轮机构其他设计参数不变，传动系统固有频率及各模态频率对内转子质量的灵敏度变化曲线如图 7-7 所示。

由图 7-7 可知，固有频率对内转子质量 m_L 的灵敏度随着内转子质量的增加而提高，其中内转子扭转及内转子横向振动模态的灵敏度数值较大，且为负值；而外转子、调磁环的扭转和横向振动模态的灵敏度数值很小，但也均为负值。由灵敏度定义可知，内转子横向振动模态的固有频率随内转子质量的增加而减小，幅度较大；扭转振动模态的固有频率随内转子质量的增加而减小，幅度较小；但外转子、调磁环的扭转和横向振动模态随内转子质量的增加几乎不发生变化。

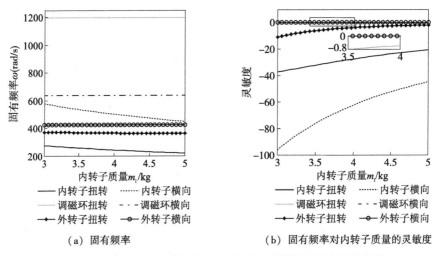

（a）固有频率 　　　　　（b）固有频率对内转子质量的灵敏度

图 7-7　固有频率及各模态频率对内转子质量的灵敏度变化曲线

注：为简化图例，以下图例中的内转子扭转振动模态简称内转子扭转，依此类推。

2. 固有频率对调磁环质量的灵敏度分析

保持磁场调制型磁齿轮机构其他设计参数不变，传动系统固有频率及各模态频率对调磁环质量的灵敏度变化曲线如图 7-8 所示。

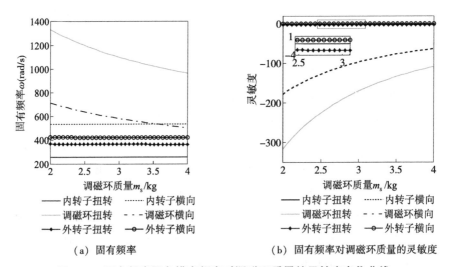

（a）固有频率 　　　　　（b）固有频率对调磁环质量的灵敏度

图 7-8　固有频率及各模态频率对调磁环质量的灵敏度变化曲线

由图 7-8 可知，固有频率对调磁环质量 m_S 的灵敏度随调磁环质量的增加而提高，但均为负值。其中调磁环的扭转、横向振动模态的固有频率对调磁环质量的灵敏度在数值上较大，而内转子、外转子的扭转和横向振动模态对调磁环质量的灵敏度值很小。由灵敏度的定义可知，调磁环扭转、横向振动模态的固有频率随调磁环质量的增大有较大的递减，而内转子、外转子的扭转和横向振动模态对应的固有频率几乎不发生变化。

3. 固有频率对外转子质量的灵敏度分析

保持磁场调制型磁齿轮机构其他设计参数不变，传动系统固有频率及各模态频率对外转子质量的灵敏度变化曲线如图 7-9 所示。

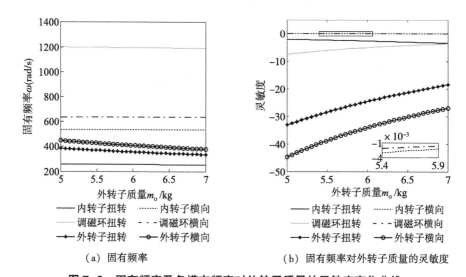

（a）固有频率　　　　（b）固有频率对外转子质量的灵敏度

图 7-9　固有频率及各模态频率对外转子质量的灵敏度变化曲线

由图 7-9 可知，固有频率对外转子质量 m_0 的灵敏度随外转子质量的增加而提高，且均为负值，其中外转子扭转、横向振动模态的固有频率对外转子质量的灵敏度数值较大，但内转子、调磁环的扭转和横向振动模态对应的灵敏度相对较小。由灵敏度的定义可知，外转子的扭转、横向振动模态的固有频率随外转子质量的增加而逐渐减小，其中外转子横向振动模态对应的固有频率减小得最多，而内转子、调磁环的扭转和横向振动模态所对应的固有频率变化相对较小。

4. 固有频率对内转子横向支承刚度的灵敏度分析

保持磁场调制型磁齿轮机构其他设计参数不变，传动系统固有频率及各模态频率对内转子横向支承刚度的灵敏度变化曲线如图 7-10 所示。

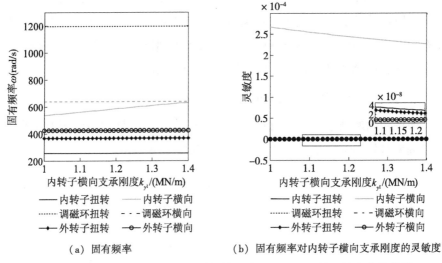

(a) 固有频率　　　　　(b) 固有频率对内转子横向支承刚度的灵敏度

图 7-10　固有频率及各模态频率对内转子横向支承刚度的灵敏度变化曲线

　　由图 7-10 可知，固有频率对内转子支承刚度 k_{yI} 的灵敏度随内转子支承刚度的增加而降低，但均为正值，其中内转子横向振动模态对应的灵敏度数值较大，其他模态固有频率所对应的灵敏度基本为零。由灵敏度的定义可知，内转子横向振动模态所对应的固有频率随内转子支承刚度的增加而增大，而其他模态所对应的固有频率几乎不发生变化。

　　5. 固有频率对调磁环扭转刚度的灵敏度分析

　　保持磁场调制型磁齿轮机构其他设计参数不变，传动系统固有频率及各模态频率对调磁环扭转刚度的灵敏度变化曲线如图 7-11 所示。

　　由图 7-11 可知，固有频率对调磁环扭转刚度 k_S 的灵敏度随着调磁环扭转刚度的增加而降低，且均为正值，但调磁环扭转振动模态固有频率所对应的灵敏度数值较大，而其他模态固有频率所对应的灵敏度基本为零。由灵敏度的定义可知，调磁环扭转振动模态对应的固有频率随调磁环扭转刚度的增加而增大，其他模态对应的固有频率随调磁环扭转刚度的增加几乎没有变化。

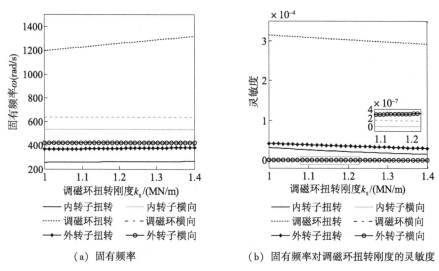

(a) 固有频率　　　　　　　(b) 固有频率对调磁环扭转刚度的灵敏度

图 7-11　固有频率及各模态频率对调磁环扭转刚度的灵敏度变化曲线

6. 固有频率对调磁环横向支承刚度的灵敏度分析

保持磁场调制型磁齿轮机构其他设计参数不变，传动系统固有频率及各模态频率对调磁环横向支承刚度的灵敏度变化曲线如图 7-12 所示。

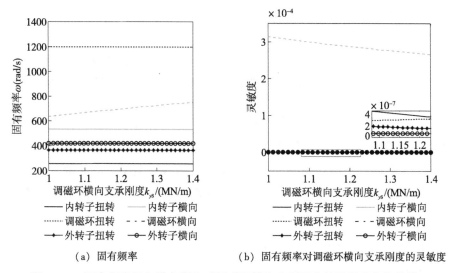

(a) 固有频率　　　　　　　(b) 固有频率对调磁环横向支承刚度的灵敏度

图 7-12　固有频率及各模态频率对调磁环横向支承刚度的灵敏度变化曲线

由图 7-12 可知，固有频率对调磁环支承刚度 k_{yS} 的灵敏度随着调磁环支承刚度的增加而降低，且均为正值，除调磁环横向振动模态对应的灵敏度值较大外，其他模态固有频率所对应的灵敏度值几乎为零。由灵敏度的定义可知，调磁环横向振动模态对应的固有频率随调磁环支承刚度的增加而增大，但其他模态对应的固有频率随调磁环支承刚度的增加几乎不变。

7. 固有频率对外转子横向支承刚度的灵敏度分析

保持磁场调制型磁齿轮机构其他设计参数不变，传动系统固有频率及各模态频率对外转子横向支承刚度的灵敏度变化曲线如图 7-13 所示。

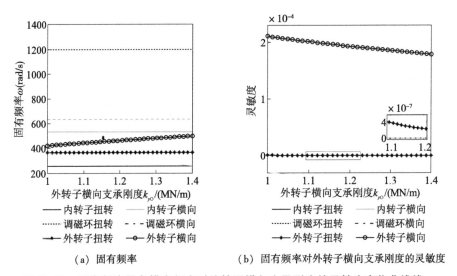

| (a) 固有频率 | (b) 固有频率对外转子横向支承刚度的灵敏度 |

图 7-13　固有频率及各模态频率对外转子横向支承刚度的灵敏度变化曲线线

由图 7-13 可知，固有频率对外转子支承刚度 k_{yO} 的灵敏度随着调磁环支承刚度的增加而降低，且均为正值，除外转子横向振动模态对应的灵敏度值较大外，其他模态固有频率所对应的灵敏度值几乎为零。由灵敏度的定义可知，当外转子支承刚度增大时，外转子横向振动模态所对应的固有频率数值增大，但其他模态对应的固有频率几乎不发生变化。

8. 固有频率对永磁体剩磁的灵敏度分析

保持磁场调制型磁齿轮机构其他设计参数不变，传动系统固有频率及各模态频率对永磁体剩磁的灵敏度变化曲线如图 7-14 所示。

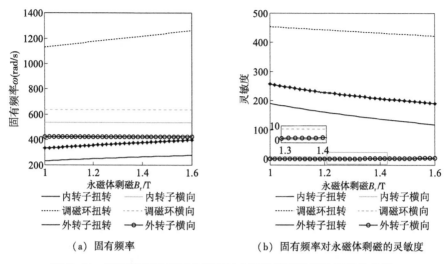

（a）固有频率　　　　　　　　　（b）固有频率对永磁体剩磁的灵敏度

图 7-14　固有频率及各模态频率对永磁体剩磁的灵敏度变化曲线

由图 7-14 可知，固有频率对永磁体剩磁 B_r 的灵敏度随着永磁体剩磁的增加而降低，且均为正值。其中内、外转子及调磁环的扭转振动模态固有频率所对应的灵敏度值较大，而三个横向振动模态固有频率所对应的灵敏度值较小。由灵敏度的定义可知，随着永磁体剩磁的增加，内、外转子之间的磁耦合刚度增大，各模态固有频率均递增，但各构件的横向支承刚度不变，所以三个旋转模态所对应的固有频率增加得稍大一些，而三个横向振动模态所对应的固有频率增加得稍小一些。

9. 固有频率对磁齿轮轴向长度的灵敏度分析

保持磁场调制型磁齿轮机构其他设计参数不变，传动系统固有频率及各模态频率对轴向长度的灵敏度变化曲线如图 7-15 所示。

由图 7-15 可知，固有频率对磁齿轮轴向长度 L 的灵敏度随轴向长度的增加而提高，但均为负值，其中内、外转子扭转振动模态对应的灵敏度值较小，而其余振动模态对应的灵敏度值较大。由灵敏度的定义可知，所有模态的固有频率均随着磁齿轮轴向长度的增加而减小，但内、外转子扭转模态所对应的固有频率减小的幅度较小，而其余振动模态所对应的固有频率减小的幅度较大。这是因为随着轴向长度 L 的增加，内、外转子及调磁环的质量线性增加，同时内、外转子与调磁环之间的磁耦合刚度线性增加，但内、外转子和调磁环的横向支承刚度以及调磁环的扭转刚度基本保持不变。

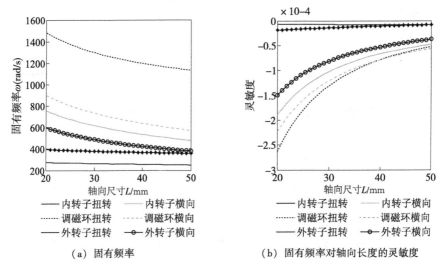

—— 内转子扭转	—— 内转子横向
⋯⋯ 调磁环扭转	----- 调磁环横向
—— 外转子扭转	—○— 外转子横向

（a）固有频率   （b）固有频率对轴向长度的灵敏度

图7-15   固有频率及各模态频率对轴向长度的灵敏度变化曲线

10. 固有频率对内转子铁芯轭部外径的灵敏度分析

保持磁场调制型磁齿轮机构径向厚度参数不变，传动系统固有频率及各模态频率对内转子铁芯轭部外径的灵敏度变化曲线如图7-16所示。

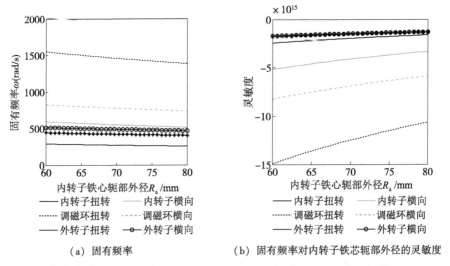

—— 内转子扭转	—— 内转子横向
⋯⋯ 调磁环扭转	----- 调磁环横向
—— 外转子扭转	—○— 外转子横向

（a）固有频率   （b）固有频率对内转子铁芯轭部外径的灵敏度

图7-16   固有频率及各模态频率对内转子铁芯轭部外径的灵敏度变化曲线

由图 7-16 可知，固有频率对磁齿轮铁芯轭部外径 R_a 的灵敏度随内转子铁芯轭部外径的增大均提高，且均为负值。其中外转子振动模态对应的灵敏度值较小，而内转子和调磁环振动模态对应的灵敏度值相对较大。由灵敏度的定义可知，所有模态的固有频率均随着磁齿轮内转子铁芯轭部外径的增大而减小，但外转子振动模态所对应的固有频率减小的幅度较小，而其余振动模态所对应的固有频率减小的幅度较大。这是由于随着内转子铁芯轭部外径的增大，内、外转子与调磁环之间的磁耦合刚度增加，各构件质量增加，但内转子质量及调磁环质量增加得较快，内转子与调磁环之间的磁耦合刚度增加得较慢，而外转子与调磁环之间磁的耦合刚度增加得较快而造成的。

综合以上磁场调制型磁齿轮固有频率和灵敏度分析的结果，可以得到如下规律：

①内、外转子或调磁环中某个构件质量的变化仅对该构件相应的固有频率及其灵敏度具有较大的影响，而对其他构件的固有频率及其灵敏度的影响可忽略不计。

②内、外转子和调磁环的横向支承刚度以及调磁环的扭转刚度的变化仅对与此刚度相对应的固有频率及其灵敏度具有较大的影响，而对其他模态的固有频率及其灵敏度的影响可忽略不计，调整内、外转子的支承情况对传动系统动力学特性影响较大。

③内、外转子和调磁环的扭转模态对永磁体剩磁的灵敏度较高，而对其余模态的灵敏度相对较低。

④轴向长度和内转子铁芯轭部外径的变化对质量及刚度均会产生影响，其灵敏度问题相对来说比较复杂，内、外转子的扭转振动模态对轴向长度的灵敏度较低，内转子的扭转和横向振动模态对铁芯轭部外径的灵敏度较低，而其余模态所对应的灵敏度相对较高。

7.5　本章小结

本章分析了磁齿轮系统各构件间磁耦合刚度的变化规律，基于子系统合成原理建立了磁场调制型磁齿轮传动系统动力学模型和方程，对传动系统进行了自由振动分析，并讨论了固有频率及其灵敏度随典型设计参数的变化规律。分析结果表明：磁齿轮传动系统存在六阶模态，分别为内转子、外转子、调磁环的扭转和横向振动模态，且内、外转子扭转振动模态的固有频率较低，而其他模态的固有频率较高；质量和刚度变化均会对传动系统固有频率产生影响。

第 **8** 章　磁场调制型磁齿轮传动系统强迫振动分析

　　磁场调制型磁齿轮传动系统的激励源主要来自外部和内部两个方面，其中外部激励主要包括内转子的输入转矩和外转子的输出转矩，内部激励主要为自身参数特性的变化。本章在磁场调制型磁齿轮传动系统自由振动分析的基础上，考虑外部激励建立了该传动系统的强迫振动动力学微分方程，推导了传动系统强迫振动时域与频域响应计算公式，讨论了不同激励和不同设计参数条件下传动系统的强迫振动规律。

8.1　磁场调制型磁齿轮传动系统强迫振动动力学方程

　　在磁场调制型磁齿轮传动系统中，内、外转子与调磁环之间无摩擦，但内、外转子支承轴与支承基座之间存在摩擦，同时考虑内、外转子沿径向的摩擦，磁齿轮传动系统各构件在各自由度方向上的摩擦力分别为

$$\begin{cases} F_{ciu} = c_i \dot{u}_i = c_i R_i \dot{\theta}_i \\ F_{ciy} = c_i \dot{y}_i = c_i \dot{y}_i \end{cases} \tag{8-1}$$

式中　F_{ciu} ——内转子、外转子和调磁环在切向上受到的摩擦力（N）；

　　　　F_{ciy} ——内转子、外转子和调磁环在横向上受到的摩擦力（N）；

　　　　c_i ——内转子、外转子和调磁环与基座间的切向、横向阻尼系数（N·s/m）。

　　由第 7 章的自由振动分析可知，依据牛顿第二定律可得磁齿轮两个子系统的微分方程组，将其联合可得整个传动系统的矩阵形式的运动微分方程组为

$$m\ddot{x} + C\dot{x} + kx = \Delta F \qquad (8\text{-}2)$$

式（8-2）中的质量矩阵、刚度矩阵和载荷矢量矩阵与式（7-9）相同，阻尼矩阵定义如下

$$C = \mathrm{diag}\left(\begin{bmatrix} c_{\mathrm{L}\theta} & c_{\mathrm{L}y} & c_{\mathrm{S}\theta} & c_{\mathrm{S}y} & c_{\mathrm{O}\theta} & c_{\mathrm{O}y} \end{bmatrix}\right)$$

式中　$c_{\mathrm{L}\theta}$——内转子与基座间的切向阻尼系数（N·s/m）；

　　　$c_{\mathrm{L}y}$——内转子与基座间的横向阻尼系数（N·s/m）；

　　　$c_{\mathrm{S}\theta}$——调磁环与基座间的切向阻尼系数（N·s/m）；

　　　$c_{\mathrm{S}y}$——调磁环与基座间的横向阻尼系数（N·s/m）；

　　　$c_{\mathrm{O}\theta}$——外转子与基座间的切向阻尼系数（N·s/m）；

　　　$c_{\mathrm{O}y}$——外转子与基座间的横向阻尼系数（N·s/m）。

考虑到内、外转子上的转矩变化均可表示为正弦/余弦或多个正弦/余弦和的形式，假设转矩变化为单个余弦形式时，载荷矢量可表示为

$$\Delta F = \begin{bmatrix} -\Delta T_{\mathrm{I}}\cos\omega_{\mathrm{I}}t/R_{\mathrm{I}} & 0 & 0 & 0 & -\Delta T_{\mathrm{O}}\cos\omega_{\mathrm{O}}t/R_{\mathrm{O}} & 0 \end{bmatrix}^{\mathrm{T}}$$

$$= \begin{bmatrix} -F_{\mathrm{I}}(t) & 0 & 0 & 0 & -F_{\mathrm{O}}(t) & 0 \end{bmatrix}^{\mathrm{T}}$$

其中，磁齿轮的内转子载荷 $F_{\mathrm{I}}(t) = -\Delta T_{\mathrm{I}}\cos\omega_{\mathrm{I}}t/R_{\mathrm{I}}$ ，

　　　外转子载荷 $F_{\mathrm{O}}(t) = -\Delta T_{\mathrm{O}}\cos\omega_{\mathrm{O}}t/R_{\mathrm{O}}$ 。

8.2　磁场调制型磁齿轮传动系统强迫振动公式推导

磁场调制型磁齿轮传动系统内、外转子上的激励频率分别接近或同时接近传动系统固有频率时，都可能导致系统产生共振，从而恶化系统的动力学行为。

将式（8-2）进行正则化，得到磁齿轮传动系统正则化运动微分方程为

$$\ddot{x}_{\mathrm{N}} + C_{\mathrm{N}}\dot{x}_{\mathrm{N}} + k_{\mathrm{N}}x_{\mathrm{N}} = \Delta F_{\mathrm{N}} \qquad (8\text{-}3)$$

其中，x_{N} 为正则位移向量，C_{N} 为正则阻尼矩阵，k_{N} 为正则刚度矩阵，ΔF_{N} 为正

则载荷矢量。

正则阻尼矩阵、正则刚度矩阵、正则载荷矢量的表达式为

$$C_{\mathrm{N}} = A_{\mathrm{N}}^{\mathrm{T}} C A_{\mathrm{N}} = \mathrm{diag}\left(\begin{bmatrix} c_{\mathrm{N}1} & \cdots & c_{\mathrm{N}i} & \cdots & c_{\mathrm{N}6} \end{bmatrix}\right)$$

$$k_{\mathrm{N}} = A_{\mathrm{N}}^{\mathrm{T}} k A_{\mathrm{N}} = \mathrm{diag}\left(\begin{bmatrix} \cdots & k_{\mathrm{N}} & \cdots \end{bmatrix}\right) = \mathrm{diag}\left(\begin{bmatrix} \omega_1^2 & \cdots & \omega_6^2 \end{bmatrix}\right)$$

$$\Delta F_{\mathrm{N}} = A_{\mathrm{N}}^{\mathrm{T}} \Delta F = \begin{bmatrix} F_{\mathrm{N}1} & \cdots & F_{\mathrm{N}i} & \cdots & F_{\mathrm{N}6} \end{bmatrix}^{\mathrm{T}}$$

$$F_{\mathrm{N}i} = F_{\mathrm{N}Ii}\cos\omega_{\mathrm{I}}t + F_{\mathrm{N}Oi}\cos\omega_{\mathrm{O}}t$$

其中，A_{N} 为正则振型矩阵，由于阻尼矩阵 C 为对角矩阵，正则化后的正则阻尼矩阵非对角线上的元素与对角线上的元素相比数值小很多，可以取 C_{N} 对角线上的元素组成正则阻尼矩阵。

式（8-3）的通式可写为

$$\ddot{x}_{\mathrm{N}i} + c_{\mathrm{N}i}\dot{x}_{\mathrm{N}i} + \omega_i^2 x_{\mathrm{N}i} = F_{\mathrm{N}i} \tag{8-4}$$

则第 i 阶正则位移随时间的稳态响应为

$$x_{\mathrm{N}i} = \frac{F_{\mathrm{N}i}\cos(\omega_{\mathrm{I}}t + \varphi_{\mathrm{I}})}{\sqrt{(\omega_i^2 - \omega_{\mathrm{I}}^2)^2 + c_{\mathrm{N}i}^2\omega_{\mathrm{I}}^2}} + \frac{F_{\mathrm{N}oi}\cos(\omega_{\mathrm{O}}t + \varphi_{\mathrm{O}})}{\sqrt{(\omega_i^2 - \omega_{\mathrm{O}}^2)^2 + c_{\mathrm{N}i}^2\omega_{\mathrm{O}}^2}} \tag{8-5}$$

其中，φ_{I}、φ_{O} 为相位差，$\tan\varphi_{\mathrm{I}} = -c_{\mathrm{N}i}\omega_{\mathrm{I}}/(\omega_i^2 - \omega_{\mathrm{I}}^2)$；$\tan\varphi_{\mathrm{O}} = -c_{\mathrm{N}i}\omega_{\mathrm{O}}/(\omega_i^2 - \omega_{\mathrm{O}}^2)$。

则原坐标系下的传动系统时域响应为

$$x = A_{\mathrm{N}} x_{\mathrm{N}} \tag{8-6}$$

当内转子上的转矩激励频率 ω_{I} 或外转子上的转矩激励频率 ω_{O} 接近磁齿轮传动系统某一阶固有频率时，磁齿轮传动系统都将发生共振。但当 ω_{I} 接近传动系统固有频率而导致传动系统发生共振时，ω_{O} 对传动系统的影响可忽略不计；同样地，当 ω_{O} 接近传动系统固有频率而导致传动系统发生共振时，ω_{I} 对传动系统的影响可忽略不计。

对式（8-2）进行拉普拉斯变换，可得传动系统频域传递函数为

$$\frac{X(s)}{F(s)} = \frac{1}{ms^2 + Cs + k} \tag{8-7}$$

其中，$X(s)$ 为位移列阵的拉普拉斯变换，$F(s)$ 为载荷列阵的拉普拉斯变换，利用 MATLAB 软件的伯德图绘制命令，可以计算磁齿轮传动系统的频域响应变化情况。

8.3 磁场调制型磁齿轮传动系统强迫振动时域响应分析

将表 2-2 和表 7-1 所列的算例传动系统参数代入式（8-5）和式（8-6），可得磁齿轮传动系统在内转子或外转子转矩波动激励下产生的共振响应曲线及响应规律。

8.3.1 内转子转矩波动激励下的传动系统共振

当内转子激励频率接近传动系统的各阶固有频率时，传动系统的强迫振动响应曲线如图 8-1 所示。

由图 8-1 可知，当内转子上的转矩激励频率接近传动系统固有频率时，磁齿轮传动系统强迫响应具有以下规律：

①在简谐激励作用下，传动系统的强迫响应也为简谐振动，且强迫响应频率与激励频率相同。

②当外加激励频率依次接近传动系统的各阶固有频率，即内转子扭转振动、内转子横向振动、调磁环扭转振动、调磁环横向振动、外转子扭转振动和外转子横向振动模态频率时，各振动的共振位移分别达到最大。而且当激励频率接近传动系统固有频率而发生共振时，只有一个自由度的共振幅值很大，其他自由度的共振振幅则相对较小。

之所以会出现激励频率接近传动系统某一阶固有频率时只有某一自由度的共振振幅较大，而其他振幅较小的情况，是由于内、外转子与调磁环间的磁耦合刚度在数值上与内、外转子的支承刚度以及调磁环的扭转、支承刚度相比小很多，使得磁齿轮传动系统振动模态呈现出每一模态振型只有一个自由度的相对振幅较大，而其他自由度的振幅都很小的现象。即当激励频率接近传动系统某一固有频率时，这一阶固有频率对应的模态振型便成为磁齿轮传动系统振动的主振动，所以仅有某一自由度振动的位移较大。

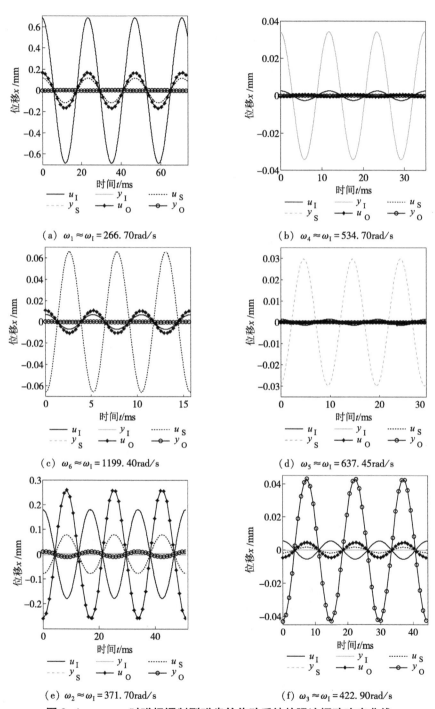

（a）$\omega_1 \approx \omega_I = 266.70 \text{rad/s}$　　　　（b）$\omega_4 \approx \omega_I = 534.70 \text{rad/s}$

（c）$\omega_6 \approx \omega_I = 1199.40 \text{rad/s}$　　　　（d）$\omega_5 \approx \omega_I = 637.45 \text{rad/s}$

（e）$\omega_2 \approx \omega_I = 371.70 \text{rad/s}$　　　　（f）$\omega_3 \approx \omega_I = 422.90 \text{rad/s}$

图 8-1　$\omega_i \approx \omega_I$ 时磁场调制型磁齿轮传动系统的强迫振动响应曲线

8.3.2 外转子转矩波动激励下的传动系统共振

当外转子激励频率接近传动系统的各阶固有频率时，传动系统的强迫振动响应曲线如图 8-2 所示。

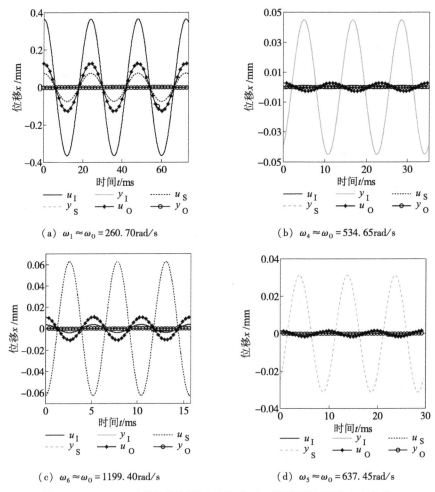

图 8-2 $\omega_i \approx \omega_O$ 时磁场调制型磁齿轮传动系统的强迫振动响应曲线

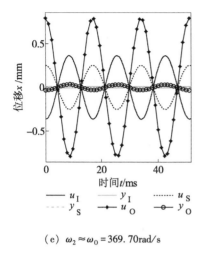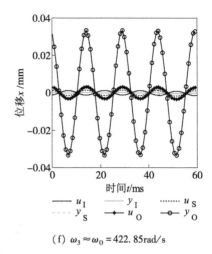

（e）$\omega_2 \approx \omega_0 = 369.70\text{rad/s}$　　　　　（f）$\omega_3 \approx \omega_0 = 422.85\text{rad/s}$

图 8-2　$\omega_i \approx \omega_O$ 时磁场调制型磁齿轮传动系统的强迫振动响应曲线（续）

由图 8-2 可知，与内转子上转矩的激励频率接近传动系统固有频率时发生共振类似，当外转子上转矩的激励频率接近传动系统固有频率时，磁齿轮传动系统具有稳态的简谐振动响应，都是当外加激励频率依次接近传动系统的各阶固有频率时，只有一个自由度的振幅很大，而其他自由度的振幅很小。

在传动系统运行过程中，由各种原因造成的内、外转子转矩波动都可能导致传动系统各部件的振动位移过大，从而影响传动系统的正常运行，甚至会破坏传动系统。因此在设计传动系统时，应当考虑造成系统输出转矩波动的因素，使其与固有频率尽量远离。

同时，由内、外转子上转矩的激励频率接近传动系统固有频率时磁齿轮传动系统的强迫响应可知，总是当激励频率接近内转子扭转振动固有频率和外转子扭转振动固有频率时，磁齿轮传动系统的共振振幅比激励频率接近其他阶固有频率大。这是由磁齿轮传动系统的模态特点决定的。

由于磁齿轮传动系统的每一模态除一个自由度的相对位移较大外，其他自由度的相对位移都很小，可假设磁齿轮传动系统的正则振型矩阵 $\boldsymbol{A}_N$ 为

$$A_N = \begin{bmatrix} A_{N1} & b_1 A_{N2} & c_1 A_{N3} & d_1 A_{N4} & e_1 A_{N5} & f_1 A_{N6} \\ a_1 A_{N1} & A_{N2} & c_2 A_{N3} & d_2 A_{N4} & e_2 A_{N5} & f_2 A_{N6} \\ a_2 A_{N1} & b_2 A_{N2} & A_{N3} & d_3 A_{N4} & e_3 A_{N5} & f_3 A_{N6} \\ a_3 A_{N1} & b_3 A_{N2} & c_3 A_{N3} & A_{N4} & e_4 A_{N5} & f_4 A_{N6} \\ a_4 A_{N1} & b_4 A_{N2} & c_4 A_{N3} & d_4 A_{N4} & A_{N5} & f_5 A_{N6} \\ a_5 A_{N1} & b_5 A_{N2} & c_5 A_{N3} & d_5 A_{N4} & e_5 A_{N5} & A_{N6} \end{bmatrix} \qquad (8-8)$$

则可以得到正则载荷向量 ΔF_N 为

$$\begin{aligned} \Delta F_N &= A_N \begin{bmatrix} F_I(t) & 0 & 0 & 0 & 0 & 0 \end{bmatrix}^T \\ &= \begin{bmatrix} A_{N1} F_I(t) + a_4 A_{N1} F_O(t) \\ b_1 A_{N2} F_I(t) + b_4 A_{N2} F_O(t) \\ c_1 A_{N3} F_I(t) + c_4 A_{N3} F_O(t) \\ d_1 A_{N4} F_I(t) + d_4 A_{N4} F_O(t) \\ e_1 A_{N5} F_I(t) + e_5 A_{N5} F_O(t) \\ f_1 A_{N6} F_I(t) + f_5 A_{N6} F_O(t) \end{bmatrix} \end{aligned} \qquad (8-9)$$

其中 a_i、b_i、c_i、d_i、e_i、f_i 均为小参数。由式（8-9）可知，当激励频率接近内、外转子扭转振动模态频率时，相应的正则载荷 F_{N1} 和 F_{N5} 较大，所以相应的正则位移 x_{N1} 和 x_{N5} 较大，其他阶的正则位移则小很多。假设内转子上转矩的激励频率接近内转子扭转振动模态频率，而外转子上转矩的激励频率远离传动系统固有频率，则外转子激励频率引起的传动系统处于非共振状态，可忽略不计。即此时只有正则位移 x_{N1} 比较大，正则位移矩阵为

$$x_N = \begin{bmatrix} x_{N1} & \varepsilon_1 x_{N1} & \varepsilon_2 x_{N1} & \varepsilon_3 x_{N1} & \varepsilon_4 x_{N1} & \varepsilon_5 x_{N1} \end{bmatrix}^T \qquad (8-10)$$

式（8-10）中的 ε_i 均为小参数，则常坐标系下磁齿轮传动系统的强迫响应为

$$x = A_N \begin{bmatrix} x_{N1} & \varepsilon_1 x_{N1} & \varepsilon_2 x_{N1} & \varepsilon_3 x_{N1} & \varepsilon_4 x_{N1} & \varepsilon_5 x_{N1} \end{bmatrix}^T$$

$$= x_{N1} \begin{bmatrix} A_{N1} + b_1\varepsilon_1 A_{N2} + c_1\varepsilon_2 A_{N3} + d_1\varepsilon_3 A_{N4} + e_1\varepsilon_4 A_{N5} + f_1\varepsilon_5 A_{N6} \\ a_1 A_{N1} + \varepsilon_1 A_{N2} + c_2\varepsilon_2 A_{N3} + d_2\varepsilon_3 A_{N4} + e_2\varepsilon_4 A_{N5} + f_2\varepsilon_5 A_{N6} \\ a_1 A_{N1} + b_2\varepsilon_1 A_{N2} + \varepsilon_2 A_{N3} + d_3\varepsilon_3 A_{N4} + e_3\varepsilon_4 A_{N5} + f_3\varepsilon_5 A_{N6} \\ a_3 A_{N1} + b_3\varepsilon_1 A_{N2} + c_3\varepsilon_2 A_{N3} + \varepsilon_4 A_{N4} + e_4\varepsilon_4 A_{N5} + f_4\varepsilon_5 A_{N6} \\ a_4 A_{N1} + b_4\varepsilon_1 A_{N2} + c_4\varepsilon_2 A_{N3} + d_4\varepsilon_3 A_{N4} + \varepsilon_4 A_{N5} + f_5\varepsilon_5 A_{N6} \\ a_5 A_{N1} + b_5\varepsilon_1 A_{N2} + c_5\varepsilon_2 A_{N3} + d_5\varepsilon_3 A_{N4} + e_5\varepsilon_4 A_{N5} + \varepsilon_5 A_{N6} \end{bmatrix}$$

$$(8-11)$$

由式（8-11）可知，当内转子上转矩的激励频率接近内转子扭转振动模态频率时，磁齿轮传动系统各零部件的振动只有内转子扭转自由度方向的振幅较大，而其他自由度的振动相对小很多。同理，当外转子上转矩的激励频率接近外转子扭转振动模态频率时，只有外转子的扭转振动具有较大的振幅，而其他自由度的振幅很小。

由前述分析可知，当激励频率接近内、外转子扭转振动模态频率时，对应的正则位移 x_{N1} 或 x_{N5} 较大；而当激励频率接近其他阶固有频率时，对应的正则位移较小，转化为常坐标系下的位移后亦是如此。因此，在激励频率接近内、外转子扭转振动模态频率时，磁齿轮传动系统的共振振幅比接近其他阶固有频率时的振幅要大。

8.3.3 内转子与外转子转矩同时波动激励下的传动系统联合共振

当内、外转子激励频率共同接近传动系统的各阶固有频率时，传动系统的强迫振动响应曲线如图 8-3 所示。

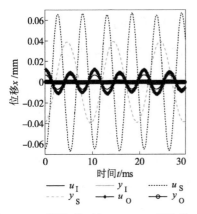

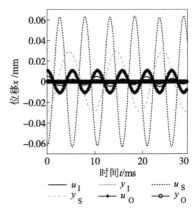

（a）$\omega_6 \approx \omega_I = 1199.40\text{rad/s}$，$\omega_5 \approx \omega_O = 637.45\text{rad/s}$ （b）$\omega_5 \approx \omega_I = 637.45\text{rad/s}$，$\omega_6 \approx \omega_O = 1199.40\text{rad/s}$

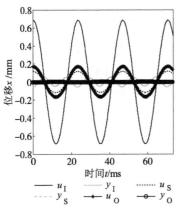

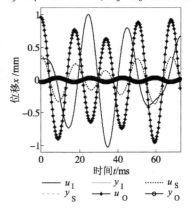

（c）$\omega_1 \approx \omega_I - 266.70\text{rad/s}$，$\omega_4 \approx \omega_O = 534.65\text{rad/s}$ （d）$\omega_1 \approx \omega_I = 266.70\text{rad/s}$，$\omega_2 \approx \omega_O = 369.70\text{rad/s}$

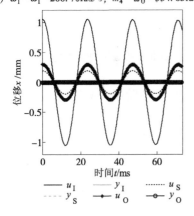

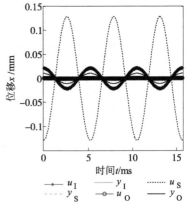

（e）$\omega_1 \approx \omega_I = 266.70\text{rad/s}$，$\omega_1 \approx \omega_O = 260.70\text{rad/s}$ （f）$\omega_6 \approx \omega_I = 1199.40\text{rad/s}$，$\omega_6 \approx \omega_O = 1199.40\text{rad/s}$

图8-3 $\omega_I \approx \omega_i$ 且 $\omega_O \approx \omega_j$ 时磁场调制型磁齿轮传动系统的强迫振动响应曲线

由图 8-3 可知，当内、外转子上转矩波动的激励频率同时接近系统固有频率时，磁齿轮传动系统都将发生共振，且具有以下规律：

①磁齿轮传动系统在联合简谐激励下的强迫响应也为简谐振动，响应频率包含两独立的激励频率成分，两简谐振动之间存在相互影响，尤其是当两激励频率相差较大时，两简谐频率相互影响的现象更加明显，当两简谐振动同时接近磁齿轮系统同一阶的固有频率时，振动效果得到加强。

②当内、外转子上转矩波动的激励频率分别接近传动系统内、外转子扭转振动模态频率时，磁齿轮传动系统的共振振幅比激励频率接近其他阶固有频率时大得多。

当内、外转子上的激励频率接近传动系统内、外转子扭转振动模态频率时，磁齿轮传动系统发生了振幅很大的共振现象，与前面内转子转矩激励频率接近内转子扭转振动模态频率时传动系统共振振幅很大的原因一致。由于磁场调制型磁齿轮传动系统的固有频率中只有内、外转子扭转振动模态频率数值较小，而其他阶固有频率数值较大，内、外转子上的转矩波动频率很难达到内、外转子扭转振动模态频率以外的其他频率范围，所以内、外转子在扭转方向的共振将成为磁齿轮传动系统的主要共振形式，必须在设计和使用过程中加以注意。

8.4 磁场调制型磁齿轮传动系统强迫振动频域响应分析

8.4.1 传动系统的幅频特性

将表 2-2 和表 7-1 中的参数以及内、外转子最大转矩位置对应的磁耦合刚度代入式（8-7），可以得到算例磁场调制型磁齿轮传动系统的传递函数，从而对传动系统的频域特性进行求解。当内转子上的转矩波动为 1.5N·m 时，传动系统的幅频特性曲线如图 8-4 所示。

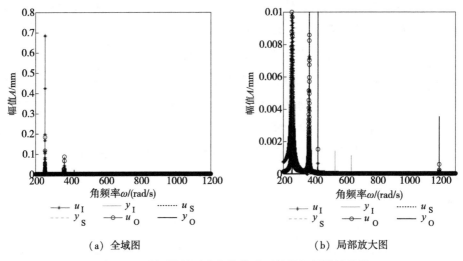

（a）全域图　　　　　　　　　　（b）局部放大图

图 8-4　磁场调制型磁齿轮传动系统的幅频特性曲线

由图 8-4 可知，当激励频率接近磁齿轮传动系统各阶固有频率时会发生强烈的共振，但只有在激励频率接近内、外转子扭转振动模态频率时共振振幅较大，而接近其他阶固有频率时振幅很小，基本可以忽略。对应于激励频率分别接近内、外转子扭转振动模态的固有频率，内、外转子的扭转振动位移分别达到最大，且内转子共振位移比外转子共振位移大很多，这与磁齿轮传动系统的模态特点有关。

8.4.2　设计参数对传动系统幅频特性的影响分析

为了讨论构件质量和刚度等设计参数对传动系统固有频率与振动幅值的影响，给出同一设计因素在不同条件下的幅频特性曲线，分析设计参数对传动系统幅频特性的影响规律。

1. 内转子质量对传动系统幅频特性的影响分析

由图 8-5 所示的内转子质量 m_I 对传动系统幅频特性的影响曲线可知，当内转子质量 m_I 增大时，磁齿轮传动系统中内转子、外转子及调磁环扭转振动和内转子横向振动各模态固有频率逐渐减小，而外转子和调磁环横向振动各模态固有频率几乎不发生变化。当外部激励频率接近内、外转子扭转振动模态固有频率时，共振振幅随内转子质量 m_I 的增大变化较大；而当激励频率接近各横向振动模态固有频率和调磁环扭转振动模态固有频率时，共振振幅很小，可忽略不计。

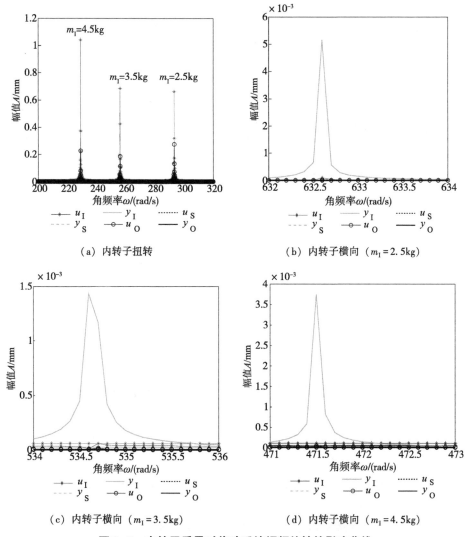

（a）内转子扭转

（b）内转子横向（$m_1=2.5\text{kg}$）

（c）内转子横向（$m_1=3.5\text{kg}$）

（d）内转子横向（$m_1=4.5\text{kg}$）

图 8-5　内转子质量对传动系统幅频特性的影响曲线

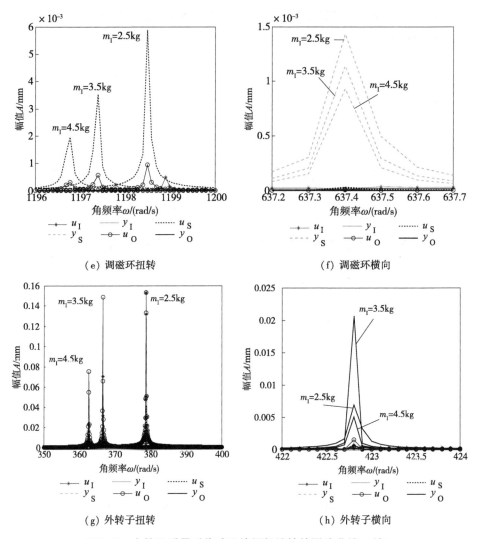

（e）调磁环扭转　　　　　（f）调磁环横向

（g）外转子扭转　　　　　（h）外转子横向

图8-5　内转子质量对传动系统幅频特性的影响曲线（续）

2. 调磁环质量对传动系统幅频特性的影响分析

由图8-6所示的调磁环质量 m_S 变化对传动系统幅频特性的影响曲线可知，当调磁环质量 m_S 增大时，磁齿轮传动系统中内转子、外转子及调磁环扭转振动和调磁环横向振动各模态固有频率逐渐减小，而内转子和外转子横向振动各模态固有频率几乎不发生变化。当外部激励频率接近外转子扭转振动模态固有频率时，共振振幅随调磁环质量 m_S 的增大变化较大；而当激励频率接近各横向振动模态固有频率和调磁环扭转振动模态固有频率时，共振振幅很小，可忽略不计。

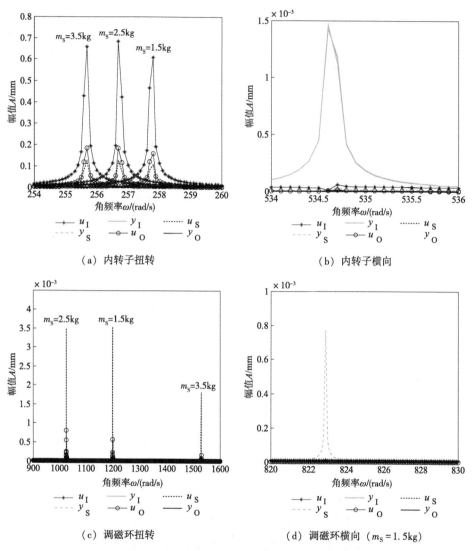

（a）内转子扭转　　　　　　　　　　（b）内转子横向

（c）调磁环扭转　　　　　　　　（d）调磁环横向（$m_S = 1.5$kg）

图 8-6　调磁环质量对传动系统幅频特性的影响曲线

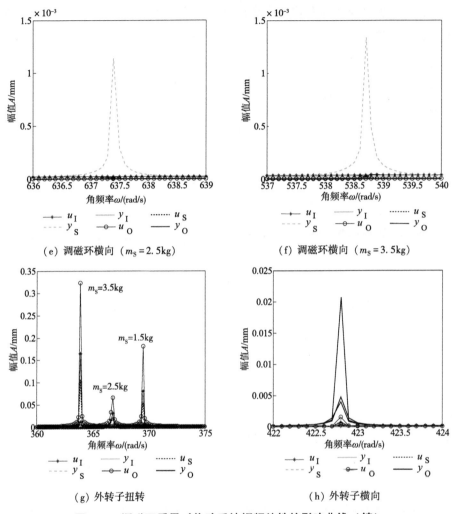

（e）调磁环横向（$m_S = 2.5\text{kg}$）

（f）调磁环横向（$m_S = 3.5\text{kg}$）

（g）外转子扭转

（h）外转子横向

图8-6 调磁环质量对传动系统幅频特性的影响曲线（续）

3. 外转子质量对传动系统幅频特性的影响分析

由图8-7所示的外转子质量 m_O 变化对传动系统幅频特性的影响曲线可知，当外转子质量 m_O 增大时，磁齿轮传动系统中内转子、外转子及调磁环扭转振动和外转子横向振动各模态固有频率逐渐减小，而内转子和调磁环横向振动各模态固有频率几乎不发生变化。当外部激励频率接近外转子扭转振动模态固有频率时，共振振幅随外转子质量 m_O 的增大变化较大；而当激励频率接近各横向振动模态固有频率和调磁环扭转振动模态固有频率时，共振振幅很小，可忽略不计。

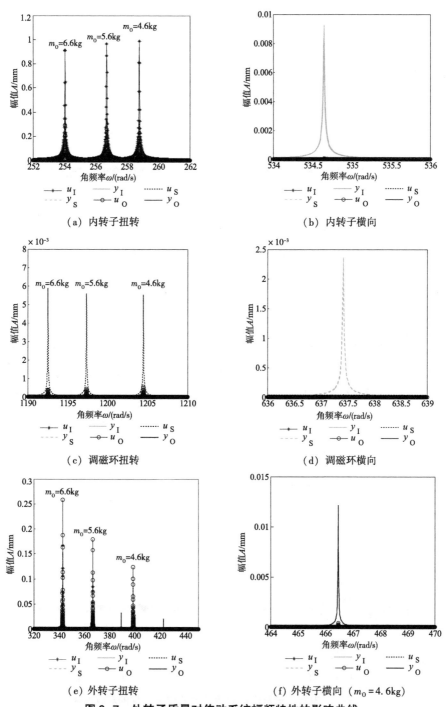

图 8-7　外转子质量对传动系统幅频特性的影响曲线

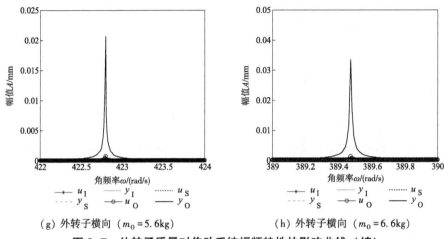

（g）外转子横向（$m_0=5.6\text{kg}$）　　（h）外转子横向（$m_0=6.6\text{kg}$）

图8-7　外转子质量对传动系统幅频特性的影响曲线（续）

4. 内转子横向支承刚度对传动系统幅频特性的影响分析

由图8-8所示的内转子横向支承刚度k_{yL}对传动系统幅频特性的影响曲线可知，随着由内转子支承方式不同导致的支承刚度k_{yL}的变化，磁齿轮传动系统中除内转子横向振动模态对应的固有频率变化较大外，其他模态固有频率几乎不发生变化。当激励频率接近内转子模态固有频率时，共振振幅变化相对较大，此时出现最大共振振幅，而各横向振动模态的共振几乎可以忽略不计。

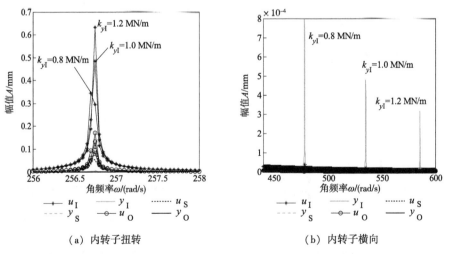

（a）内转子扭转　　　　　　　　（b）内转子横向

图8-8　内转子支承刚度对传动系统幅频特性的影响曲线

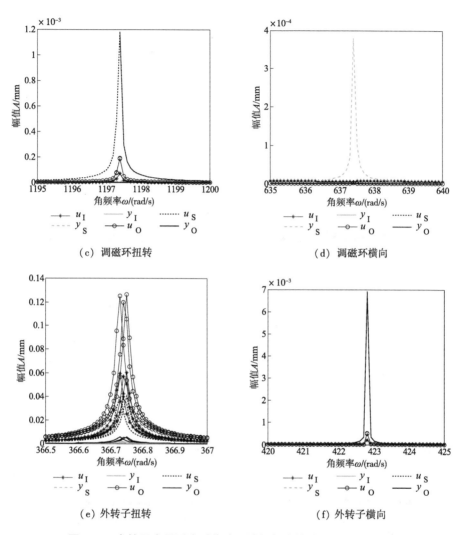

（c）调磁环扭转　　　　　　　　　（d）调磁环横向

（e）外转子扭转　　　　　　　　　（f）外转子横向

图 8-8　内转子支承刚度对传动系统幅频特性的影响曲线（续）

5．调磁环扭转支承刚度对传动系统幅频特性的影响分析

由图 8-9 所示的调磁环扭转支承刚度 k_S 对传动系统幅频特性的影响曲线可知，随着调磁环扭转支承刚度 k_S 的增大，磁齿轮传动系统中内转子、外转子及调磁环扭转振动各模态固有频率逐渐增大，而内转子、外转子及调磁环横向振动各模态固有频率几乎不发生变化。当激励频率接近内转子扭转振动模态固有频率时，共振振幅随支承刚度 k_S 的增大变化较大；而当激励频率接近各横向振动模态固有频率和调磁环扭转振动模态固有频率时，共振振幅很小，可忽略不计。

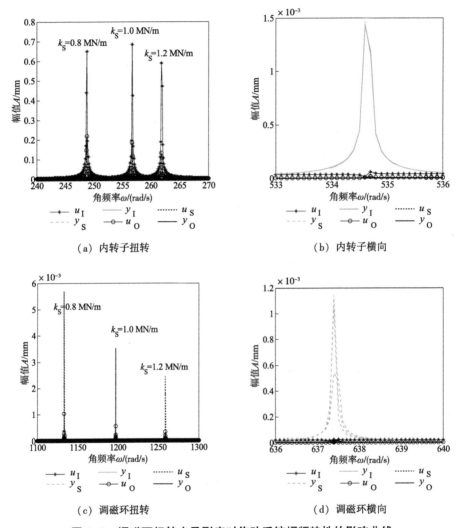

图 8-9　调磁环扭转支承刚度对传动系统幅频特性的影响曲线

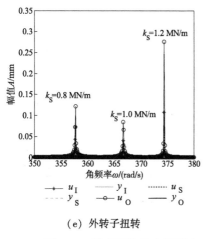

(e) 外转子扭转

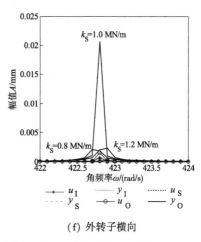

(f) 外转子横向

图 8-9　调磁环扭转支承刚度对传动系统幅频特性的影响曲线（续）

6. 调磁环横向支承刚度对传动系统幅频特性的影响分析

由图 8-10 所示的调磁环横向支承刚度 k_{yS} 对传动系统幅频特性的影响曲线可知，随着由调磁环支承方式不同导致的支承刚度 k_{yS} 的变化，磁齿轮传动系统中除调磁环横向振动模态对应的固有频率变化较大外，其他模态固有频率几乎不发生变化。随着调磁环横向支承刚度 k_{yS} 的增大，磁齿轮传动系统中除调磁环横向振动模态对应的振幅有所下降外，其他模态的振幅几乎不发生变化。当激励频率接近内转子振动模态固有频率时，共振振幅相对较大，其次为激励频率接近外转子振动模态固有频率时，而各横向振动模态的共振几乎可以忽略不计。

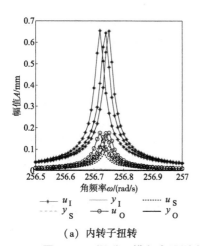

(a) 内转子扭转

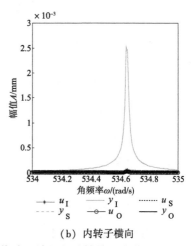

(b) 内转子横向

图 8-10　调磁环横向支承刚度变化对传动系统幅频特性的影响曲线

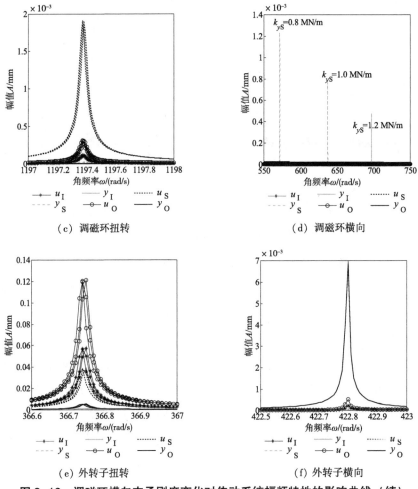

图 8-10　调磁环横向支承刚度变化对传动系统幅频特性的影响曲线（续）

7. 外转子横向支承刚度对传动系统幅频特性的影响分析

由图 8-11 所示的外转子支承刚度 k_{yO} 对传动系统幅频特性的影响曲线可知，随着由外转子支承方式不同导致的支承刚度 k_{yO} 的变化，磁齿轮传动系统中外转子横向振动模态对应的固有频率变化较大，外转子扭转振动模态的固有频率略有变化，而其他模态固有频率几乎不发生变化。外转子横向振动模态的振幅随着外转子支承刚度的增大而减小。当激励频率接近内转子扭转振动模态固有频率时，共振振幅相对较大，其次为激励频率接近外转子扭转振动模态固有频率时，而各横向振动模态的共振几乎可以忽略不计。

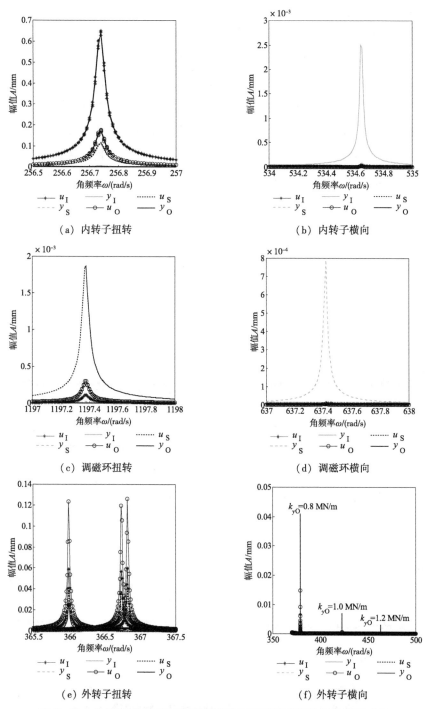

（a）内转子扭转

（b）内转子横向

（c）调磁环扭转

（d）调磁环横向

（e）外转子扭转

（f）外转子横向

图 8-11　外转子横向支承刚度变化对传动系统幅频特性的影响曲线

8. 永磁体剩磁对传动系统幅频特性的影响分析

由图 8-12 所示的永磁体的剩磁对传动系统幅频特性的影响曲线可知，随着永磁体剩磁 B_r 的增大，磁齿轮传动系统中内转子、外转子及调磁环各扭转振动模态的固有频率均逐渐增大，而各横向振动模态的固有频率几乎不发生变化，这是由于随着剩磁 B_r 的增大，内转子、外转子与调磁环间的电磁耦合刚度增大，而各构件的横向支承刚度几乎不变。当激励频率接近内转子、外转子扭转振动模态时，共振振幅较大，且随 B_r 的增大变化不大，但其他模态的共振几乎可以忽略不计。

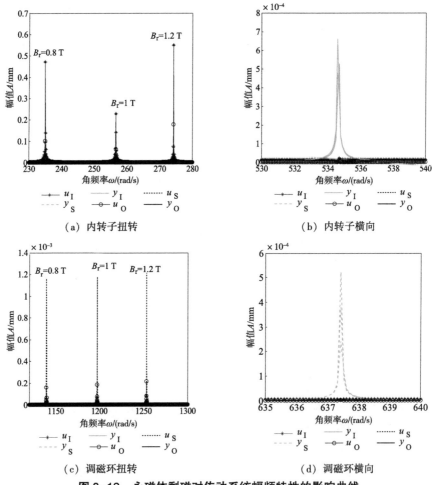

图 8-12　永磁体剩磁对传动系统幅频特性的影响曲线

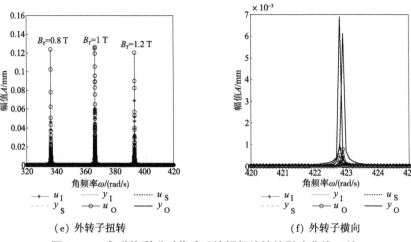

（e）外转子扭转　　　　　　　　　（f）外转子横向

图 8-12　永磁体剩磁对传动系统幅频特性的影响曲线 （续）

9. 磁齿轮轴向长度对传动系统幅频特性的影响分析

由图 8-13 所示的磁齿轮轴向长度对传动系统幅频特性的影响曲线可知，随着磁齿轮轴向长度 L 的增大，磁齿轮传动系统所有模态的固有频率均逐渐减小，且构件横向振动模态及调磁环扭转振动模态的固有频率变化很大，而扭转振动模态的固有频率变化相对较小。这是由于随着轴向长度 L 的增大，磁齿轮各零部件的质量均增大，内转子、外转子上的电磁耦合刚度也随之增大，但各零部件的横向支承刚度几乎不变。

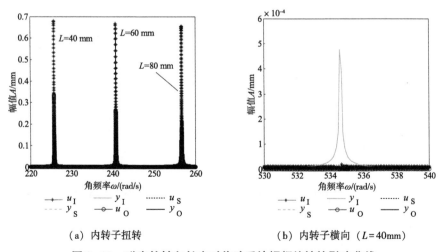

（a）内转子扭转　　　　　　　（b）内转子横向 （$L=40$mm）

图 8-13　磁齿轮轴向长度对传动系统幅频特性的影响曲线

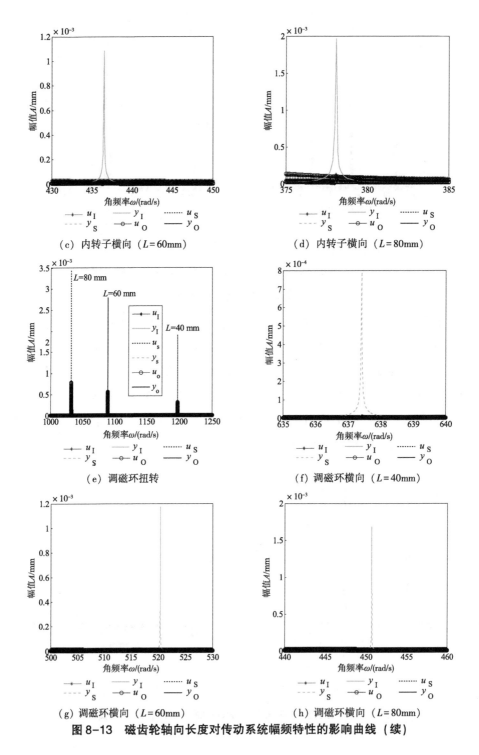

（c）内转子横向 （L=60mm）　　（d）内转子横向 （L=80mm）

（e）调磁环扭转　　（f）调磁环横向 （L=40mm）

（g）调磁环横向 （L=60mm）　　（h）调磁环横向 （L=80mm）

图 8-13　磁齿轮轴向长度对传动系统幅频特性的影响曲线 （续）

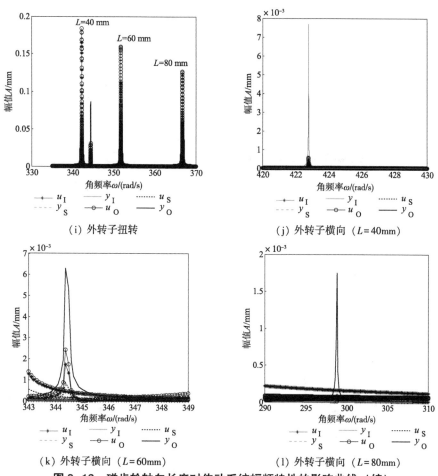

（i）外转子扭转　　　　　　　　（j）外转子横向（$L=40$mm）

（k）外转子横向（$L=60$mm）　　　（l）外转子横向（$L=80$mm）

图 8-13　磁齿轮轴向长度对传动系统幅频特性的影响曲线（续）

10. 外转子输出转矩对传动系统幅频特性的影响分析

由图 8-14 所示的外转子输出转矩对传动系统幅频特性的影响曲线可知，随着外转子输出转矩 T 的增大（不考虑过载），磁齿轮传动系统中内转子、外转子及调磁环扭转振动各模态固有频率逐渐增大，而横向振动各模态固有频率几乎不发生变化。当外部激励频率接近内转子、外转子扭转模态固有频率时，共振振幅数值较大，且随外转子输出转矩 T 的增大变化较大；而当激励频率接近各横向振动模态固有频率和调磁环扭转振动模态固有频率时，共振振幅很小，可忽略不计。

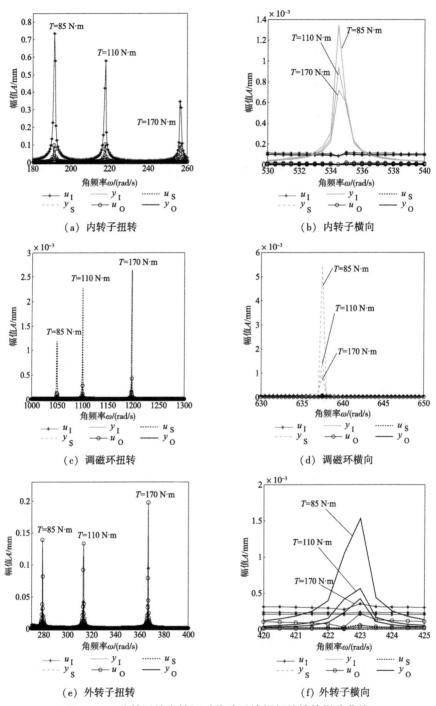

（a）内转子扭转　　　　　　　　　　（b）内转子横向

（c）调磁环扭转　　　　　　　　　　（d）调磁环横向

（e）外转子扭转　　　　　　　　　　（f）外转子横向

图 8-14　外转子输出转矩对传动系统幅频特性的影响曲线

综上所述，磁齿轮传动系统受到外界激励时产生的共振将严重影响其动力学行为，进而影响传动系统的正常运行。磁齿轮传动系统的强迫振动响应分析可以为传动系统动力学参数设计及优化提供理论依据。

8.5　本章小结

本章在引入磁场调制型磁齿轮传动系统的阻尼矩阵的基础上，对传动系统强迫振动的时域和频域响应进行了分析与求解，依据激励方式的不同，对传动系统的时域特性进行了讨论，同时给出了设计参数对传动系统幅频特性的影响规律。结果表明：当内（或外）转子上转矩的激励频率接近传动系统内、外转子扭转振动模态固有频率时，内（或外）转子的扭转振动具有较大的振幅，而其他自由度的振幅很小；各个设计参数对传动系统的幅频特性均有一定的影响，选择合理的设计参数使传动系统的工作频率远离固有频率，是避免传动系统产生振动破坏的关键。

第**9**章 磁场调制型磁齿轮传动系统参数振动分析

考虑磁场调制型磁齿轮传动系统构件偏心引起的磁耦合刚度波动，本章在前述自由振动和强迫振动分析的基础上，建立了该传动系统的参数振动动力学模型及动力学微分方程组，采用多尺度法推导了传动系统的主共振和组合共振响应公式，讨论了传动系统的主共振和组合共振响应规律，并分析了阻尼系数对传动系统主共振的影响规律。

9.1 磁场调制型磁齿轮传动系统时变磁耦合刚度

磁场调制型磁齿轮传动系统中的各个构件属于同心结构，要求具有很高的制造及安装精度，但实际中内、外转子及调磁环偏心问题仍不可避免，而偏心会导致内、外转子上转矩波动的加剧，进而导致内、外转子与调磁环之间的磁耦合刚度波动，此时的磁齿轮传动系统属于典型的参数振动系统。内转子及外转子偏心对传动系统磁耦合刚度的影响均不可忽略，但影响规律类似，故本章只分析内转子存在偏心的情况。

假设内转子的偏心量 $e = 0.05\text{mm}$，此时由于动偏心引起的内转子转动惯量波动极小，可以忽略不计。依据表 2-2 和表 7-1 所列的磁场调制型磁齿轮传动系统参数，通过有限元法计算得到的存在偏心时传动系统时变磁耦合刚度以及内转子时变磁耦合刚度的快速傅里叶变化（FFT）曲线如图 9-1 所示。

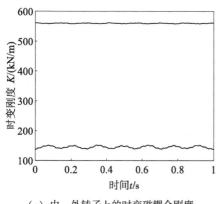

（a）内、外转子上的时变磁耦合刚度

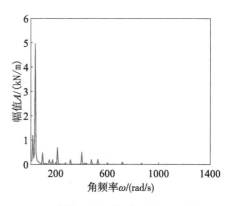

（b）内转子时变磁耦合刚度 FFT 曲线

图 9-1　磁场调制型磁齿轮时变磁耦合刚度及其 FFT 曲线

由图 9-1 可知，当内转子存在动偏心时，内、外转子上的磁耦合刚度均存在一定的波动，但内转子的磁耦合刚度波动比外转子大得多，可忽略外转子的磁耦合刚度波动。

内转子时变磁耦合刚度存在多次谐波成分，但最主要的谐波为内转子回转角频率与内转子永磁体极对数的乘积部分，其次为内转子永磁体数目与调磁环的调磁极片数目的乘积部分，即调磁过程中磁极定位产生的转矩波动，而内转子、外转子的永磁体数目及调磁环调磁极片数所对应的谐波等数值极小。考虑到磁极定位引起的转矩波动等数值较小，只考虑内转子回转角频率与内转子永磁体极对数乘积部分的影响，则时变啮合刚度可表示为如下复数形式

$$k_{\mathrm{I}}(t) = \bar{k}_{\mathrm{I}} + \Delta k_{\mathrm{I}} e^{j\omega_e t} + \Delta k_{\mathrm{I}} e^{-j\omega_e t} = \bar{k}_{\mathrm{I}}(1 + \varepsilon e^{j\omega_e t} + cc) \qquad (9-1)$$

式中　$\bar{k}_{\mathrm{I}}$——内转子与调磁环之间磁耦合刚度的平均值（N/m）；

ε——小参数，$\varepsilon = \Delta k_{\mathrm{I}}/\bar{k}_{\mathrm{I}}$；

ω_e——磁耦合刚度激励频率，$\omega_e = 2\pi n_{\mathrm{I}} p_{\mathrm{I}}/60(\mathrm{rad/s})$；

n_{I}——内转子转速（r/min）；

p_{I}——内转子永磁体极对数；

cc——等式右边复数部分的复共轭。

9.2　磁场调制型磁齿轮传动系统参数振动方程

在磁场调制型磁齿轮传动系统中，除调磁环对磁场进行调制引起的转矩波动外，加工误差引起的内转子和外转子偏心、电机驱动力矩的周期性波动等也会导致内、外转子上转矩的周期性波动。假设内、外转子上转矩的波动可简化为余弦规律曲线，并将其写为复数形式。只考虑各构件的扭转振动位移，则传动系统参数振动微分方程为

$$
\begin{cases}
J_{\mathrm{I}}/R_{\mathrm{I}}^2\ddot{u}_{\mathrm{I}} + c_{\mathrm{I}}\dot{u}_{\mathrm{I}} + \bar{k}_{\mathrm{I}}(u_{\mathrm{I}}-u_{\mathrm{S}}) = \Delta T_{\mathrm{I}}e^{j\omega_{\mathrm{I}}t}/R_{\mathrm{I}} - \bar{k}_{\mathrm{I}}\varepsilon e^{j\omega_e t}(u_{\mathrm{I}}-u_{\mathrm{S}}) + cc \\
J_{\mathrm{S}}/R_{\mathrm{S}}^2\ddot{u}_{\mathrm{S}} + c_{\mathrm{S}}\dot{u}_{\mathrm{S}} + k_{\mathrm{S}}u_{\mathrm{S}} - \bar{k}_{\mathrm{I}}(u_{\mathrm{I}}-u_{\mathrm{S}}) + k_0(u_{\mathrm{S}}-u_0) = \bar{k}_{\mathrm{I}}\varepsilon e^{j\omega_e t}(u_{\mathrm{I}}-u_{\mathrm{S}}) + cc \\
J_0/R_0^2\ddot{u}_0 + c_0\dot{u}_0 - k_0(u_{\mathrm{S}}-u_0) = \Delta T_0 e^{j\omega_0 t}/R_0
\end{cases}
$$

$$(9-2)$$

式中　ΔT_{I}——内转子上转矩的波动幅值（N·m）；

ΔT_0——外转子上转矩的波动幅值（N·m）。

将式（9-2）写为常系数微分方程与时变系统之和的形式，其矩阵形式的微分方程为

$$m\ddot{x} + c\dot{x} + kx = \Delta F + \Delta kx \qquad (9-3)$$

式中　x——位移矢量，$x = [u_{\mathrm{I}}\quad u_{\mathrm{S}}\quad u_0]^{\mathrm{T}}$；

m——质量矩阵，$m = \mathrm{diag}([J_{\mathrm{I}}/R_{\mathrm{I}}^2\quad J_{\mathrm{S}}/R_{\mathrm{S}}^2\quad J_0/R_0^2])$；

k——刚度矩阵，$k = \begin{bmatrix} \bar{k}_{\mathrm{I}} & -\bar{k}_{\mathrm{I}} & 0 \\ -\bar{k}_{\mathrm{I}} & k_{\mathrm{S}}+k_0+\bar{k}_{\mathrm{I}} & -k_0 \\ 0 & -k_0 & k_0 \end{bmatrix}$；

c——阻尼矩阵，$c = \begin{bmatrix} c_{\mathrm{I}} & 0 & 0 \\ 0 & c_{\mathrm{S}} & 0 \\ 0 & 0 & c_0 \end{bmatrix}$；

$\Delta \boldsymbol{F}$——时变载荷矢量，$\Delta \boldsymbol{F} = \left[\Delta T_{\mathrm{I}} e^{j\omega_{\mathrm{I}}t} / R_{\mathrm{I}} \quad 0 \quad \Delta T_{\mathrm{O}} e^{j\omega_{\mathrm{O}}t} / R_{\mathrm{O}} \right]^{\mathrm{T}}$；

$\Delta \boldsymbol{k}$——增量刚度矩阵，$\Delta \boldsymbol{k} = \bar{k}_{\mathrm{I}} e^{j\omega_{e}t} \varepsilon \begin{bmatrix} -1 & 1 & 0 \\ 1 & -1 & 0 \\ 0 & 0 & 0 \end{bmatrix}$。

9.3 磁场调制型磁齿轮传动系统参数振动方程推导

当不考虑磁耦合刚度波动时，磁齿轮传动系统的线性时不变动力学微分方程组为

$$\boldsymbol{m}\ddot{\boldsymbol{x}} + \boldsymbol{c}\dot{\boldsymbol{x}} + \boldsymbol{k}\boldsymbol{x} = \Delta \boldsymbol{F} \tag{9-4}$$

以线性时不变系统为基础，对式（9-3）进行正则化可得

$$\ddot{\boldsymbol{x}}_{\mathrm{N}} + \boldsymbol{c}_{\mathrm{N}}\dot{\boldsymbol{x}}_{\mathrm{N}} + \boldsymbol{k}_{\mathrm{N}}\boldsymbol{x}_{\mathrm{N}} = \Delta \boldsymbol{F}_{\mathrm{N}} \tag{9-5}$$

式中 $\boldsymbol{x}_{\mathrm{N}}$ ——正则位移矢量，$\boldsymbol{x}_{\mathrm{N}} = \begin{bmatrix} u_{\mathrm{N1}} & u_{\mathrm{N2}} & u_{\mathrm{N3}} \end{bmatrix}^{\mathrm{T}}$；

$\boldsymbol{k}_{\mathrm{N}}$ ——正则刚度矩阵，

$$\boldsymbol{k}_{\mathrm{N}} = \begin{bmatrix} k_{\mathrm{N1}} & 0 & 0 \\ 0 & k_{\mathrm{N2}} & 0 \\ 0 & 0 & k_{\mathrm{N3}} \end{bmatrix} = \mathrm{diag}\left(\begin{bmatrix} \omega_1^2 & \omega_2^2 & \omega_3^2 \end{bmatrix} \right)；$$

$\boldsymbol{A}_{\mathrm{N}}$ ——正则振型矩阵，$\boldsymbol{A}_{\mathrm{N}} = \begin{bmatrix} A_{\mathrm{N1,\,1}} & A_{\mathrm{N1,\,2}} & A_{\mathrm{N1,\,3}} \\ A_{\mathrm{N2,\,1}} & A_{\mathrm{N2,\,2}} & A_{\mathrm{N2,\,3}} \\ A_{\mathrm{N3,\,1}} & A_{\mathrm{N3,\,2}} & A_{\mathrm{N3,\,3}} \end{bmatrix}$；

$\Delta \boldsymbol{F}_{\mathrm{N}}$ ——正则当量载荷矢量，$\Delta \boldsymbol{F}_{\mathrm{N}} = \begin{bmatrix} F_{\mathrm{N1}} & F_{\mathrm{N2}} & F_{\mathrm{N3}} \end{bmatrix}^{\mathrm{T}}$。
其中

$F_{\mathrm{N1}} = (u_{\mathrm{I}} - u_{\mathrm{S}})(A_{\mathrm{N2,1}} - A_{\mathrm{N1,1}}) \varepsilon \bar{k}_{\mathrm{I}} e^{j\omega_e t} + A_{\mathrm{N1,1}} \Delta T_{\mathrm{I}} e^{j\omega_{\mathrm{I}}t} / R_{\mathrm{I}} +$
$\qquad A_{\mathrm{N3,1}} \Delta T_{\mathrm{O}} e^{j\omega_{\mathrm{O}}t} / R_{\mathrm{O}} + cc$

$F_{\mathrm{N2}} = (u_{\mathrm{I}} - u_{\mathrm{S}})(A_{\mathrm{N2,2}} - A_{\mathrm{N1,2}}) \varepsilon \bar{k}_{\mathrm{I}} e^{j\omega_e t} + A_{\mathrm{N1,2}} \Delta T_{\mathrm{I}} e^{j\omega_{\mathrm{I}}t} / R_{\mathrm{I}} +$
$\qquad A_{\mathrm{N3,2}} \Delta T_{\mathrm{O}} e^{j\omega_{\mathrm{O}}t} / R_{\mathrm{O}} + cc$

$$F_{N3} = (u_I - u_S)(A_{N2,3} - A_{N1,3})\varepsilon\bar{k}_1 e^{j\omega_e t} + A_{N1,3}\Delta T_1 e^{j\omega_1 t}/R_I +$$

$$A_{N3,3}\Delta T_0 e^{j\omega_0 t}/R_0 + cc$$

$$\approx A_{N1,3}\Delta T_1 e^{j\omega_1 t}/R_I + A_{N3,3}\Delta T_0 e^{j\omega_0 t}/R_0 + cc$$

式（9-4）中的正则阻尼矩阵 c_N 虽然不是对角矩阵，但由于阻尼矩阵 c 为对角矩阵，所以 c_N 主对角线上的元素比其他位置上的元素数值大很多（最小差 20 倍），可以取其主对角线上的元素组成以下正则阻尼矩阵

$$c_N = \mathrm{diag}([c_{N1} \quad c_{N2} \quad c_{N3}])$$

由参数共振响应计算结果可知，除内、外转子上的激励频率等于传动系统各阶固有频率 $\omega_I = \omega_i$ 或 $\omega_0 = \omega_i (i=1,2,3)$ 时，传动系统会产生主共振现象外，当 $\omega_I = \omega_i \pm \omega_e$ 或 $\omega_0 = \omega_i \pm \omega_e (i=1,2)$ 时也会产生共振现象，称之为组合共振。下面对这两种共振现象分别进行讨论。

9.3.1 内转子转矩激励频率为固有频率时传动系统主共振近似解析解

采用多尺度法求解式（9-5），为使阻尼的影响与刚度增量的影响相均衡，从而使得阻尼项与刚度增量项在同一摄动方程中，对于小而有限振幅的二阶近似解，其形式为

$$\begin{cases} x_{Ni} = x_{Ni0}(T_0, T_1) + \varepsilon x_{Ni1}(T_0, T_1) + \cdots \\ c_{Ni} = \varepsilon c'_{Ni} \\ \Delta T_I = \varepsilon \Delta T'_I \\ \Delta T_0 = \varepsilon \Delta T'_0 \end{cases} \quad (9-6)$$

其中，$i=1,2,3$；$T_n = \varepsilon^n t$。

不考虑内、外转子上转矩的波动，则式（9-4）在常坐标系中的解可表示 $x = A_N x_N$，即

$$\begin{cases} u_I = A_{N1,1}u_{N1} + A_{N1,2}u_{N2} + A_{N1,3}u_{N3} \\ u_S = A_{N2,1}u_{N1} + A_{N2,2}u_{N2} + A_{N2,3}u_{N3} \\ u_0 = A_{N3,1}u_{N1} + A_{N3,2}u_{N2} + A_{N3,3}u_{N3} \end{cases} \quad (9-7)$$

将式（9-6）及式（9-7）代入式（9-5），由方程两边小参数 ε 的同次幂相等可得以下微分方程组：

零次幂

$$\begin{cases} D_0^2 x_{N10} + \omega_1^2 x_{N10} = 0 \\ D_0^2 x_{N20} + \omega_2^2 x_{N20} = 0 \\ D_0^2 x_{N30} + \omega_3^2 x_{N30} = 0 \end{cases} \tag{9-8}$$

一次幂

$$\begin{cases} \begin{aligned} D_0^2 x_{N11} + \omega_1^2 x_{N11} = & -2D_0 D_1 x_{N10} - c_{N1}' D_0 x_{N10} + (B_1 x_{N10} + B_2 x_{N20} + \\ & B_3 x_{N30})\bar{k}_1 e^{j\omega_e t} + A_{N1,1}\Delta T_1' e^{j\omega_1 t}/R_1 + \\ & A_{N3,1}\Delta T_0' e^{j\omega_0 t}/R_0 + cc \end{aligned} \\ \begin{aligned} D_0^2 x_{N21} + \omega_2^2 x_{N21} = & -2D_0 D_1 x_{N20} - c_{N2}' D_0 x_{N20} + (C_1 x_{N10} + C_2 x_{N20} + \\ & C_3 x_{N30})\bar{k}_1 e^{j\omega_e t} + A_{N1,2}\Delta T_1' e^{j\omega_1 t}/R_1 + \\ & A_{N3,2}\Delta T_0' e^{j\omega_0 t}/R_0 + cc \end{aligned} \\ \begin{aligned} D_0^2 x_{N31} + \omega_3^2 x_{N31} = & -2D_0 D_1 x_{N30} - c_{N3}' D_0 x_{N30} + A_{N1,3}\Delta T_1' e^{j\omega_1 t}/R_1 + \\ & A_{N3,3}\Delta T_0' e^{j\omega_0 t}/R_0 + cc \end{aligned} \end{cases} \tag{9-9}$$

其中，D_0、D_1 分别表示位移参数对不同的时间变量 T_0、T_1 求偏导数；
$B_1 = -(A_{N1,1} - A_{N2,1})^2$，$B_2 = -(A_{N1,1} - A_{N2,1})(A_{N1,2} - A_{N2,2})$，
$B_3 = -(A_{N1,1} - A_{N2,1})(A_{N1,3} - A_{N2,3})$，$C_1 = -(A_{N1,2} - A_{N2,2})(A_{N1,1} - A_{N2,1})$，
$C_2 = -(A_{N1,2} - A_{N2,2})^2$，$C_3 = -(A_{N1,2} - A_{N2,2})(A_{N1,3} - A_{N2,3})$。
式（9-8）的解可表示为

$$x_{Ni0} = A_i e^{j\omega_i t} + cc \quad (i=1,2,3) \tag{9-10}$$

其中，cc 为等式右侧前半部分的共轭形式。

将式（9-10）代入式（9-9）可得

$$\begin{cases}
D_0^2 x_{N11} + \omega_1^2 x_{N11} = -2j\omega_1 A_1' e^{j\omega_1 t} - c_{N1}' j\omega_1 A_1 e^{j\omega_1 t} + B_1 A_1 \bar{k}_I [e^{j(\omega_1+\omega_e)t} + e^{j(\omega_1-\omega_e)t}] + \\
\qquad B_2 A_2 \bar{k}_I [e^{j(\omega_2+\omega_e)t} + e^{j(\omega_2-\omega_e)t}] + B_3 A_3 \bar{k}_I [e^{i(\omega_3+\omega_e)t} + e^{i(\omega_3-\omega_e)t}] + \\
\qquad A_{N1,1} \Delta T_I' e^{j\omega_I t}/R_I + A_{N3,1} \Delta T_o' e^{j\omega_o t}/R_o + cc \\
D_0^2 x_{N21} + \omega_2^2 x_{N21} = -2j\omega_2 A_2' e^{j\omega_2 t} - c_{N2}' j\omega_2 A_2 e^{j\omega_2 t} + C_1 A_1 \bar{k}_I [e^{j(\omega_1+\omega_e)t} + e^{j(\omega_1-\omega_e)t}] + \\
\qquad C_2 A_2 \bar{k}_I [e^{j(\omega_2+\omega_e)t} + e^{j(\omega_2-\omega_e)t}] + C_3 A_3 \bar{k}_I [e^{j(\omega_3+\omega_e)t} + e^{j(\omega_3-\omega_e)t}] + \\
\qquad A_{N1,2} \Delta T_I' e^{j\omega_I t}/R_I + A_{N3,2} \Delta T_o' e^{j\omega_o t}/R_o + cc \\
D_0^2 x_{N31} + \omega_3^2 x_{N31} = -2j\omega_3 A_3' e^{j\omega_3 t} - c_{N3}' j\omega_3 A_3 e^{j\omega_3 t} + A_{N1,3} \Delta T_I' e^{j\omega_I t}/R_I + \\
\qquad A_{N3,3} \Delta T_o e^{j\omega_o t}/R_o + cc
\end{cases} \tag{9-11}$$

考虑当内转子上的转矩波动频率接近派生系统内转子扭转振动模态固有频率时传动系统发生的主共振，引进谐调参数 σ

$$\omega_I = \omega_1 + \varepsilon\sigma \tag{9-12}$$

将式（9-12）代入式（9-11）并消去久期项可得

$$\begin{cases}
-2j\omega_1 \dot{A}_1 - c_{N1}' j\omega_1 A_1 - A_{N1,1} \Delta T_I' e^{j\sigma T_1}/R_I = 0 \\
-2j\omega_2 \dot{A}_2 - c_{N2}' j\omega_2 A_2 = 0 \\
-2j\omega_3 \dot{A}_3 - c_{N3}' j\omega_3 A_3 = 0
\end{cases} \tag{9-13}$$

用常数变易法求解式（9-13）可得其解为

$$\begin{cases}
A_1 = C_1 e^{-c_{N1}' T_1/2} + jA_{N1,1} \Delta T_I' e^{j\sigma T_1}/[R_I \omega_1(c_{N1}' + j2\sigma)] + cc \\
A_2 = C_2 e^{-c_{N2}' T_1/2} \\
A_3 = C_3 e^{-c_{N3}' T_1/2}
\end{cases} \tag{9-14}$$

式中　C_i——由初始条件决定的振幅（$i=1$，2，3）。

利用复数与三角函数的关系，将式（9-14）中的第一式简化为

$$A_1 = C_1 e^{-c'_{N1}T_1/2} + \frac{A_{N1,1}\Delta T'_1 e^{j(\theta + \sigma T_1)}}{\omega_1 R_1 \sqrt{c'^2_{N1} + 4\sigma^2}} + cc \qquad (9-15)$$

其中，$\sin\theta = c'_{N1} / \sqrt{c'^2_{N1} + 4\sigma^2}$，$\cos\theta = 2\sigma / \sqrt{c'^2_{N1} + 4\sigma^2}$。

在式（9-14）中，$C_i e^{-c'_{Ni}T_1/2}$ 随时间的增加将逐渐趋近于零，则传动系统零次近似解析解的稳态部分为

$$\begin{cases} u_{N10} = \dfrac{2A_{N1,1}\Delta T'_1 \cos(\theta + \sigma T_1 + \omega_1 t)}{\omega_1 R_1 \sqrt{c'^2_{N1} + 4\sigma^2}} \\[4mm] u_{N20} = 0 \\[2mm] u_{N30} = 0 \end{cases} \qquad (9-16)$$

将式（9-14）及式（9-15）代入式（9-11）并求解可得，传动系统的一次近似解析解的稳态部分为

$$\begin{cases} u_{N11} = \dfrac{2B_1 A_1 \bar{k}_1 \cos(\omega_1 + \omega_e)t}{\omega_e(2\omega_1 + \omega_e)} + \dfrac{2B_1 A_1 \bar{k}_1 \cos(\omega_1 - \omega_e)t}{\omega_e(2\omega_1 - \omega_e)} + \dfrac{2A_{N3,1}\Delta T'_0 \cos\omega_0 t}{R_0(\omega_1^2 - \omega_0^2)} \\[4mm] u_{N21} = \dfrac{2B_1 A_1 \bar{k}_1 \cos(\omega_1 + \omega_e)t}{\omega_2^2 - (\omega_1 + \omega_e)^2} + \dfrac{2B_1 A_1 \bar{k}_1 \cos(\omega_1 - \omega_e)t}{\omega_2^2 - (\omega_1 - \omega_e)^2} + \dfrac{2A_{N1,2}\Delta T'_1 \cos\omega_1 t}{R_1(\omega_2^2 - \omega_1^2)} + \\[4mm] \quad \dfrac{2A_{N3,2}\Delta T'_0 \cos\omega_0 t}{R_0(\omega_2^2 - \omega_0^2)} \\[4mm] u_{N31} = \dfrac{2A_{N3,3}\Delta T'_0 \cos\omega_0 t}{R_0(\omega_3^2 - \omega_0^2)} + \dfrac{2A_{N1,3}\Delta T'_1 \cos\omega_1 t}{R_1(\omega_3^2 - \omega_1^2)} \end{cases}$$

$$\qquad (9-17)$$

将式（9-15）及式（9-12）代入式（9-17）并简化为

$$\begin{cases} u_{N11} = \dfrac{2A_{N3,1}\Delta T'_0\cos\omega_0 t}{R_0(\omega_1^2 - \omega_0^2)} + \dfrac{2B_1\bar{k}_I A_{N1,1}\Delta T'_1\cos[(\omega_I \pm \omega_e)t + \theta]}{\omega_e\omega_1 R_I(2\omega_1 \pm \omega_e)\sqrt{c'^2_{N1} + 4\sigma^2}} \\[4mm] u_{N21} = -\dfrac{2B_1\bar{k}_I A_{N1,1}\Delta T'\cos[(\omega_I \pm \omega_e)t + \theta]}{\omega_1 R_I[\omega_2^2 - (\omega_1 \pm \omega_e)^2]\sqrt{c'^2_{N1} + 4\sigma^2}} + \dfrac{2A_{N1,2}\Delta T'_1\cos\omega_I t}{R_I(\omega_2^2 - \omega_I^2)} + \\[4mm] \qquad \dfrac{2A_{N3,2}\Delta T'_0\cos\omega_0 t}{R_0(\omega_2^2 - \omega_0^2)} \\[4mm] u_{N31} = \dfrac{2A_{N3,3}\Delta T'_0\cos\omega_0 t}{R_0(\omega_3^2 - \omega_0^2)} + \dfrac{2A_{N1,3}\Delta T'_1\cos\omega_I t}{R_I(\omega_3^2 - \omega_I^2)} \end{cases} \tag{9-18}$$

则常坐标系下传动系统的强迫振动响应为

$$\boldsymbol{x} = \boldsymbol{A}_N(\boldsymbol{x}_{N0} + \varepsilon\boldsymbol{x}_{N1}) \tag{9-19}$$

按照上述方法同样可以求得内转子上转矩的波动频率接近外转子扭转振动模态固有频率，以及与外转子上转矩波动频率接近内、外转子扭转振动模态固有频率时传动系统的强迫振动响应。

9.3.2 内转子转矩激励频率为组合频率时传动系统组合共振近似解析解

同理，采用多尺度法对组合共振进行求解，为了使阻尼的影响与刚度增量的影响相均衡，从而使阻尼项与刚度增量项在同一摄动方程中，对于小而有限振幅的二阶近似解，其形式为

$$\begin{cases} u_{Ni} = u_{Ni0}(T_0, T_1) + \varepsilon u_{Ni1}(T_0, T_1) + \cdots \\[2mm] c_{Ni} = \varepsilon c'_{Ni} \end{cases} \tag{9-20}$$

其中，$i = 1, 2, 3$；$T_n = \varepsilon^n t$。

将式（9-20）及式（9-7）代入式（9-5），由方程两边小参数 ε 的同次幂相等可得以下微分方程组

零次幂

$$\begin{cases} D_0^2 u_{N10} + \omega_1^2 u_{N10} = A_{N1,1}\Delta T_{\rm I} e^{j\omega_{\rm I}t}/R_{\rm I} + A_{N3,1}\Delta T_0 e^{j\omega_0 t}/R_0 + cc \\ D_0^2 u_{N20} + \omega_2^2 u_{N20} = A_{N1,2}\Delta T_{\rm I} e^{j\omega_{\rm I}t}/R_{\rm I} + A_{N3,2}\Delta T_0 e^{j\omega_0 t}/R_0 + cc \quad (9\text{-}21) \\ D_0^2 u_{N30} + \omega_3^2 u_{N30} = A_{N1,3}\Delta T_{\rm I} e^{j\omega_{\rm I}t}/R_{\rm I} + A_{N3,3}\Delta T_0 e^{j\omega_0 t}/R_0 + cc \end{cases}$$

一次幂

$$\begin{cases} D_0^2 u_{N11} + \omega_1^2 u_{N11} = -2D_0 D_1 u_{N10} - c'_{N1} D_0 u_{N10} + (B_1 u_{N10} + \\ \qquad\qquad B_2 u_{N20} + B_3 u_{N30}) \bar{k}_1 e^{j\omega_e t} + cc \\ D_0^2 u_{N21} + \omega_2^2 u_{N21} = -2D_0 D_1 u_{N20} - c'_{N2} D_0 u_{N20} + (C_1 u_{N10} + \quad (9\text{-}22) \\ \qquad\qquad C_2 u_{N20} + C_3 u_{N30}) \bar{k}_1 e^{j\omega_e t} + cc \\ D_0^2 u_{N31} + \omega_3^2 u_{N31} = -2D_0 D_1 u_{N30} - c'_{N3} D_0 u_{N30} + cc \end{cases}$$

其中, D_0、D_1 分别表示位移参数对不同的时间变量 T_0、T_1 求偏导数:

$B_1 = -(A_{N1,1} - A_{N2,1})^2$, $B_2 = -(A_{N1,1} - A_{N2,1})(A_{N1,2} - A_{N2,2})$,

$B_3 = -(A_{N1,1} - A_{N2,1})(A_{N1,3} - A_{N2,3})$, $C_1 = -(A_{N1,2} - A_{N2,2})(A_{N1,1} - A_{N2,1})$,

$C_2 = -(A_{N1,2} - A_{N2,2})^2$, $C_3 = -(A_{N1,2} - A_{N2,2})(A_{N1,3} - A_{N2,3})$。

式 (9-21) 的解可表示为

$$u_{Ni0} = A_i e^{j\omega_i t} + E_i e^{j\omega_{\rm I}t} + F_i e^{j\omega_0 t} + cc \,, i = 1,2,3 \quad (9\text{-}23)$$

其中, $E_i = \dfrac{A_{N1,i}\Delta T_{\rm I}}{R_{\rm I}(\omega_i^2 - \omega_{\rm I}^2)}$, $F_i = \dfrac{A_{N3,i}\Delta T_0}{R_0(\omega_i^2 - \omega_0^2)}$。

将式 (9-23) 代入式 (9-22) 可得

$$
\begin{cases}
D_0^2 u_{\mathrm{N}11} + \omega_1^2 u_{\mathrm{N}11} = -2j\omega_1 \dot{A}_1 e^{j\omega_1 t} - c'_{\mathrm{N}1}(j\omega_1 A_1 e^{j\omega_1 t} + j\omega_{\mathrm{I}} E_1 e^{j\omega_{\mathrm{I}} t} + j\omega_0 F_1 e^{j\omega_0 t}) + \\
\qquad\qquad B_1 \bar{k}_{\mathrm{I}} [A_1 e^{j(\omega_1 \pm \omega_e)t} + E_1 e^{j(\omega_{\mathrm{I}} \pm \omega_e)t} + F_1 e^{j(\omega_0 \pm \omega_e)t}] + \\
\qquad\qquad B_2 \bar{k}_{\mathrm{I}} [A_2 e^{j(\omega_2 \pm \omega_e)t} + E_2 e^{j(\omega_{\mathrm{I}} \pm \omega_e)t} + F_2 e^{j(\omega_0 \pm \omega_e)t}] + \\
\qquad\qquad B_3 \bar{k}_{\mathrm{I}} [A_3 e^{j(\omega_3 \pm \omega_e)t} + E_3 e^{j(\omega_{\mathrm{I}} \pm \omega_e)t} + F_3 e^{j(\omega_0 \pm \omega_e)t}] + cc \\[6pt]
D_0^2 u_{\mathrm{N}21} + \omega_2^2 u_{\mathrm{N}21} = -2j\omega_2 \dot{A}_2 e^{j\omega_2 t} - c'_{\mathrm{N}2}(j\omega_2 A_2 e^{j\omega_2 t} + j\omega_{\mathrm{I}} E_2 e^{j\omega_{\mathrm{I}} t} + j\omega_0 F_2 e^{j\omega_0 t}) + \\
\qquad\qquad C_1 \bar{k}_{\mathrm{I}} [A_1 e^{j(\omega_1 \pm \omega_e)t} + E_1 e^{j(\omega_{\mathrm{I}} \pm \omega_e)t} + F_1 e^{j(\omega_0 \pm \omega_e)t})] + \\
\qquad\qquad C_2 \bar{k}_{\mathrm{I}} [A_2 e^{j(\omega_2 \pm \omega_e)t} + E_2 e^{j(\omega_{\mathrm{I}} \pm \omega_e)t} + F_2 e^{j(\omega_0 \pm \omega_e)t}] + \\
\qquad\qquad C_3 \bar{k}_{\mathrm{I}} [A_3 e^{j(\omega_3 \pm \omega_e)t} + E_3 e^{j(\omega_{\mathrm{I}} \pm \omega_e)t} + F_3 e^{j(\omega_0 \pm \omega_e)t}] + cc \\[6pt]
D_0^2 u_{\mathrm{N}31} + \omega_3^2 u_{\mathrm{N}31} = -2j\omega_3 \dot{A}_3 e^{j\omega_3 t} - c'_{\mathrm{N}3}(j\omega_3 A_3 e^{j\omega_3 t} + j\omega_{\mathrm{I}} E_3 e^{j\omega_{\mathrm{I}} t} + j\omega_0 F_3 e^{j\omega_0 t}) + cc
\end{cases}
\tag{9-24}
$$

由式（9-24）可较为明显地看出，除内、外转子上的激励频率等于传动系统各阶固有频率即 $\omega_{\mathrm{I}} = \omega_i$ 或 $\omega_0 = \omega_i$（$i = 1, 2, 3$）时，传动系统会产生主共振外，当 $\omega_{\mathrm{I}} = \omega_i \pm \omega_e$ 或 $\omega_0 = \omega_i \pm \omega_e$（$i = 1, 2$）时，也会产生组合共振。考虑了时变耦合刚度后，传动系统强迫振动方程增加了刚度变化项，使传动系统方程的求解过程变得复杂。

当内转子上的转矩波动频率接近派生系统内转子扭转振动模态固有频率与耦合频率之和时，引入谐调参数 σ，即

$$
\omega_{\mathrm{I}} = \omega_1 + \omega_e + \varepsilon\sigma
\tag{9-25}
$$

将式（9-25）代入式（9-24）并消去久期项可得

$$
\begin{cases}
-2j\omega_1 \dfrac{\mathrm{d}A_1}{\mathrm{d}T_1} - c'_{\mathrm{N}1} j\omega_1 A_1 + \bar{k}_{\mathrm{I}}(B_1 E_1 + B_2 E_2 + B_3 E_3) e^{j\sigma T_1} = 0 \\[10pt]
-2j\omega_2 \dfrac{\mathrm{d}A_2}{\mathrm{d}T_1} - c'_{\mathrm{N}2} j\omega_2 A_2 = 0 \\[10pt]
-2j\omega_3 \dfrac{\mathrm{d}A_3}{\mathrm{d}T_1} - c'_{\mathrm{N}3} j\omega_3 A_3 = 0
\end{cases}
\tag{9-26}
$$

用常数变易法求解式（9-26）可得其解为

$$
\begin{cases}
A_1 = D_1 e^{-c'_{N1}T_1} + \dfrac{\bar{k}_{\mathrm{I}}(B_1 E_1 + B_2 E_2 + B_3 E_3)}{\omega_1 \sqrt{c'^{2}_{N1} + 4\sigma^2}} e^{j(\theta + \sigma T_1)} + cc \\[4mm]
A_2 = D_2 e^{-c'_{N2}T_1} \\[2mm]
A_3 = D_3 e^{-c'_{N3}T_1}
\end{cases}
\tag{9-27}
$$

其中，$\sin\theta_1 = \dfrac{c'_{N1}}{\sqrt{c'^{2}_{N1} + 4\sigma^2}}$，$\cos\theta_1 = \dfrac{2\sigma}{\sqrt{c'^{2}_{N1} + 4\sigma^2}}$。

在式（9-27）中，随时间增加，$D_i e^{-c'_{Ni}T_1}$ 部分将会逐渐趋向于零，传动系统的零次近似解析解可写为

$$
\begin{cases}
u_{N10} = \dfrac{\bar{k}_{\mathrm{I}}(B_1 E_1 + B_2 E_2 + B_3 E_3)}{\omega_1 \sqrt{c'^{2}_{N1} + 4\sigma^2}} e^{j(\omega_1 t + \theta_1 + \sigma T_1)} + E_1 e^{j\omega_1 t} + F_1 e^{j\omega_0 t} + cc \\[4mm]
\quad\;\; = P\cos(\omega_1 t + \theta_1 + \sigma T_1) + 2E_1\cos\omega_1 t + 2F_1\cos\omega_0 t \\[2mm]
u_{N20} = E_2 e^{j\omega_1 t} + F_2 e^{j\omega_0 t} + cc = 2E_2\cos\omega_1 t + 2F_2\cos\omega_0 t \\[2mm]
u_{N30} = E_3 e^{j\omega_1 t} + F_3 e^{j\omega_0 t} + cc = 2E_3\cos\omega_1 t + 2F_3\cos\omega_0 t
\end{cases}
\tag{9-28}
$$

其中，$P = \dfrac{2\bar{k}_{\mathrm{I}}(B_1 E_1 + B_2 E_2 + B_3 E_3)}{\omega_1 \sqrt{c'^{2}_{N1} + 4\sigma^2}}$。

忽略随时间衰减的瞬态部分，由式（9-27）可知，传动系统的一次近似解析解中的 A_1 与时间 T_0 即时间 t 无关，由式（9-24）求解可得，传动系统的一次近似解析解的稳态部分为

$$
\begin{cases}
u_{N11} = \dfrac{c'_{N1}\omega_1 E_1}{\omega_1^2 - \omega_I^2}\sin\omega_1 t + \dfrac{c'_{N1}\omega_0 F_1}{\omega_1^2 - \omega_0^2}\sin\omega_0 t - \dfrac{B_1 \bar{k}_I A_1}{\omega_e(2\omega_1 \pm \omega_e)}\cos(\omega_1 \pm \omega_e)t + \\[4mm]
\qquad \dfrac{(B_1 F_1 + B_2 F_2 + B_3 F_3)\,\bar{k}_I\cos(\omega_0 \pm \omega_e)t}{\omega_1^2 - (\omega_0 \pm \omega_e)^2} \\[4mm]
u_{N21} = \dfrac{c'_{N2}\omega_1 E_2}{\omega_2^2 - \omega_I^2}\sin\omega_1 t + \dfrac{c'_{N2}\omega_0 F_2}{\omega_2^2 - \omega_0^2}\sin\omega_0 t + \dfrac{B_1 \bar{k}_I A_1}{\omega_2^2 - (\omega_1 \pm \omega_e)^2}\cos(\omega_1 \pm \omega_e)t + \\[4mm]
\qquad \dfrac{(C_1 F_1 + C_2 F_2 + C_3 F_3)\,\bar{k}_I\cos(\omega_0 \pm \omega_e)t}{\omega_2^2 - (\omega_0 \pm \omega_e)^2} \\[4mm]
u_{N31} = \dfrac{c'_{N3}\omega_1 E_3}{\omega_3^2 - \omega_I^2}\sin\omega_1 t + \dfrac{c'_{N3}\omega_0 F_3}{\omega_3^2 - \omega_0^2}\sin\omega_0 t
\end{cases}
\tag{9-29}
$$

将式（9-27）代入式（9-29），再将式（9-28）和式（9-29）代入式（9-20）可得，磁齿轮传动系统正则坐标系下的强迫响应为

$$
\begin{cases}
u_{N1} = \dfrac{\bar{k}_I(B_1 E_1 + B_2 E_2 + B_3 E_3)}{\omega_1\sqrt{c'^2_{N1} + 4\sigma^2}}\cos(\omega_1 t + \theta_1 + \sigma T_1) + 2E_1\cos\omega_1 t + \\[4mm]
\qquad 2F_1\cos\omega_0 t + \varepsilon\Bigg[\dfrac{c'_{N1}\omega_1 E_1}{\omega_1^2 - \omega_I^2}\sin\omega_1 t + \dfrac{c'_{N1}\omega_0 F_1}{\omega_1^2 - \omega_0^2}\sin\omega_0 t - \dfrac{B_1 \bar{k}_I A_1}{\omega_e(2\omega_1 \pm \omega_e)} \cdot \\[4mm]
\qquad \cos(\omega_1 \pm \omega_e)t + \dfrac{(B_1 F_1 + B_2 F_2 + B_3 F_3)\,\bar{k}_I\cos(\omega_0 \pm \omega_e)t}{\omega_1^2 - (\omega_0 \pm \omega_e)^2}\Bigg] + \cdots \\[4mm]
u_{N2} = 2E_2\cos\omega_1 t + 2F_2\cos\omega_0 t + \varepsilon\Bigg[\dfrac{c'_{N2}\omega_1 E_2}{\omega_2^2 - \omega_I^2}\sin\omega_1 t + \dfrac{c'_{N2}\omega_0 F_2}{\omega_2^2 - \omega_0^2}\sin\omega_0 t + \\[4mm]
\qquad \dfrac{(C_1 F_1 + C_2 F_2 + C_3 F_3)\,\bar{k}_I\cos(\omega_0 \pm \omega_e)t}{\omega_2^2 - (\omega_0 \pm \omega_e)^2} + \\[4mm]
\qquad \dfrac{B_1 \bar{k}_I A_1}{\omega_2^2 - (\omega_1 \pm \omega_e)^2}\cos(\omega_1 \pm \omega_e)t\Bigg] + \cdots \\[4mm]
u_{N3} = 2E_3\cos\omega_1 t + 2F_3\cos\omega_0 t + \varepsilon\Bigg(\dfrac{c'_{N3}\omega_1 E_3}{\omega_3^2 - \omega_I^2}\sin\omega_1 t + \dfrac{c'_{N3}\omega_0 F_3}{\omega_3^2 - \omega_0^2}\sin\omega_0 t\Bigg) + \cdots
\end{cases}
\tag{9-30}
$$

利用公式 $x = A_N x_N$ 可得磁齿轮传动系统在常坐标系下的强迫振动响应。

按照上述方法，同样可以求得当内转子上转矩的波动频率接近外转子扭转振动模态固有频率和耦合刚度波动频率的组合频率，以及外转子上转矩波动频率接近内、外转子扭转振动模态固有频率与耦合刚度波动频率的组合频率时传动系统的强迫振动响应。

9.4 磁场调制型磁齿轮传动系统参数振动响应分析

磁齿轮机构的初始设计参数见表 9-1，将表 2-2、表 7-1、表 9-1 中的参数以及内、外转子最大转矩位置对应的磁耦合刚度代入式（9-2），可以得到磁场调制型磁齿轮的参数振动方程。

表 9-1　磁齿轮机构的初始设计参数

参数名称	数值
内转子与调磁环间磁耦合刚度波动幅值/（kN/m）	5.0
内转子角频率/（rad/s）	210.0
外转子角频率/（rad/s）	892.5

9.4.1　内转子转矩激励频率为固有频率时传动系统主共振响应分析

基于前述磁场调制型磁齿轮主共振响应的求解方法，当内转子激励频率接近派生系统内、外转子和调磁环扭转振动模态固有频率时，磁齿轮传动系统主共振响应及其 FFT 曲线如图 9-2 所示。

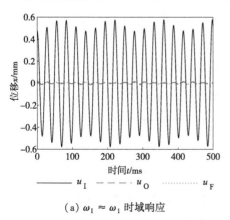

（a）$\omega_I \approx \omega_1$ 时域响应

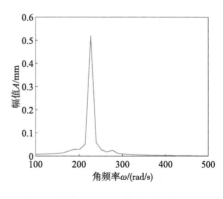

（b）$\omega_I \approx \omega_1$ 频域响应

图 9-2　$\omega_1 = \omega_I$ 时磁齿轮传动系统主共振响应及其 FFT 曲线

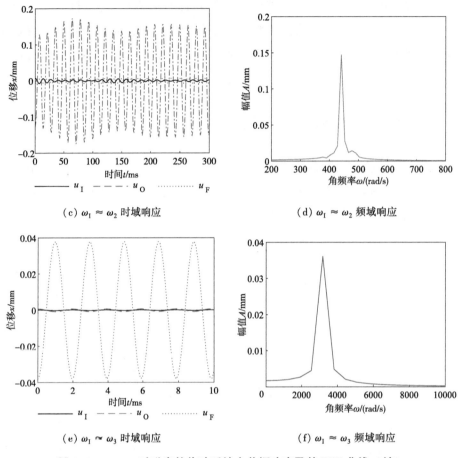

（c）$\omega_I \approx \omega_2$ 时域响应

（d）$\omega_I \approx \omega_2$ 频域响应

（e）$\omega_I \approx \omega_3$ 时域响应

（f）$\omega_I \approx \omega_3$ 频域响应

图 9-2　$\omega_1 = \omega_i$ 时磁齿轮传动系统主共振响应及其 FFT 曲线（续）

由图 9-2 可知，当内转子上的激励频率接近派生系统某一阶固有频率时，磁齿轮传动系统的主共振具有以下变化规律：

①传动系统参数振动主共振响应的主导频率为传动系统的激励频率，且当激励频率接近派生系统某一阶固有频率时，只有一个构件的扭转振动位移最大，而另外两个自由度的共振位移较小，这与机械齿轮发生共振时各构件均有较大的扭转振动情况不同。

②传动系统主共振响应中除主导的激励频率 ω_1 外，还包含外转子转矩激励频率 ω_0 以及内转子上转矩激励频率与内转子时变耦合刚度波动频率的组合频率 $\omega_1 \pm \omega_e$。其中，由于外转子上转矩的激励频率 ω_0 远离传动系统各阶固

有频率，外转子转矩波动对传动系统几乎没有影响；而由于时变磁耦合刚度的变化相对较小，组合频率 $\omega_1 \pm \omega_e$ 对传动系统主共振的影响较小，但对系统主共振起调节作用。

③由于磁齿轮传动系统的摩擦很小，当激励频率接近传动系统某一阶固有频率时，传动系统主共振的振幅都比较大，尤其是当激励频率接近内转子扭转振动模态固有频率时，这与磁齿轮机构的模态特性密切相关。

当调磁环的阻尼系数保持不变，内、外转子的阻尼系数发生变化时，内、外转子的振动幅频特性曲线如图 9-3 所示。

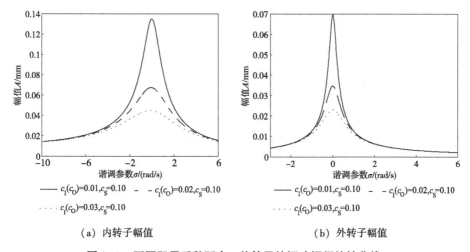

（a）内转子幅值　　　　　　　　　　（b）外转子幅值

图 9-3　不同阻尼系数下内、外转子的振动幅频特性曲线

由图 9-3 可知，当内、外转子与机座间的阻尼系数增大时，传动系统的主共振振幅迅速减小，即增大内、外转子与机座间的阻尼可有效减小其参数激励带来的较大共振。但增大摩擦将极大地降低机构的传动效率，因此，简单地靠增大摩擦来减小共振的方法并不可取，需要在二者之间找到一个平衡点。

由于磁齿轮间无接触，其他构件与机座间的摩擦较小，磁齿轮传动系统发生共振时振幅比较大，这是磁齿轮传动系统的一个很值得关注的问题。同时，磁耦合刚度比机械齿轮啮合刚度小得多，导致传动系统中内、外转子扭转振动模态的固有频率较机械齿轮低得多，使得传动系统在由于某种原因发生较大的振动后，瞬态位移衰减得很慢，对传动系统的动力学性能将产生不利的影响。美国学者针对这一问题，采用在内转子背铁中紧挨气隙的位置安放电磁线圈的方法来增大内转子与调磁环之间的电磁阻尼，从而使传动系统的瞬态响应迅速减弱，在某种程度上提高了传动系统的稳定性。

9.4.2　内转子转矩激励频率为组合频率时传动系统组合共振响应分析

基于前述磁场调制型磁齿轮传动系统参数共振响应的求解方法，当内转子上转矩波动频率接近传动系统内、外转子扭转振动模态固有频率与啮合刚度波动频率之和时，传动系统强迫响应及其 FFT 曲线如图 9-4 所示。

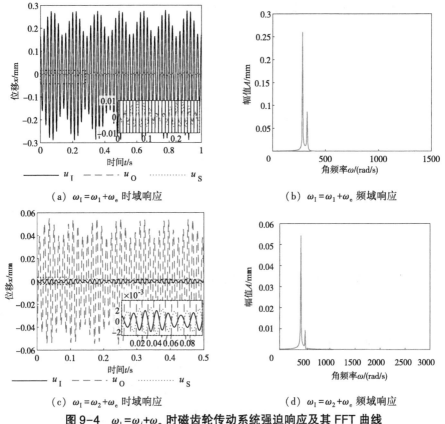

（a）$\omega_I = \omega_1 + \omega_e$ 时域响应　　　　（b）$\omega_I = \omega_1 + \omega_e$ 频域响应

（c）$\omega_I = \omega_2 + \omega_e$ 时域响应　　　　（d）$\omega_I = \omega_2 + \omega_e$ 频域响应

图 9-4　$\omega_I = \omega_i + \omega_e$ 时磁齿轮传动系统强迫响应及其 FFT 曲线

由图 9-4 可知，当内转子的激励频率接近传动系统固有频率与啮合刚度波动频率的组合频率时，会产生比较剧烈的共振，且强迫响应中的主导频率为传动系统的固有频率而非组合激励频率。当内转子上的转矩波动频率接近内、外转子扭转振动模态固有频率与耦合刚度波动频率的组合频率时，内、外转子的扭转振动位移分别达到最大值，而其他两个自由度的共振振幅很小。且激励频率接近内转子扭转振动模态固有频率与啮合频率的组合频率时比接近外转子扭转振动模态固有频率与啮合频率的组合频率时传动系统构件的共振振幅大得多，这是由于磁齿轮传动系统的磁耦合刚度远小于定子支承刚度。

由于磁齿轮传动系统中的磁耦合刚度远小于调磁环的扭转支承刚度，传动系统模态阵型中每一阶模态均只有一个自由度的相对位移很大，而其他两自由度的相对位移很小，因此正则振型矩阵具有如下的形式

$$\boldsymbol{A}_{\text{N}} = \begin{bmatrix} 1 & b_1 & c_1 \\ a_1 & b_2 & 1 \\ a_2 & 1 & c_2 \end{bmatrix} \tag{9-31}$$

其中，a_i、b_i、c_i（$i=1$，2）均为小于 0.1 的小参数。

当激励频率接近内、外转子扭转振动模态频率和啮合频率的组合频率时，正则载荷 $\Delta \boldsymbol{F}_{\text{N}}$ 可表示为

$$\Delta \boldsymbol{F}_{\text{N}} = \boldsymbol{A}_{\text{N}}^{\text{T}} \Delta \boldsymbol{F} = \begin{bmatrix} 1 & a_1 & a_2 \\ b_1 & b_2 & 1 \\ c_1 & 1 & c_2 \end{bmatrix} \begin{bmatrix} F_{\text{I}}(t) \\ 0 \\ F_{\text{O}}(t) \end{bmatrix} = \begin{bmatrix} F_{\text{I}}(t) + a_2 F_{\text{O}}(t) \\ b_1 F_{\text{I}}(t) + F_{\text{O}}(t) \\ c_1 F_{\text{I}}(t) + c_2 F_{\text{O}}(t) \end{bmatrix} \tag{9-32}$$

由 $\boldsymbol{F}_{\text{N}}$ 的表达式可知，各正则模态下内转子转矩波动引起的各模态中，载荷的大小由正则振型矩阵 $\boldsymbol{A}_{\text{N}}$ 的第一行决定；而外转子转矩波动引起的各模态中，载荷的大小由正则振型矩阵 $\boldsymbol{A}_{\text{N}}$ 的第三行决定。当激励频率接近内、外转子扭转振动模态频率和啮合频率的组合频率时，相应的正则载荷 F_{N1} 和 F_{N2} 较大，所以相应的正则位移 x_{N1} 和 x_{N2} 较大，其他阶的正则位移则小得多。因此，传动系统内转子转矩激励频率接近内转子扭转振动模态固有频率与啮合频率的组合频率时，比接近外转子扭转振动模态固有频率与啮合频率的组合频率时大得多。

假设内转子上转矩的激励频率接近内转子扭转振动模态频率与啮合频率的组合频率，而外转子上转矩的激励频率远离传动系统固有频率与啮合频率

的组合频率，则外转子激励频率引起的传动系统振动非共振，可忽略不计。即此时只有正则位移 x_{N1} 比较大，正则位移矩阵可表示为

$$\boldsymbol{x}_N = \begin{bmatrix} u_{N1} & \varepsilon_1 u_{N1} & \varepsilon_2 u_{N1} \end{bmatrix}^T \tag{9-33}$$

则常坐标系下磁齿轮传动系统的强迫响应为

$$\boldsymbol{x} = \boldsymbol{A}_N \boldsymbol{x}_N = \begin{bmatrix} 1 & b_1 & c_1 \\ a_1 & b_2 & 1 \\ a_2 & 1 & c_2 \end{bmatrix} \begin{bmatrix} u_{N1} \\ \varepsilon_1 u_{N1} \\ \varepsilon_2 u_{N1} \end{bmatrix} = \begin{bmatrix} u_{N1} + b_1 \varepsilon_1 u_{N1} + c_1 \varepsilon_2 u_{N1} \\ a_1 u_{N1} + b_2 \varepsilon_1 u_{N1} + \varepsilon_2 u_{N1} \\ a_2 u_{N1} + \varepsilon_1 u_{N1} + c_2 \varepsilon_2 u_{N1} \end{bmatrix} \tag{9-34}$$

由式（9-34）可知，当内转子上转矩的激励频率接近内转子扭转振动模态固有频率与啮合频率的组合频率时，内转子扭转振动模态的能量被激起，使得内转子扭转振动的振幅比其他两构件的扭转振动位移大得多。同理，当激励频率接近外转子扭转振动模态固有频率与啮合频率的组合频率时，外转子扭转振动的振幅比内转子及调磁环的扭转振动位移大得多。

磁齿轮传动系统参数振动的主共振会严重恶化其动力学行为，进行结构设计时，必须根据其使用工况来优化参数。同时，该传动系统参数振动的稳定性问题以及由内、外转子上的转矩波动等引起的更为复杂的组合共振问题，也是需要研究的重要内容。

9.5 本章小结

构件偏心引起磁场调制型磁齿轮传动系统构件间磁耦合刚度呈周期性变化，其动力学问题属于典型的参数振动问题。本章对该传动系统的主共振和组合共振响应进行了计算和分析，当内、外转子上转矩波动的激励频率接近传动系统内、外转子扭转振动模态固有频率与啮合频率的组合频率时，传动系统将会发生较大的组合共振，且由于传动系统磁耦合刚度比定子扭转支承刚度小得多，组合共振中均只有一个构件的扭转振动位移较大，而其他构件的振动位移较小。另外，本章还讨论了阻尼系数对传动系统主共振振幅的影响规律。

第 *10* 章 磁齿轮非线性系统的强迫振动分析

考虑到磁场调制型磁齿轮传动系统各构件之间磁耦合力的非线性，本章建立了该非线性系统的动力学模型和微分方程。运用多尺度法推导了输入转子转矩波动频率接近传动系统固有频率和固有频率一半时的主共振与超谐共振的响应表达式，并分析了磁齿轮非线性系统的响应规律。

10.1 磁齿轮非线性系统动力学模型及方程

磁齿轮非线性系统各构件之间的磁耦合力矩表示如下

$$\begin{cases} T_1 = T_{c1}\sin(p_1\theta_{12} + \theta_0) \\ T_3 = T_{c3}\sin(p_2\theta_{23} + \theta_0) \end{cases} \tag{10-1}$$

式中　T_1——输入转子上的转矩（N·m）；

　　　T_3——输出转子上的转矩（N·m）；

　　　T_{c1}——输入转子上的最大转矩（N·m）；

　　　T_{c3}——输出转子上的最大转矩（N·m）；

　　　θ_0——输入转子和输出转子之间的相对旋转角（°）；

　　　θ_{12}——输入转子和调磁环之间的相对扭转角位移（°）；

　　　θ_{23}——输出转子和调磁环之间的相对扭转角位移（°）。

磁齿轮非线性系统各构件间的磁耦合合力表示如下

$$\begin{cases} F_{IS} = \dfrac{T_1}{R_1} = \dfrac{T_{c1}\sin[p_1(\theta_1 - \theta_2) + \theta_0]}{R_1} \\ F_{OS} = \dfrac{T_3}{R_3} = \dfrac{T_{c3}\sin[p_2(\theta_2 - \theta_3) + \theta_0]}{R_3} \end{cases} \tag{10-2}$$

式中　F_{IS} ——输入转子与调磁环之间的磁耦合力（N）；

　　　F_{OS} ——输出转子与调磁环之间的磁耦合力（N）；

　　　R_1 ——输入转子的等效回转半径（m）；

　　　R_3 ——输出转子的等效回转半径（m）；

　　　θ_1 ——输入转子的扭转角位移（°）；

　　　θ_2 ——调磁环的扭转角位移（°）；

　　　θ_3 ——输出转子的扭转角位移（°）。

为了方便起见，将各构件的扭转角位移全部替换为相应的扭转线位移，即

$$\boldsymbol{x} = \begin{bmatrix} x_1 & x_2 & x_3 \end{bmatrix}^{\mathrm{T}} \tag{10-3}$$

式中　x_1 ——输入转子的扭转线位移（m），$x_1 = R_1\theta_1$；

　　　x_2 ——调磁环的扭转线位移（m），$x_2 = R_2\theta_2$；

　　　x_3 ——输出转子的扭转线位移（m），$x_3 = R_3\theta_3$；

　　　R_2 ——调磁环的等效回转半径（m）。

磁齿轮非线性系统各构件间的磁耦合力是扭转线位移的函数。为了简化问题，将磁耦合力表达式拆分后，在 $x_i = 0$，即 $t = 0$ 处用泰勒级数展开表示为

$$\begin{cases} F_{IS} = h_1 + a_1 x_1 + b_1 x_2 + c_1 x_1^2 + d_1 x_2^2 + e_1 x_1 x_2 \\ F_{OS} = h_2 + a_2 x_2 + b_2 x_3 + c_2 x_3^2 + d_2 x_2^2 + e_2 x_2 x_3 \end{cases} \tag{10-4}$$

其中，各系数可以表示为

$h_1 = T_{c1}\sin\theta_0/R_1$，$a_1 = T_{c1}p_1\cos\theta_0/R_1^3$，$b_1 = -T_{c1}p_1\cos^2\theta_0/R_1R_2^2$，

$c_1 = T_{c1}p_1^2\cos^2\theta_0/2R_1^5$，$d_1 = T_{c1}p_1^2\cos^2\theta_0/2R_1R_2^4$，$e_1 = -T_{c1}p_1^2\cos^2\theta_0/R_1^3R_2^2$，

$h_2 = T_{c3}\sin\theta_0/R_3$，$a_2 = T_{c3}p_2\cos\theta_0/R_3R_2^2$，$b_2 = -T_{c3}p_2\cos\theta_0/R_3^3$，

$c_2 = T_{c3}p_2^2\cos^2\theta_0/2R_3R_2^4$，$d_2 = T_{c3}p_2^2\cos^2\theta_0/2R_3^5$，$e_2 = -T_{c3}p_2^2\cos^2\theta_0/R_3^3R_2^2$。

磁场调制型磁齿轮传动系统各构件间的磁耦合力是相对扭转线位移的非线性函数。磁耦合力泰勒级数展开式中的常数项将导致相对静态变形而不是

动态振动，因此忽略式（10-4）中的 h_i，即忽略磁场调制过程中次要谐波引起的输入、输出转子转矩波动，假设输入转子上的转矩波动为单个余弦形式时，磁齿轮非线性系统的强迫振动微分方程组可以表示为

$$\begin{cases} M_1\ddot{x}_1 + c_1\dot{x}_1 + a_1x_1 + b_1x_2 + c_1x_1^2 + d_1x_2^2 + e_1x_1x_2 = \Delta T\cos\omega_e t/R_1 \\ M_2\ddot{x}_2 + c_S\dot{x}_2 - (a_1x_1 + b_1x_2 + c_1x_1^2 + d_1x_2^2 + e_1x_1x_2) + \\ \qquad (a_2x_2 + b_2x_3 + c_2x_3^2 + d_2x_2^2 + e_2x_2x_3) + k_Sx_2 = 0 \\ M_3\ddot{x}_3 + c_0\dot{x}_3 - (a_2x_2 + b_2x_3 + c_2x_3^2 + d_2x_2^2 + e_2x_2x_3) = 0 \end{cases}$$

$$(10-5)$$

式中　M_1——输入转子沿扭转振动方向的等效质量（kg），$M_1 = J_1/R_1^2$；

M_2——调磁环沿扭转振动方向的等效质量（kg），$M_2 = J_2/R_2^2$；

M_3——输出转子沿扭转振动方向的等效质量（kg），$M_3 = J_3/R_3^2$；

J_1——输入转子沿扭转振动方向的转动惯量（kg·m^2）；

J_2——调磁环沿扭转振动方向的转动惯量（kg·m^2）；

J_3——输出转子沿扭转振动方向的转动惯量（kg·m^2）；

m_1——输入转子的质量（kg）；

m_2——调磁体的质量（kg）；

m_3——输出转子的质量（kg）；

c_I——输入转子的阻尼系数（N·s/m）；

c_S——调磁环的阻尼系数（N·s/m）；

c_0——输出转子的阻尼系数（N·s/m）；

k_S——调磁环的扭转支承刚度（N/m）；

ΔT——输入转子转矩波动的振幅（N·m）；

ω_e——输入转子转矩波动的激励频率（rad/s）。

磁齿轮传动系统的非线性动力学微分方程的矩阵形式为

$$\boldsymbol{M}\ddot{x} + \boldsymbol{c}\dot{x} + \boldsymbol{k}x = \boldsymbol{F} + \Delta\boldsymbol{F} \qquad (10-6)$$

式中　$\boldsymbol{M}$——系统的质量矩阵，$\boldsymbol{M} = \text{diag}\,[(M_1 \quad M_2 \quad M_3)]$；

x——系统的位移矢量, $x = \begin{bmatrix} x_1 & x_2 & x_3 \end{bmatrix}^{\mathrm{T}}$;

c——系统的阻尼矩阵, $c = \mathrm{diag}\left[\begin{pmatrix} c_{\mathrm{I}} & c_{\mathrm{S}} & c_{\mathrm{O}} \end{pmatrix}\right]$;

k——系统的刚度矩阵, $k = \begin{bmatrix} a_1 & b_1 & 0 \\ -a_1 & a_2 - b_1 + k_{\mathrm{S}} & b_2 \\ 0 & -a_2 & -b_2 \end{bmatrix}$;

F——系统的等效载荷矢量, $F = \begin{bmatrix} F_1 & F_2 & F_3 \end{bmatrix}^{\mathrm{T}}$;

ΔF——系统的时变载荷矢量, $\Delta F = \begin{bmatrix} \Delta T \cos\omega_e t / R_1 & 0 & 0 \end{bmatrix}^{\mathrm{T}}$ 。

式（10-6）中等效载荷矢量的各元素可以表示为

$$F_1 = -c_1 x_1^2 - d_1 x_2^2 - e_1 x_1 x_2$$

$$F_2 = c_1 x_1^2 + d_1 x_2^2 + e_1 x_1 x_2 - (c_2 x_3^2 + d_2 x_2^2 + e_2 x_2 x_3)$$

$$F_3 = c_2 x_3^2 + d_2 x_2^2 + e_2 x_2 x_3$$

将微分方程组（10-6）正则化可得

$$\ddot{x}_{\mathrm{N}} + c_{\mathrm{N}}\dot{x}_{\mathrm{N}} + k_{\mathrm{N}} x_{\mathrm{N}} = F_{\mathrm{N}} \tag{10-7}$$

式中　x_{N}——系统的正则位移矢量, $x_{\mathrm{N0}} = \begin{bmatrix} x_{\mathrm{N10}} & x_{\mathrm{N20}} & x_{\mathrm{N30}} \end{bmatrix}^{\mathrm{T}}$;

k_{N}——系统的正则刚度矩阵, $k_{\mathrm{N}} = \mathrm{diag}\left[\begin{pmatrix} k_{\mathrm{N1}} & k_{\mathrm{N2}} & k_{\mathrm{N3}} \end{pmatrix}\right] = \mathrm{diag}\left[\begin{pmatrix} \omega_1^2 & \omega_2^2 & \omega_3^2 \end{pmatrix}\right]$;

F_{N}——系统的正则等效载荷矢量, $F_{\mathrm{N}} = \begin{bmatrix} F_{\mathrm{N1}} & F_{\mathrm{N2}} & F_{\mathrm{N3}} \end{bmatrix}^{\mathrm{T}}$;

A_N——系统的正则振型矩阵, $A_{\mathrm{N}} = \begin{bmatrix} A_{\mathrm{N1,\,1}} & A_{\mathrm{N1,\,2}} & A_{\mathrm{N1,\,3}} \\ A_{\mathrm{N2,\,1}} & A_{\mathrm{N2,\,2}} & A_{\mathrm{N2,\,3}} \\ A_{\mathrm{N3,\,1}} & A_{\mathrm{N3,\,2}} & A_{\mathrm{N3,\,3}} \end{bmatrix}$ 。

其中, ω_i (i=1, 2, 3) 为磁齿轮传动系统的各阶固有频率; $A_{\mathrm{N}i,k}$ 为正则阵型矩阵第 i 行第 k 列的元素。式（10-7）中正则等效载荷矢量的各元素可以表示为

$$F_{\mathrm{N}i} = A_{\mathrm{N1},i}\Delta T \cos\omega_e t / R_1 + A_{\mathrm{N1},i}F_1 + A_{\mathrm{N2},i}F_2 + A_{\mathrm{N3},i}F_3$$

$$= \Delta F_i \cos\omega_e t + A_{\mathrm{N1},i}F_1 + A_{\mathrm{N2},i}F_2 + A_{\mathrm{N3},i}F_3$$

由于阻尼矩阵 c 是对角矩阵，式（10-7）中的正则阻尼矩阵 c_N 主对角线上的元素比其他元素大得多。因此，将式（10-7）中的正则阻尼矩阵 c_N 简化为下列对角矩阵

$$c_N = \text{diag}\left[\left(c_{N1} \quad c_{N2} \quad c_{N3}\right)\right]$$

10.2　磁齿轮非线性系统强迫振动公式推导

10.2.1　$\omega_e \approx \omega_i$ 时非线性系统主共振近似解析解

采用多尺度法求解式（10-7），为使阻尼的影响和非线性因素的影响相均衡，并在相同的摄动方程中表示它们，作出以下假设

$$\begin{cases} x_{Ni} = x_{Ni0}(T_0, T_1) + \varepsilon x_{Ni1}(T_0, T_1) + \cdots \\ \Delta T = \varepsilon \Delta T' \\ c_{Ni} = \varepsilon c_{Ni}' \end{cases} \tag{10-8}$$

其中，$i = 1, 2, 3$；$T_n = \varepsilon^n t$。

当输入转子转矩波动的频率 $\omega_e \approx \omega_i$ 时，考虑传动系统发生主共振，引入谐调参数 σ_1，作出以下假设

$$\omega_e = \omega_1 + \varepsilon \sigma_1 \tag{10-9}$$

将式（10-8）代入微分方程组（10-7）中，由方程两边小参数 ε 的次幂设为相等，可以得到以下微分方程：

当 ε 的次幂为 0 时

$$D_0^2 x_{Ni0} + \omega_i^2 x_{Ni0} = 0 \tag{10-10}$$

当 ε 的次幂为 1 时

$$D_0^2 x_{Ni1} + \omega_i^2 x_{Ni1} = -2D_0 D_1 x_{Ni0} - c_{Ni}' D_0 x_{Ni0} + F_{Ni0} \tag{10-11}$$

其中，$F_{Ni0} = A_{N1,i} \Delta T' \cos \omega_e t / R_1 + A_{N1,i} F_{10} + A_{N2,i} F_{20} + A_{N3,i} F_{30}$；

$F_{10} = -c_1 x_{10}^2 - d_1 x_{20}^2 - e_1 x_{10} x_{20}$；

$$F_{20} = c_1 x_{10}^2 + d_1 x_{20}^2 + e_1 x_{10} x_{20} - (c_2 x_{30}^2 + d_2 x_{20}^2 + e_2 x_{20} x_{30}) \ ;$$

$$F_{30} = c_2 x_{30}^2 + d_2 x_{20}^2 + e_2 x_{20} x_{30} \circ$$

在正则坐标系下，式（10-10）的通解可表示为

$$x_{Ni0} = A_i(T_1) \, e^{j\omega_i T_0} + cc \tag{10-12}$$

在常坐标系下，式（10-10）的解为

$$\begin{cases} x_{10} = \alpha_1 A_1(T_1) \, e^{j\omega_1 T_0} + \alpha_2 A_2(T_1) \, e^{j\omega_2 T_0} + \alpha_3 A_3(T_1) \, e^{j\omega_3 T_0} + cc \\ x_{20} = \beta_1 A_1(T_1) \, e^{j\omega_1 T_0} + \beta_2 A_2(T_1) \, e^{j\omega_2 T_0} + \beta_3 A_3(T_1) \, e^{j\omega_3 T_0} + cc \\ x_{30} = \gamma_1 A_1(T_1) \, e^{j\omega_1 T_0} + \gamma_2 A_2(T_1) \, e^{j\omega_2 T_0} + \gamma_3 A_3(T_1) \, e^{j\omega_3 T_0} + cc \end{cases} \tag{10-13}$$

其中，$\alpha_1 = A_{N1,1}$，$\alpha_2 = A_{N1,2}$，$\alpha_3 = A_{N1,3}$；$\beta_1 = A_{N2,1}$，$\beta_2 = A_{N2,2}$，$\beta_3 = A_{N2,3}$；$\gamma_1 = A_{N3,1}$，$\gamma_2 = A_{N3,2}$，$\gamma_3 = A_{N3,3} \circ$

将式（10-12）和式（10-13）代入式（10-11），可以写为

$$D_0^2 x_{Ni1} + \omega_i^2 x_{Ni1} = - 2j\omega_i \dot{A}_i e^{j\omega_i T_0} - c'_{Ni} j\omega_i A_i e^{j\omega_i T_0} + A_{N1,i} \Delta T' \cos\omega_e t / R_1 +$$

$$\sum_{i=1}^{3} \sum_{m=1}^{3} G_{im} A_i [A_m e^{j(\omega_i + \omega_m) T_0} + \bar{A}_m e^{j(\omega_i - \omega_m) T_0}] + cc$$

$$\tag{10-14}$$

其中，cc 是式（10-14）右侧表达式的复共轭；G_{im} 是与 A_N、c_i、d_i 和 e_i 相关联的常数，表示如下

$$G_{im} = - A_{N1,i}(c_1 \alpha_i \alpha_m + d_1 \beta_i \beta_m + e_1 \alpha_i \beta_m) + A_{N3,i}(c_2 \gamma_i \gamma_m + d_2 \beta_i \beta_m + e_2 \beta_i \gamma_m) +$$
$$A_{N2,i} [(c_1 \alpha_i \alpha_m + d_1 \beta_i \beta_m + e_1 \alpha_i \beta_m) - (c_2 \gamma_i \gamma_m + d_2 \beta_i \beta_m + e_2 \beta_i \gamma_m)]$$

将式（10-12）和式（10-13）代入式（10-11）后，存在多个频率分量，如 $\pm\omega_e$，$\pm 2\omega_i$ 和 $\pm(\omega_i \pm \omega_m)$，其中 $i = 1, 2, 3$，且 $i \neq m$。当不存在内部共振时，将式（10-9）代入式（10-14）中消除久期项可得

$$\begin{cases} - 2j\omega_1 \dot{A}_1 - c'_{N1} j\omega_1 A_1 + A_{N1,1} \Delta T' e^{j\sigma_1 t} / R_1 = 0 \\ - 2j\omega_k \dot{A}_k - c'_{Nk} j\omega_k A_k = 0 \end{cases} \tag{10-15}$$

其中，$k = 2$，3。

式（10-15）的解可以表示为

$$
\begin{cases}
A_1(T_1) = E_1 e^{-c'_{N1}t/2} - \dfrac{A_{N1,1}\Delta T' e^{j(\varepsilon\sigma_1 t + \varphi_1)}}{\omega_1 R_1 \sqrt{c'^2_{N1} + 4\varepsilon^2\sigma_1^2}} \\[4mm]
A_k(T_1) = E_k e^{-c'_{Nk}t/2}
\end{cases}
\tag{10-16}
$$

其中，E_1 和 $E_k(k = 2，3)$ 是与输入转矩有关的常数；φ_1 是与 c'_{N1}、ε 和 σ_1 有关的常数，$\cos\varphi_1 = 2\varepsilon\sigma_1/\sqrt{c'^2_{N1} + 4\varepsilon^2\sigma_1^2}$，$\sin\varphi_1 = c'_{N1}/\sqrt{c'^2_{N1} + 4\varepsilon^2\sigma_1^2}$。

在正则坐标系下，磁齿轮非线性系统的零阶近似解析解表示为

$$
\begin{cases}
x_{N10} = E_1 e^{-c'_{N1}t/2} e^{j\omega_1 T_0} - \dfrac{A_{N1,1}\Delta T' e^{j(\omega_1 t + \varepsilon\sigma_1 t + \varphi_1)}}{\omega_1 R_1 \sqrt{c'^2_{N1} + 4\varepsilon^2\sigma_1^2}} + cc \\[4mm]
x_{Nk0} = E_k e^{-c'_{Nk}t/2} e^{j\omega_k T_0} + cc
\end{cases}
\tag{10-17}
$$

在消除久期项之后，将式（10-16）代入式（10-14）可以得到该系统的一阶近似解析解为

$$
\begin{cases}
\begin{aligned}
x_{N11} = {} & \sum_{k=2}^{3} G_{k1}E_k \left\{ \frac{E_1 e^{-(c'_{N1}+c'_{Nk})\,t/2} e^{j(\omega_k \pm \omega_1)\,t}}{\omega_k^2 - (\omega_k \pm \omega_1)^2} - \frac{J_1 E_k e^{-c'_{Nk}t/2} e^{j[(\omega_k+\omega_1)\,t \pm (\varepsilon\sigma_1 t + \varphi_1)]}}{\omega_k^2 - (\omega_k + \omega_1 + \varepsilon\sigma_1)^2} \right\} + \\[3mm]
& \sum_{m=2}^{3} G_{1m}E_m \left\{ \frac{E_1 e^{-(c'_{N1}+c'_{Nm})\,t/2} e^{j(\omega_1 \pm \omega_m)\,t}}{\omega_k^2 - (\omega_1 \pm \omega_m)^2} - \frac{J_1 e^{-c'_{Nm}t/2} e^{j[(\omega_1+\omega_m)\,t \pm (\varepsilon\sigma_1 t + \varphi_1)]}}{\omega_k^2 - (\omega_m + \omega_1 + \varepsilon\sigma_1)^2} \right\} + \\[3mm]
& \sum_{k=2}^{3}\sum_{m=2}^{3} \frac{G_{km}E_k E_m e^{-(c'_{Nk}+c'_{Nm})\,t/2} e^{j(\omega_k \pm \omega_m)\,t}}{\omega_k^2 - (\omega_k \pm \omega_m)^2} + \\[3mm]
& \left\{ \frac{E_1^2 e^{-c'_{N1}t} e^{2j\omega_1 t}}{\omega_1^2 - (2\omega_1)^2} + \frac{J_1 E_1 e^{-c'_{N1}t/2} e^{j[(\omega_k+\omega_1)\,t + \varepsilon\sigma_1 t + \varphi_1]}}{\omega_1^2 - (2\omega_1 + \varepsilon\sigma_1)^2} \right\} - \\[3mm]
& \left[\frac{J_1 E_1 e^{-c'_{N1}t/2} e^{j(2\omega_1 t + \varepsilon\sigma_1 t + \varphi_1)}}{\omega_1^2 - (2\omega_1 + \varepsilon\sigma_1)^2} - \frac{J_1^2 e^{j(2\omega_1 t + 2\varepsilon\sigma_1 t + 2\varphi_1)}}{\omega_1^2 - (2\omega_1 + 2\varepsilon\sigma_1)^2} \right] + cc
\end{aligned} \\[5mm]
x_{Nk1} = \dfrac{A_{N1,1}\Delta T' e^{j\omega_e t}}{R_1(\omega_k^2 - \omega_e^2)^2} + x_{N11}
\end{cases}
$$

$$\tag{10-18}$$

其中，各系数分别为

$$J_i = \frac{A_{N1,i}\Delta T'}{\omega_i R_1 \sqrt{c_{Ni}'^2 + 4\varepsilon^2 \sigma_1^2}}, \quad i = 1,2,3$$

$$G_{km} = (A_{N2,i} - A_{N1,i})(c_1\alpha_k\alpha_m + d_1\beta_k\beta_m + e_1\alpha_k\beta_m) +$$
$$(A_{N3,i} - A_{N2,i})(c_2\gamma_k\gamma_m + d_2\beta_k\beta_m + e_2\gamma_k\beta_m)$$

由于系统各构件之间阻尼的存在，使得初始位移 E_i 会逐渐减小并趋近于零。将式（10-17）和式（10-18）代入式（10-8）中，可以得到磁齿轮非线性系统的稳定响应为

$$\begin{cases} x_{N1} = -J_1 e^{j(\omega_1 t + \varepsilon\sigma_1 t + \varphi_1)} + \dfrac{\varepsilon J_1^2 e^{j(2\omega_1 t + 2\varepsilon\sigma_1 t + 2\varphi_1)}}{\omega_1^2 - (2\omega_1 + 2\varepsilon\sigma_1)^2} + cc \\[4mm] x_{Nk} = \dfrac{\varepsilon A_{N1,1}\Delta T' e^{j\omega_e t}}{R_1(\omega_k^2 - \omega_e^2)} + \dfrac{\varepsilon J_1^2 e^{j(2\omega_1 t + 2\varepsilon\sigma_1 t + 2\varphi_1)}}{\omega_1^2 - (2\omega_1 + 2\varepsilon\sigma_1)^2} + cc \end{cases} \quad (10\text{-}19)$$

则常坐标系下磁齿轮非线性系统的近似解析解为

$$\boldsymbol{x} = \boldsymbol{A}_N \boldsymbol{x}_N \quad (10\text{-}20)$$

当输入转子上转矩波动的频率接近磁齿轮派生系统扭转振动模态所对应的固有频率 ω_i 时，该系统在正则坐标下的近似解析解为

$$\begin{cases} x_{Ni} = -J_i e^{j(\omega_i t + \varepsilon\sigma_1 t + \varphi_1)} + \dfrac{\varepsilon J_i^2 e^{j(2\omega_i t + 2\varepsilon\sigma_1 t + 2\varphi_1)}}{\omega_i^2 - (2\omega_i + 2\varepsilon\sigma_1)^2} + cc \\[4mm] x_{Nm} = \dfrac{\varepsilon A_{N1,i}\Delta T' e^{j\omega_e t}}{R_1(\omega_m^2 - \omega_e^2)} + \dfrac{\varepsilon J_i^2 e^{j(2\omega_i t + 2\varepsilon\sigma_1 t + 2\varphi_1)}}{\omega_i^2 - (2\omega_i + 2\varepsilon\sigma_1)^2} + cc \end{cases} \quad (10\text{-}21)$$

按照上述推导过程中采用的方法，同样可以推导出磁齿轮非线性系统输入转子上转矩波动的频率与传动系统输出转子扭转方向上的固有频率相接近时的主共振响应表达式。

10.2.2　$2\omega_e \approx \omega_i$ 时非线性系统超谐共振近似解析解

当输入转子上转矩波动的频率远离系统各阶固有频率，但接近输入转子扭转振动模态固有频率的一半时，仍采用多尺度法求解式（10-7），并引入下面的解谐参数和假设，即

$$\begin{cases} x_{Ni} = x_{Ni0}(T_0, T_1) + \varepsilon x_{Ni1}(T_0, T_1) + \cdots \\ 2\omega_e = \omega_1 + \varepsilon\sigma_2 \\ c_{Ni} = \varepsilon c'_{Ni} \end{cases} \tag{10-22}$$

其中，$i = 1, 2, 3$；$T_n = \varepsilon^n t$。

将式（10-22）代入微分方程组（10-7）中，由方程两边小参数 ε 的次幂设为相等，可以得到以下微分方程：

当 ε 的次幂为 0 时

$$D_0^2 x_{Ni0} + \omega_i^2 x_{Ni0} = F'_{Ni0} \tag{10-23}$$

当 ε 的次幂为 1 时

$$D_0^2 x_{Ni1} + \omega_i^2 x_{Ni1} = -2D_0 D_1 x_{Ni0} - c'_{Ni} D_0 x_{Ni0} + F''_{Ni0} \tag{10-24}$$

其中，$F'_{Ni0} = A_{N1,i}\Delta T\cos\omega_e t / R_1$，$F''_{Ni0} = A_{N1,i}F_{10} + A_{N2,i}F_{20} + A_{N3,i}F_{30}$。

在正则坐标系下，式（10-23）的通解可表示为

$$x_{Ni0} = A_i(T_1) e^{j\omega_i T_0} + B_i e^{j\omega_e T_0} + cc \tag{10-25}$$

其中，$B_i = \dfrac{A_{N1,i}\Delta T}{R_1(\omega_i^2 - \omega_e^2)}$。

在常坐标系下，式（10-23）的解为

$$\begin{cases} x_{10} = \alpha_1 A_1(T_1)\, e^{j\omega_1 T_0} + \alpha_2 A_2(T_1)\, e^{j\omega_2 T_0} + \alpha_3 A_3(T_1)\, e^{j\omega_3 T_0} + \rho_1 e^{j\omega_e T_0} + cc \\ x_{20} = \beta_1 A_1(T_1)\, e^{j\omega_1 T_0} + \beta_2 A_2(T_1)\, e^{j\omega_2 T_0} + \beta_3 A_3(T_1)\, e^{j\omega_3 T_0} + \rho_2 e^{j\omega_e T_0} + cc \\ x_{30} = \gamma_1 A_1(T_1)\, e^{j\omega_1 T_0} + \gamma_2 A_2(T_1)\, e^{j\omega_2 T_0} + \gamma_3 A_3(T_1)\, e^{j\omega_3 T_0} + \rho_3 e^{j\omega_e T_0} + cc \end{cases}$$

$$(10\text{-}26)$$

其中，$\rho_1 = \alpha_1 B_1 + \alpha_2 B_2 + \alpha_3 B_3$；$\rho_2 = \beta_1 B_1 + \beta_2 B_2 + \beta_3 B_3$；$\rho_3 = \gamma_1 B_1 + \gamma_2 B_2 + \gamma_3 B_3$。

将式（10-25）和式（10-26）代入式（10-24），可以写为

$$D_0^2 x_{Ni1} + \omega_i^2 x_{Ni1} = -2(j\omega_i A_i e^{j\omega_i T_0} + \dot{A}_i e^{j\omega_i T_0}) - c'_{Ni} j\omega_i A_i e^{j\omega_i T_0} + X_i e^{2j\omega_e T_0} +$$

$$X_i \sum_{k=1}^{3} H_i [A_k e^{j(\omega_k + \omega_e)T_0} + \bar{A}_k e^{j(-\omega_k + \omega_e)T_0}] +$$

$$\sum_{i=1}^{3} \sum_{m=1}^{3} G_{im} A_i [A_m e^{j(\omega_i + \omega_m)T_0} + \bar{A}_m e^{j(\omega_i - \omega_m)T_0}] + cc$$

$$(10\text{-}27)$$

其中

$$X_i = -A_{N1,i} Q_1 - A_{N2,i}(Q_1 - Q_2) - A_{N3,i} Q_2$$
$$Q_1 = -(c_1 \rho_1^2 + d_1 \rho_2^2 + e_1 \rho_1 \rho_2)$$
$$Q_2 = -(c_2 \rho_3^2 + d_2 \rho_2^2 + e_2 \rho_2 \rho_3)$$
$$H_i = A_{N1,i} [c_1 \alpha_k \rho_1 + d_1 \beta_k \rho_2 + e_1(\beta_k \rho_1 + \alpha_k \rho_2)] +$$
$$\qquad A_{N3,i} [c_2 \gamma_k \rho_3 + d_2 \beta_k \rho_2 + e_2(\beta_k \rho_3 + \gamma_k \rho_2)] +$$
$$\qquad A_{N2,i} [c_1 \alpha_k \rho_1 + d_1 \beta_k \rho_2 + e_1(\beta_k \rho_1 + \alpha_k \rho_2) -$$
$$\qquad c_2 \gamma_k \rho_3 - d_2 \beta_k \rho_2 - e_2(\beta_k \rho_3 + \gamma_k \rho_2)]$$

将式（10-26）和式（10-25）代入式（10-24）后，存在多个频率分量，如 $2\omega_e$、$2\omega_m$、$\pm(\omega_m \pm \omega_e)$ 和 $\pm(\omega_m \pm \omega_i)$，其中 $i = 1,2,3$，且 $i \neq m$。当不存在内部共振时，将式（10-9）代入式（10-27）中消除久期项得

$$\begin{cases} -2j\omega_1 \dot{A}_1 e^{j\omega_1 T_0} - c'_{N1} j\omega_1 A_1 e^{j\omega_1 T_0} + X_1 e^{2j\omega_e T_0} = 0 \\ -2j\omega_k \dot{A}_k - c'_{Nk} j\omega_k A_k = 0 \end{cases}$$

$$(10\text{-}28)$$

式（10-28）的解可以表示为

$$
\begin{cases}
A_1(T_1) = E_1 e^{-c'_{N1}t/2} - \dfrac{X_1 e^{j(\varepsilon\sigma_2 t + \varphi_2)}}{\omega_1 \sqrt{c'^2_{N1} + 4\varepsilon^2\sigma_2^2}} \\[4mm]
A_k(T_1) = E_k e^{-c'_{Nk}t/2}
\end{cases}
\tag{10-29}
$$

其中，E_1 和 $E_k(k = 2，3)$ 是与输入转矩有关的常数；φ_2 是与 c'_{N1}、ε 和 σ_2 有关的常数，$\cos\varphi_2 = 2\varepsilon\sigma_2 / \sqrt{c'^2_{N1} + 4\varepsilon^2\sigma_2^2}$，$\sin\varphi_2 = c'_{N1} / \sqrt{c'^2_{N1} + 4\varepsilon^2\sigma_2^2}$。

同样地，由于系统各构件之间的阻尼会逐渐减小并趋近于零，因此磁齿轮非线性系统的零阶近似解析解的稳定响应为

$$
\begin{cases}
x_{N10} = B_1 e^{j\omega_e T_0} - \dfrac{X_1 e^{j(\omega_1 t + \varepsilon\sigma_2 t + \varphi_2)}}{\omega_1 \sqrt{c'^2_{N1} + 4\varepsilon^2\sigma_2^2}} + cc \\[4mm]
x_{Nk0} = B_k e^{j\omega_e T_0}
\end{cases}
\tag{10-30}
$$

在消除久期项之后，将式（10-30）代入式（10-24）可得该系统的一阶近似解析解为

$$
\begin{cases}
\begin{aligned}
x_{N11} ={}& \dfrac{T_1 X_1^2 e^{2j(\omega_1 t + \varepsilon\sigma_2 t + \varphi_2)}}{\omega_1^2 (c'^2_{N1} + 4\varepsilon^2\sigma_2^2)[\omega_1^2 - 4(\omega_1 + \varepsilon\sigma_2)^2]} + \dfrac{V_1 e^{2j\omega_e t}}{\omega_1^2 - 4\omega_e^2} - \\
& \dfrac{U_1 X_1}{\omega_1 \sqrt{c'^2_{N1} + 4\varepsilon^2\sigma_2^2}} \left[\dfrac{e^{j(\omega_1 t + \omega_e t + \varepsilon\sigma_2 t + \varphi_2)}}{\omega_1^2 - 4(\omega_1 + \omega_e + \varepsilon\sigma_2)^2} + \dfrac{e^{j(\omega_e t - \omega_1 t + \varepsilon\sigma_2 t + \varphi_2)}}{\omega_1^2 - 4(\omega_e - \omega_1 + \varepsilon\sigma_2)^2} \right]
\end{aligned} \\[8mm]
\begin{aligned}
x_{Nk1} ={}& \dfrac{T_k X_1^2 e^{2j(\omega_1 t + \varepsilon\sigma_2 t + \varphi_2)}}{\omega_1^2 (c'^2_{N1} + 4\varepsilon^2\sigma_2^2)[\omega_k^2 - 4(\omega_1 + \varepsilon\sigma_2)^2]} + \dfrac{V_1 e^{2j\omega_e t}}{\omega_k^2 - 4\omega_e^2} - \\
& \dfrac{U_k X_1}{\omega_1 \sqrt{c'^2_{N1} + 4\varepsilon^2\sigma_2^2}} \left[\dfrac{e^{j(\omega_1 t + \omega_e t + \varepsilon\sigma_2 t + \varphi_2)}}{\omega_k^2 - (\omega_1 + \omega_e + \varepsilon\sigma_2)^2} + \dfrac{e^{j(\omega_e t - \omega_1 t + \varepsilon\sigma_2 t + \varphi_2)}}{\omega_k^2 - (\omega_e - \omega_1 + \varepsilon\sigma_2)^2} \right]
\end{aligned}
\end{cases}
$$

$$\tag{10-31}$$

其中，$T_i = A_{N1,i}P_1 + A_{N2,i}(P_1 + P_2) + A_{N3,i}P_2$；

$$V_i = A_{N1,i}Q_1 + A_{N2,i}(Q_1 + Q_2) + A_{N3,i}Q_2;$$

$$U_i = A_{N1,i}S_1 + A_{N2,i}(S_1 + S_2) + A_{N3,i}S_2;$$

$$P_1 = -(c_1\alpha_1^2 + d_1\alpha_2^2 + e_1\alpha_1\alpha_2);$$

$$P_2 = -(c_2\alpha_3^2 + d_2\alpha_2^2 + e_2\alpha_2\alpha_3);$$

$$S_1 = -[2c_1\alpha_1\rho_1 + 2d_1\alpha_2\rho_2 + e_1(\alpha_1\rho_2 + \alpha_2\rho_1)];$$

$$S_2 = -[2c_2\alpha_3\rho_3 + 2d_2\alpha_2\rho_2 + e_2(\alpha_2\rho_3 + \alpha_3\rho_2)]。$$

将式（10-30）和式（10-31）代入式（10-27）中，可以得到磁齿轮非线性系统在正则坐标系下的一阶近似解析解为

$$
\begin{cases}
x_{N1} = B_1 e^{j\omega_e T_0} - \dfrac{X_1 e^{j(\omega_1 t + \varepsilon\sigma_2 t + \varphi_2)}}{\omega_1 \sqrt{c_{N1}'^2 + 4\varepsilon^2\sigma_2^2}} + \dfrac{\varepsilon V_1 e^{2j\omega_e t}}{\omega_1^2 - 4\omega_e^2} + \\[4mm]
\qquad \dfrac{\varepsilon T_1 X_1^2 e^{2j(\omega_1 t + \varepsilon\sigma_2 t + \varphi_2)}}{\omega_1^2 (c_{N1}'^2 + 4\varepsilon^2\sigma_2^2)[\omega_1^2 - 4(\omega_1 + \varepsilon\sigma_2)^2]} - \dfrac{\varepsilon U_1 X_1}{\omega_1 \sqrt{c_{N1}'^2 + 4\varepsilon^2\sigma_2^2}} \cdot \\[4mm]
\qquad \left[\dfrac{e^{j(\omega_1 t + \omega_e t + \varepsilon\sigma_2 t + \varphi_2)}}{\omega_1^2 - (\omega_1 + \omega_e + \varepsilon\sigma_2)^2} + \dfrac{e^{j(\omega_e t - \omega_1 t + \varepsilon\sigma_2 t + \varphi_2)}}{\omega_1^2 - (\omega_e - \omega_1 + \varepsilon\sigma_2)^2} \right] + cc \\[4mm]
x_{Nk} = B_k e^{j\omega_e T_0} + \dfrac{\varepsilon T_k X_1^2 e^{2j(\omega_1 t + \varepsilon\sigma_2 t + \varphi_2)}}{\omega_1^2 (c_{N1}'^2 + 4\varepsilon^2\sigma_2^2)[\omega_k^2 - 4(\omega_1 + \varepsilon\sigma_2)^2]} + \dfrac{\varepsilon V_k e^{2j\omega_e t}}{\omega_k^2 - 4\omega_e^2} - \\[4mm]
\qquad \dfrac{\varepsilon U_k X_1}{\omega_1 \sqrt{c_{N1}'^2 + 4\varepsilon^2\sigma_2^2}} \left[\dfrac{e^{j(\omega_1 t + \omega_e t + \varepsilon\sigma_2 t + \varphi_2)}}{\omega_k^2 - (\omega_1 + \omega_e + \varepsilon\sigma_2)^2} + \dfrac{e^{j(\omega_e t - \omega_1 t + \varepsilon\sigma_2 t + \varphi_2)}}{\omega_k^2 - (\omega_e - \omega_1 + \varepsilon\sigma_2)^2} \right] + cc
\end{cases}
$$

$$(10\text{-}32)$$

利用式（10-20）可以得到常坐标系下磁齿轮非线性系统超谐共振的近似解析解。

当转矩波动的频率接近磁齿轮派生系统扭转振动模态所对应的固有频率的一半，即 $2\omega_e = \omega_i + \varepsilon\sigma_2$ 时，该系统在正则坐标系下的近似解析解为

$$
\begin{cases}
x_{\mathrm{N}i} = B_i e^{j\omega_e T_0} - \dfrac{X_i e^{j(\omega_i t + \varepsilon\sigma_2 t + \varphi_2)}}{\omega_i \sqrt{c_{\mathrm{N}i}^{'2} + 4\varepsilon^2\sigma_2^2}} + \dfrac{\varepsilon V_i e^{2j\omega_e t}}{\omega_i^2 - 4\omega_e^2} + \\[4mm]
\qquad \dfrac{\varepsilon T_i X_i^2 e^{2j(\omega_i t + \varepsilon\sigma_2 t + \varphi_2)}}{\omega_i^2 (c_{\mathrm{N}i}^{'2} + 4\varepsilon^2\sigma_2^2)[\omega_i^2 - 4(\omega_i + \varepsilon\sigma_2)^2]} - \dfrac{\varepsilon U_i X_i}{\omega_i \sqrt{c_{\mathrm{N}i}^{'2} + 4\varepsilon^2\sigma_2^2}} \cdot \\[4mm]
\qquad \left[\dfrac{e^{j(\omega_i t + \omega_e t + \varepsilon\sigma_2 t + \varphi_2)}}{\omega_i^2 - (\omega_i + \omega_e + \varepsilon\sigma_2)^2} + \dfrac{e^{j(\omega_e t - \omega_i t + \varepsilon\sigma_2 t + \varphi_2)}}{\omega_i^2 - (\omega_e - \omega_i + \varepsilon\sigma_2)^2} \right] + cc \\[5mm]
x_{\mathrm{N}k} = B_k e^{j\omega_e T_0} + \dfrac{\varepsilon T_k X_i^2 e^{2j(\omega_i t + \varepsilon\sigma_2 t + \varphi_2)}}{\omega_i^2 (c_{\mathrm{N}i}^{'2} + 4\varepsilon^2\sigma_2^2)[\omega_k^2 - 4(\omega_i + \varepsilon\sigma_2)^2]} + \dfrac{\varepsilon V_k e^{2j\omega_e t}}{\omega_k^2 - 4\omega_e^2} - \\[4mm]
\qquad \dfrac{\varepsilon U_k X_i}{\omega_i \sqrt{c_{\mathrm{N}i}^{'2} + 4\varepsilon^2\sigma_2^2}} \left[\dfrac{e^{j(\omega_i t + \omega_e t + \varepsilon\sigma_2 t + \varphi_2)}}{\omega_k^2 - (\omega_i + \omega_e + \varepsilon\sigma_2)^2} + \dfrac{e^{j(\omega_e t - \omega_i t + \varepsilon\sigma_2 t + \varphi_2)}}{\omega_k^2 - (\omega_e - \omega_i + \varepsilon\sigma_2)^2} \right] + cc
\end{cases}
$$

$$(10\text{-}33)$$

10.3 磁齿轮非线性系统的传动性能分析

磁齿轮传动系统的设计参数见表 10-1。为了研究磁场调制型磁齿轮样机的传动性能,在有限元电磁仿真软件中建立了二维有限元模型,分析其静态转矩特性和动态转矩特性。模型中,输入、输出转子铁芯和调磁环导磁铁芯材料选用冷轧无取向硅钢片 B20AT1500;输入、输出转子永磁体材料采用烧结钕铁硼 N42SH,剩余磁化强度为 1.3T,矫顽力为 11.8kOe。该磁齿轮的二维有限元模型与网格模型如图 10-1 所示。

表 10-1 磁齿轮传动系统的设计参数

参数名称	数值	参数名称	数值
输入转子质量 m_1 /kg	2.5	输入转子质量 m_2 /kg	1.6
输入转子质量 m_3 /kg	3.5	输入转子磁极对数 p_1	4
输出转子磁极对数 p_2	17	调磁环极片数 N_s	21
输入转子铁芯内径 R_1 /mm	22	输入转子铁芯外径 R_2 /mm	32
输入转子磁铁厚度 T_1 /mm	9	内气隙厚度 H_1 /mm	.1

续表

参数名称	数值	参数名称	数值
调磁环内径 R_3 /mm	42	调磁环外径 R_4 /mm	50
外气隙厚度 H_2 /mm	1	输出转子磁铁厚度 T_2 /mm	7
输出转子铁芯内径 R_5 /mm	58	输出转子铁芯外径 R_6 /mm	68
轴向宽度 L /mm	70	调磁环扭转支承刚度 k_S /(N/m)	10^6
输入转子转矩波动大小 ΔT /(N·m)	1	输入转子阻尼系数 c_1 /(N·s/m)	0.05
调磁环阻尼系数 c_2 /(N·s/m)	0.1	输出转子阻尼系数 c_3 /(N·s/m)	0.05

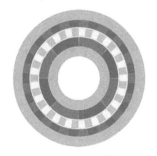 

（a）二维有限元模型　　　　　　　　（b）二维有限元网格模型

图 10-1　磁齿轮的仿真模型

将输出转子固定在某一位置不动，同时以 2°的间隔沿顺时针方向旋转输入转子，以输入转子上的一对磁极为一个周期，即以 90°为一个周期。通过有限元计算可以得到该磁齿轮的静态转矩与角度的关系曲线，如图 10-2 所示，输出、输入转子上的最大静态转矩分别为 101.70N·m 和 23.92 N·m，且二者之比符合理论传动比 4.25。

结合二维有限元模型，对磁齿轮传动系统动态特性进行负载仿真分析。在输入转子转速为 600r/min、输出转子负载为 101.70N·m 的情况下起动磁齿轮，分析传动系统由静止到稳定运行时的转矩响应曲线。磁齿轮输入、输出转子转矩在 200ms 内的动态响应过程，即满载启动过程中磁齿轮的转矩特性曲线如图 10-3 所示。

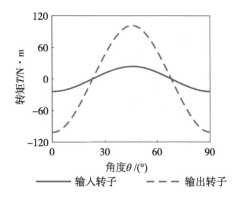

图 10-2　磁齿轮的静态转矩与角度的关系曲线

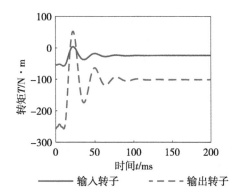

图 10-3　满载起动过程中磁齿轮的转矩特性曲线

10.4　磁齿轮非线性系统强迫振动响应分析

10.4.1　$\omega_e \approx \omega_i$ 时非线性系统主共振响应分析

基于第 10.2 节推导得出的磁齿轮非线性系统主共振的响应方程，将表 10-1 中的各参数代入式（10-21）中，在科学与工程计算软件中编写相关程序，得到磁齿轮传动系统在时域和频域上的振动响应曲线。当传动系统输入转子转矩波动的频率与输入转子、调磁环和输出转子扭转方向上的固有频率相接近时，磁齿轮非线性系统的主共振响应曲线和快速傅里叶变换曲线如图 10-4 所示。

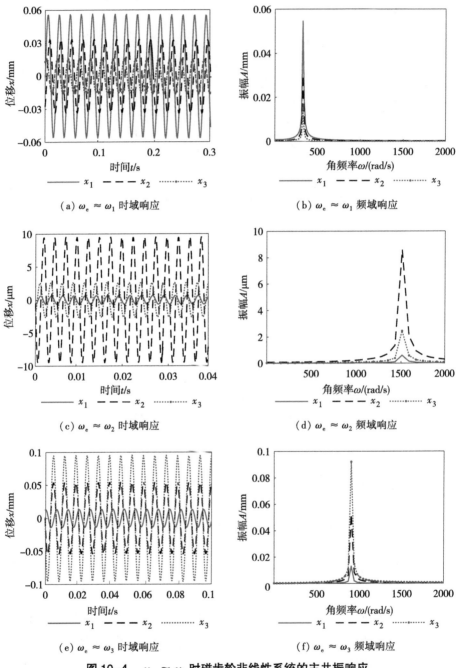

（a）$\omega_e \approx \omega_1$ 时域响应　　　　　　（b）$\omega_e \approx \omega_1$ 频域响应

（c）$\omega_e \approx \omega_2$ 时域响应　　　　　　（d）$\omega_e \approx \omega_2$ 频域响应

（e）$\omega_e \approx \omega_3$ 时域响应　　　　　　（f）$\omega_e \approx \omega_3$ 频域响应

图 10-4　$\omega_e \approx \omega_i$ 时磁齿轮非线性系统的主共振响应

由图 10-4 可知，当磁齿轮非线性系统的输入转子转矩波动的频率接近派生系统各个构件扭转方向上的固有频率时，磁齿轮非线性系统的主共振有如下变化规律：

①输入转子转矩波动的激励频率是磁齿轮非线性系统发生主共振时的主要激励频率，当外界激励频率与磁齿轮传动系统各构件在扭转方向上的固有频率接近时，输入转子、调磁环和输出转子的扭转位移都会发生改变，而且相应构件在扭转自由度方向上的振动位移最大，其余两个构件的振动位移较小。在机械齿轮传动系统中，当系统产生共振时，会出现各构件扭转位移均比较大的现象，这是磁齿轮传动与传统机械齿轮传动的不同之处。

②由于磁齿轮传动系统中的支承刚度高出磁耦合刚度 1~2 个数量级，调磁环的固有频率要比输入、输出转子的频率大得多，所以在系统发生主共振时，调磁环的振动位移最小，而其余两个构件的振动位移较大。这说明在磁齿轮传动系统中，共振现象主要发生在外界激励频率接近系统低阶固有频率的情况下。

③从磁齿轮非线性系统主共振响应的解析表达式中可以看出，除输入转子转矩波动的激励频率 ω_e 外，系统响应中存在多个频率分量，包括各阶固有频率的二倍频 $2\omega_i$、各阶固有频率的组合频率 $\omega_i \pm \omega_m (i \neq m)$ 和其他组合频率。由于这些频率远离传动系统各构件扭转振动模态的固有频率，因此对系统主共振的稳定响应几乎不产生影响。

10.4.2　$2\omega_e \approx \omega_i$ 时非线性系统超谐共振响应分析

基于第 10.3 节推导得出的磁齿轮非线性系统超谐共振的响应方程，将表 10-1 中的各参数代入式（10-33）中，编写程序，计算并输出当传动系统输入转子转矩波动的频率与输入转子、调磁环和输出转子扭转方向上固有频率的一半相接近时，磁齿轮非线性系统的超谐共振响应曲线和快速傅里叶变换曲线，如图 10-5 所示。

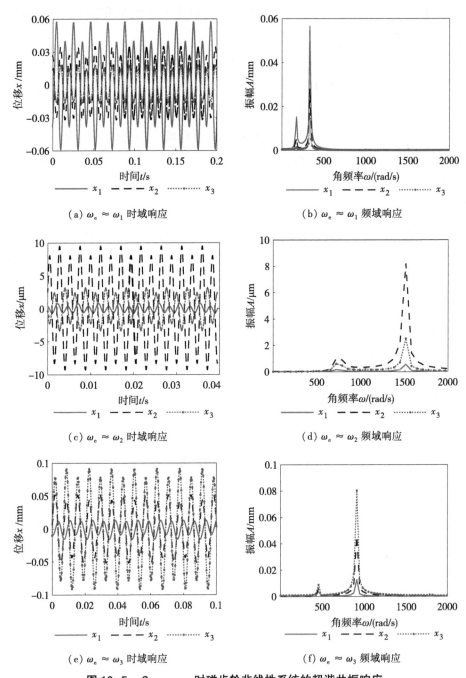

（a）$\omega_e \approx \omega_1$ 时域响应 　　　　（b）$\omega_e \approx \omega_1$ 频域响应

（c）$\omega_e \approx \omega_2$ 时域响应 　　　　（d）$\omega_e \approx \omega_2$ 频域响应

（e）$\omega_e \approx \omega_3$ 时域响应 　　　　（f）$\omega_e \approx \omega_3$ 频域响应

图 10-5　$2\omega_e \approx \omega_i$ 时磁齿轮非线性系统的超谐共振响应

　　由图 10-5 可知，当磁齿轮非线性系统的输入转子转矩波动的频率接近派生系统各构件扭转方向上的固有频率时，磁齿轮非线性系统的超谐共振有如下变化规律：

①当输入转子转矩波动的激励频率接近磁齿轮传动系统各构件扭转振动模态固有频率的一半时，系统会发生强迫振动，输入转子、调磁环和输出转子的扭转位移都会发生改变。磁齿轮非线性系统发生超谐共振的主导频率是系统各阶固有频率，而不是外界激励频率或系统各阶固有频率的一半。

②当外界激励频率接近输入转子和输出转子扭转振动模态的固有频率时，相应构件的共振振幅远大于当外界激励频率接近调磁环扭转振动模态的固有频率时调磁环的振动位移。由于输出转子上的输出转矩和等效载荷最大，因此当输入转子转矩波动的激励频率接近输出转子扭转振动模态的固有频率时，输出转子的共振振幅最大。

③由于在传动过程中，磁齿轮各构件之间没有直接接触，摩擦阻尼极小，因此系统强迫振动的位移衰减趋势较慢。当传动系统出现较大的振幅时，振动响应衰减趋势将更加缓慢，这是磁齿轮传动与传统机械齿轮传动的不同之处。

10.5　磁齿轮非线性系统含 1∶2 内共振时的自由振动

磁齿轮传动系统的派生系统各阶固有频率之间接近整数倍关系时会引起内共振现象。本节采用多尺度法得到了输入、输出转子旋转模态频率间满足1∶2 倍数关系时的系统自由振动响应曲线，并与不存在内共振时的振动响应进行了对比。在磁齿轮非线性系统强迫振动分析的基础上，推导了当系统存在 1∶2 内共振时，主共振和组合共振的近似解析解，给出了时域响应曲线和频域响应曲线，并讨论了系统非线性振动的响应规律。

基于拉格朗日方程，磁齿轮非线性系统自由振动的动力学微分方程可表示为

$$\begin{cases} M_1\ddot{x}_1 + c_1\dot{x}_1 + a_1x_1 + b_1x_2 + c_1x_1^2 + d_1x_2^2 + e_1x_1x_2 = 0 \\ M_2\ddot{x}_2 + c_s\dot{x}_2 - (a_1x_1 + b_1x_2 + c_1x_1^2 + d_1x_2^2 + e_1x_1x_2) + \\ \quad (a_2x_2 + b_2x_3 + c_2x_3^2 + d_2x_2^2 + e_2x_2x_3) + k_sx_2 = 0 \\ M_3\ddot{x}_3 + c_o\dot{x}_3 - (a_2x_2 + b_2x_3 + c_2x_3^2 + d_2x_2^2 + e_2x_2x_3) = 0 \end{cases} \tag{10-34}$$

磁齿轮传动系统的自由振动非线性动力学微分方程的矩阵形式为

$$M\ddot{x} + c\dot{x} + kx = F \tag{10-35}$$

式（10-35）中的质量矩阵、位移矢量、阻尼矩阵、刚度矩阵和等效载荷矢量与式（10-6）相同。

对微分方程组（10-35）进行正则化可得

$$\ddot{x}_N + c_N\dot{x}_N + k_Nx_N = F_N \tag{10-36}$$

式中 x_N——系统的正则位移矢量，$x_{N0} = \begin{bmatrix} x_{N10} & x_{N20} & x_{N30} \end{bmatrix}^T$；

c_N——系统的正则刚度矩阵，$c_N = \mathrm{diag}\left[(c_{N1} \quad c_{N2} \quad c_{N3})\right]$；

k_N——系 统 的 正 则 刚 度 矩 阵，$k_N = \mathrm{diag}\left[(k_{N1} \quad k_{N2} \quad k_{N3})\right] = \mathrm{diag}\left[(\omega_1^2 \quad \omega_2^2 \quad \omega_3^2)\right]$；

F_N——系统的正则等效载荷矢量，$F_N = \begin{bmatrix} F_{N1} & F_{N2} & F_{N3} \end{bmatrix}^T$。

其中，正则等效载荷矢量的各元素可以表示为

$$F_{Ni} = A_{N1,i}F_1 + A_{N2,i}F_2 + A_{N3,i}F_3$$

10.5.1 含 1：2 内共振时的自由振动近似解析解

采用多尺度法求解式（10-36），为使阻尼的影响和非线性因素的影响相均衡，并在相同的摄动方程中表示它们，作出以下假设

$$\begin{cases} x_i = \varepsilon x_{i0}(T_0, T_1) + \varepsilon^2 x_{i1}(T_0, T_1) + \cdots \\ x_{Ni} = \varepsilon x_{Ni0}(T_0, T_1) + \varepsilon^2 x_{Ni1}(T_0, T_1) + \cdots \\ c_{Ni} = \varepsilon c_{Ni}' \end{cases} \tag{10-37}$$

其中，$i = 1,2,3$；$T_n = \varepsilon^n t$。

当磁齿轮非线性系统的派生系统某一阶固有频率值是另一阶固有频率值的整数倍或接近其整数倍时，传动系统可能发生内共振。当系统输出转子的扭转振动模态频率约等于输入转子扭转振动模态频率的 2 倍时，引入谐调参数，并作以下假设

$$\omega_3 = 2\omega_1 + \varepsilon\sigma_1 \qquad (10\text{-}38)$$

将式（10-37）和式（10-38）代入微分方程组（10-36）中，由方程两边小参数 ε 的次幂设为相等，可以得到以下近似线性微分方程组：

当 ε 的次幂为 1 时

$$\begin{cases} D_0^2 x_{\mathrm{N}10} + \omega_1^2 x_{\mathrm{N}10} = 0 \\ D_0^2 x_{\mathrm{N}20} + \omega_2^2 x_{\mathrm{N}20} = 0 \\ D_0^2 x_{\mathrm{N}30} + \omega_3^2 x_{\mathrm{N}30} = 0 \end{cases} \qquad (10\text{-}39)$$

当 ε 的次幂为 2 时

$$\begin{cases} D_0^2 x_{\mathrm{N}11} + \omega_1^2 x_{\mathrm{N}11} = -2D_0 D_1 x_{10} - c'_{\mathrm{N}1} D_0 x_{10} + F_{\mathrm{N}10} \\ D_0^2 x_{\mathrm{N}21} + \omega_2^2 x_{\mathrm{N}21} = -2D_0 D_1 x_{20} - c'_{\mathrm{N}2} D_0 x_{20} + F_{\mathrm{N}20} \\ D_0^2 x_{\mathrm{N}31} + \omega_3^2 x_{\mathrm{N}31} = -2D_0 D_1 x_{30} - c'_{\mathrm{N}3} D_0 x_{30} + F_{\mathrm{N}30} \end{cases} \qquad (10\text{-}40)$$

其中，$F_{\mathrm{N}i0} = A_{\mathrm{N}1,i} F_{10} + A_{\mathrm{N}2,i} F_{20} + A_{\mathrm{N}3,i} F_{30}$；

$F_{10} = -c_1 x_{10}^2 - d_1 x_{20}^2 - e_1 x_{10} x_{20}$；

$F_{20} = c_1 x_{10}^2 + d_1 x_{20}^2 + e_1 x_{10} x_{20} - (c_2 x_{30}^2 + d_2 x_{20}^2 + e_2 x_{20} x_{30})$；

$F_{30} = c_2 x_{30}^2 + d_2 x_{20}^2 + e_2 x_{20} x_{30}$。

式（10-39）满足初始条件 $x_{\mathrm{N}i}|_{t=0} = A_i$，$\dot{x}_{\mathrm{N}i}|_{t=0} = 0$ 的通解可表示为

$$x_{\mathrm{N}1i} = A_i e^{jw_i T_0} \qquad (10\text{-}41)$$

在常坐标系下，式（10-39）的解可表示为

$$\begin{cases} x_{10} = \alpha_1 A_1(T_1) e^{j\omega_1 T_0} + \alpha_2 A_2(T_1) e^{j\omega_2 T_0} + \alpha_3 A_3(T_1) e^{j\omega_3 T_0} + cc \\ x_{20} = \beta_1 A_1(T_1) e^{j\omega_1 T_0} + \beta_2 A_2(T_1) e^{j\omega_2 T_0} + \beta_3 A_3(T_1) e^{j\omega_3 T_0} + cc \quad (10\text{-}42) \\ x_{30} = \gamma_1 A_1(T_1) e^{j\omega_1 T_0} + \gamma_2 A_2(T_1) e^{j\omega_2 T_0} + \gamma_3 A_3(T_1) e^{j\omega_3 T_0} + cc \end{cases}$$

其中，$\alpha_1 = A_{\mathrm{N1,1}}$，$\alpha_2 = A_{\mathrm{N1,2}}$，$\alpha_3 = A_{\mathrm{N1,3}}$；$\beta_1 = A_{\mathrm{N2,1}}$，$\beta_2 = A_{\mathrm{N2,2}}$，$\beta_3 = A_{\mathrm{N2,3}}$；$\gamma_1 = A_{\mathrm{N3,1}}$，$\gamma_2 = A_{\mathrm{N3,2}}$，$\gamma_3 = A_{\mathrm{N3,3}}$。

将式（10-41）和式（10-42）代入式（10-40），并通过使等式右边久期项等于零可得

$$\begin{cases} jQ_1\dot{A}_1 - jP_1 A_1 + S_1\bar{A}_1 A_3 e^{j\sigma_1 T_1} = 0 \\ Q_2\dot{A}_2 + P_2 A_2 = 0 \quad\quad\quad (10\text{-}43) \\ jQ_3\dot{A}_3 - jP_3 A_3 + S_3 A_1^2 e^{-j\sigma_1 T_1} = 0 \end{cases}$$

其中，各系数分别为

$Q_1 = -2\omega_1(\alpha_1^2 + \beta_1^2 + \gamma_1^2)$，$P_1 = \omega_1(c'_{\mathrm{N1}}\alpha_1^2 + c'_{\mathrm{N2}}\beta_1^2 + c'_{\mathrm{N3}}\gamma_1^2)$，

$S_1 = -\alpha_1[2c_1\alpha_1\alpha_3 + 2d_1\beta_1\beta_3 + e_1(\alpha_1\beta_3 + \alpha_3\beta_1)] + \beta_1[2c_1\alpha_1\alpha_3 + 2d_1\beta_1\beta_3 + e_1(\alpha_1\beta_3 + \alpha_3\beta_1) - 2c_2\gamma_1\gamma_3 - 2d_2\beta_1\beta_3 - e_2(\beta_1\gamma_3 + \beta_3\gamma_1)] + \gamma_1[2c_2\gamma_1\gamma_3 + 2d_2\beta_1\beta_3 + e_2(\beta_1\gamma_3 + \beta_3\gamma_1)]$，

$Q_2 = 2\omega_2(\alpha_2^2 + \beta_2^2 + \gamma_2^2)$，$P_2 = \omega_2(c'_{\mathrm{N1}}\alpha_2^2 + c'_{\mathrm{N2}}\beta_2^2 + c'_{\mathrm{N3}}\gamma_2^2)$，

$Q_3 = -2\omega_3(\alpha_3^2 + \beta_3^2 + \gamma_3^2)$，$P_3 = \omega_3(c'_{\mathrm{N1}}\alpha_3^2 + c'_{\mathrm{N2}}\beta_3^2 + c'_{\mathrm{N3}}\gamma_3^2)$，

$S_3 = \alpha_3(-c_1\alpha_1^2 - d_1\beta_1^2 - e_1\alpha_1\beta_1) + \beta_3(c_1\alpha_1^2 + d_1\beta_1^2 + e_1\alpha_1\beta_1 - c_2\gamma_1^2 - d_2\beta_1^2 - e_2\beta_1\gamma_1) + \gamma_3(c_2\gamma_1^2 + d_2\beta_1^2 + e_2\beta_1\gamma_1)$。

式（10-43）中第二式的解由于阻尼的存在会随 T_1 的增加逐渐衰减并趋近于零，其解为

$$A_2 = E_2 e^{-P_2 T_1/Q_2} \quad\quad\quad (10\text{-}44)$$

对于式（10-43）中的第一式和第三式，设其解的形式为

$$A_k = E_k(T_1) e^{j\theta_k(T_1)} \qu\quad\quad (10\text{-}45)$$

将式（10-45）代入式（10-43），并分离实部和虚部可得

$$\begin{cases} Q_1\dot{\theta}_1 E_1 - S_1 E_1 E_3 \cos\varphi = 0 \\ Q_3\dot{\theta}_3 E_3 - S_3 E_1^2 \cos\varphi = 0 \\ Q_1\dot{E}_1 - P_1 E_1 - S_1 E_1 E_3 \sin\varphi = 0 \\ Q_3\dot{E}_3 - P_3 E_3 + S_3 E_1^2 \sin\varphi = 0 \end{cases} \tag{10-46}$$

其中，$\varphi = 2\theta_1 - \theta_3 - \sigma_1 T_1$。

由式（10-46）可得

$$\begin{cases} Q_1 Q_3 E_3\dot{\varphi} = 2Q_3 S_1 E_3^2 \cos\varphi - Q_1 S_3 E_1^2 \cos\varphi - \sigma_1 Q_1 Q_3 E_3 \\ Q_1\dot{E}_1 - P_1 E_1 - S_1 E_1 E_3 \sin\varphi = 0 \\ Q_3\dot{E}_3 - P_3 E_3 + S_3 E_1^2 \sin\varphi = 0 \end{cases} \tag{10-47}$$

采用四阶龙格库塔方法，并通过数学计算软件求解式（10-47）中的各个参数，其中 A_1 和 A_3 的初值与 E_1 和 E_3 相同，且 φ 的初值为零。将 E_1 和 E_3 的计算结果代入式（10-42），可以得到磁齿轮非线性系统在常坐标系下的一次近似解析解。

10.5.2　含 1∶2 内共振时的自由振动分析

磁齿轮非线性系统的初始能量取决于外部激励形式。当系统各构件的初始位移一定且初始速度为零时，系统的初始势能可以通过式（10-48）确定，即

$$E = \sum_{i=1}^{n} \int_0^{x_{i0}} f_i x_i \mathrm{d}x_i \tag{10-48}$$

式中　n——传动系统的自由度数；

　　x_{i0}——传动系统各自由度的初始位移。

将表 2-1 所示算例系统对应的动力学参数代入式（10-47），可以得到各

模态幅值随时间的变化曲线。两种不同静态扭矩下的初始位移时系统振幅 E_1 和 E_3 的数值计算结果如图 10-6 所示，能量在两种模态之间相互传递，并伴随着能量的耗散，即两种模态下振幅均呈下降趋势。此外，初始势能越高，能量交换得越快，且在阻尼的作用下，能量交换的频率会随着时间不断衰减。

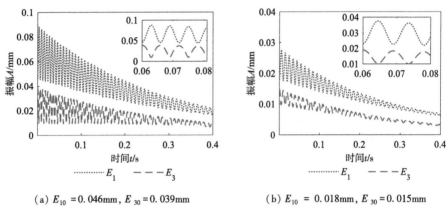

(a) $E_{10} = 0.046\text{mm}$, $E_{30} = 0.039\text{mm}$ (b) $E_{10} = 0.018\text{mm}$, $E_{30} = 0.015\text{mm}$

图 10-6　磁齿轮非线性系统正则坐标下 E_1、E_3 的数值计算结果

　　将初始位移 $E_{10} = 0.046\text{mm}$、$E_{30} = 0.039\text{mm}$ 时系统振幅 E_1 和 E_3 的数值计算结果代入式（10-45）后，连同式（10-44）代入式（10-43）可得系统的时域响应曲线。对比磁齿轮传动系统存在内共振与无内共振两种情况下的自由振动响应曲线，其结果如图 10-7 所示。

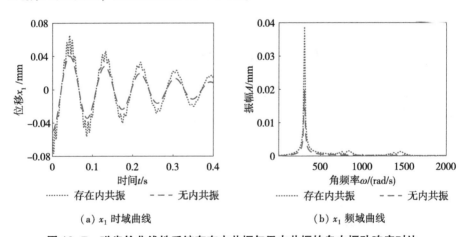

(a) x_1 时域曲线   (b) x_1 频域曲线

图 10-7　磁齿轮非线性系统存在内共振与无内共振的自由振动响应对比

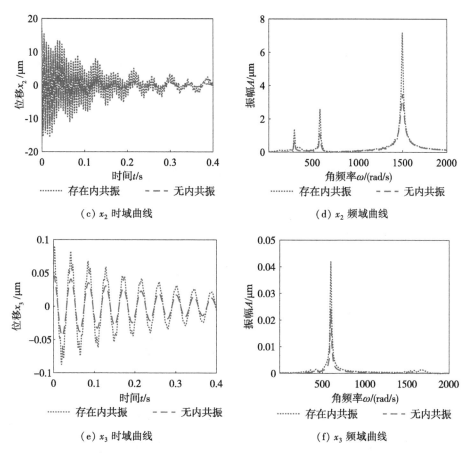

（c）x_2 时域曲线　　　　　　（d）x_2 频域曲线

（e）x_3 时域曲线　　　　　　（f）x_3 频域曲线

图 10-7　磁齿轮非线性系统存在内共振与无内共振的自由振动响应对比（续）

由图 10-7 可知，由于阻尼的作用，磁齿轮非线性系统的振动位移逐渐衰减，且传动系统存在内共振时的衰减速度要比无内共振时的缓慢。当磁齿轮非线性系统存在内共振时，各个构件振动位移衰减的过程中均伴随着频率不断变化的能量传递。其中，输入、输出转子的扭转振动模态频率接近于可有理通约，即彼此间存在内共振关系，二者在振动衰减过程中模态间的能量传递更加明显；而由于调磁环的扭转支承刚度较大，因此其不存在明显的能量传递。传动系统存在内共振的自由振动响应中，主要频率分别为各个构件的扭转振动模态频率和能量传递频率。

内共振导致磁齿轮传动系统各模态间表现出很强的非线性相互作用，使得传动系统各构件在外界某种激励的作用下，会出现瞬态振动衰减尤为缓慢的情况，这将恶化磁齿轮传动系统的动力学特性。利用这种相互作用，可以实现对磁齿轮非线性系统的振动抑制，即通过模态耦合的方式来达到调节目标模态振动衰减速度的目的。例如，通过在磁齿轮传动系统的输入或输出侧设置阻尼元件来加快输入、输出转子瞬态振动的衰减速度。

10.6 磁齿轮非线性系统含1：2内共振时的主共振

10.6.1 含1：2内共振时的主共振近似解析解

采用多尺度法求解式（10-7），为使阻尼的影响和非线性因素的影响相均衡，并保持阻尼项与非线性项在同一摄动方程中，作出以下假设

$$\begin{cases} x_i = \varepsilon x_{i0}(T_0, T_1) + \varepsilon^2 x_{i1}(T_0, T_1) + \cdots \\ x_{Ni} = \varepsilon x_{Ni0}(T_0, T_1) + \varepsilon^2 x_{Ni1}(T_0, T_1) + \cdots \\ c_{Ni} = \varepsilon c_{Ni}' \\ \Delta F_1 = \varepsilon f_1 \end{cases} \quad (10\text{-}49)$$

其中，$i = 1, 2, 3$；$T_n = \varepsilon^n t$。

当系统输出转子的扭转振动模态频率约等于输入转子扭转振动模态频率的 2 倍，且输入转子上转矩波动频率 $\omega_e \approx \omega_1$ 时，考虑传动系统发生含内共振的主共振，引入谐调参数 σ_2，并作出以下假设

$$\begin{cases} \omega_3 = 2\omega_1 + \varepsilon \sigma_1 \\ \omega_e = \omega_1 + \varepsilon \sigma_2 \end{cases} \quad (10\text{-}50)$$

将式（10-49）和式（10-50）代入微分方程组（10-7）中，由方程两边小参数 ε 的次幂设为相等，可以得到如下近似线性微分方程组：

当 ε 的次幂为 1 时

$$\begin{cases} D_0^2 x_{N10} + \omega_1^2 x_{N10} = 0 \\ D_0^2 x_{N20} + \omega_2^2 x_{N20} = \Delta F_2 \cos \omega_e t \\ D_0^2 x_{N30} + \omega_3^2 x_{N30} = \Delta F_3 \cos \omega_e t \end{cases} \quad (10\text{-}51)$$

当 ε 的次幂为 2 时

$$\begin{cases} D_0^2 x_{N11} + \omega_1^2 x_{N11} = -2D_0D_1x_{10} - c'_{N1}D_0x_{10} + 2f_1\cos\omega_e t + F_{N10} \\ D_0^2 x_{N21} + \omega_2^2 x_{N21} = -2D_0D_1x_{20} - c'_{N2}D_0x_{20} + F_{N20} \\ D_0^2 x_{N31} + \omega_3^2 x_{N31} = -2D_0D_1x_{30} - c'_{N3}D_0x_{30} + F_{N30} \end{cases} \tag{10-52}$$

式（10-52）满足初始条件 $x_{Ni}\big|_{t=0} = A_i$，$\dot{x}_{Ni}\big|_{t=0} = 0$ 的通解可表示为

$$\begin{cases} x_{N10} = A_1 e^{j\omega_1 T_0} + cc = 2A_1\cos(\omega_1 T_0) \\ x_{N20} = A_2 e^{j\omega_2 T_0} + B_2 e^{j\omega_e T_0} + cc = 2A_2\cos(\omega_2 T_0) + 2B_2\cos(\omega_e T_0) \\ x_{N30} = A_3 e^{j\omega_3 T_0} + B_3 e^{j\omega_e T_0} + cc = 2A_3\cos(\omega_3 T_0) + 2B_3\cos(\omega_e T_0) \end{cases} \tag{10-53}$$

其中，$B_2 = \dfrac{\Delta F_2}{2(\omega_2^2 - \omega_e^2)}$，$B_3 = \dfrac{\Delta F_3}{2(\omega_3^2 - \omega_e^2)}$。

在常坐标系下，式（10-51）的解为

$$\begin{cases} x_{10} = \alpha_1 A_1(T_1) e^{j\omega_1 T_0} + \alpha_2 A_2(T_1) e^{j\omega_2 T_0} + \alpha_3 A_3(T_1) e^{j\omega_3 T_0} + \alpha_4 e^{j\omega_e T_0} + cc \\ x_{20} = \beta_1 A_1(T_1) e^{j\omega_1 T_0} + \beta_2 A_2(T_1) e^{j\omega_2 T_0} + \beta_3 A_3(T_1) e^{j\omega_3 T_0} + \beta_4 e^{j\omega_e T_0} + cc \\ x_{30} = \gamma_1 A_1(T_1) e^{j\omega_1 T_0} + \gamma_2 A_2(T_1) e^{j\omega_2 T_0} + \gamma_3 A_3(T_1) e^{j\omega_3 T_0} + \gamma_4 e^{j\omega_e T_0} + cc \end{cases} \tag{10-54}$$

其中，$\alpha_4 = A_{N1,2}B_2 + A_{N1,3}B_3$，$\beta_4 = A_{N2,2}B_2 + A_{N2,3}B_3$，$\gamma_4 = A_{N3,2}B_2 + A_{N3,3}B_3$。

将式（10-53）和式（10-54）代入式（10-52），并使等式右边久期项等于零可得

$$\begin{cases} jQ_1\dot{A}_1 - jP_1A_1 + S_1\bar{A}_1A_3 e^{j\sigma_1 T_1} - R_1 e^{j\sigma_2 T_1} + f_1 e^{j\sigma_2 T_1} = 0 \\ Q_2\dot{A}_2 + P_2A_2 = 0 \\ jQ_3\dot{A}_3 - jP_3A_3 + S_3A_1^2 e^{-j\sigma_1 T_1} = 0 \end{cases} \tag{10-55}$$

其中，$R_1 = \omega_e(\alpha_2^2 + \beta_2^2 + \gamma_2^2)$。

式（10-55）中第二式的解同样随 T_1 的增加逐渐衰减为零，可忽略不计。将式（10-49）代入式（10-55）的第一式及第三式，并分离实部和虚部可得

$$
\begin{cases}
Q_1\dot{E}_1 - P_1E_1 - S_1E_1E_3\sin\varphi_1 - R_1\sin\varphi_3 - f_1\sin\varphi_3 = 0 \\
Q_3\dot{E}_3 - P_3E_3 + S_3E_1^2\sin\varphi_1 = 0 \\
Q_1E_1\dot{\theta}_1 + S_1E_1E_3\cos\varphi_1 + R_1\sin\varphi_3 - f_1\cos\varphi_3 = 0 \\
Q_3E_3\dot{\theta}_3 + S_3E_1^2\cos\varphi_1 = 0
\end{cases}
\quad (10\text{-}56)
$$

其中，$\varphi_1 = 2\theta_1 - \theta_3 - \sigma_1T_1$，$\varphi_3 = \theta_1 - \sigma_2T_1$。

由式（10-56）可得

$$
\begin{cases}
Q_1\dot{E}_1 - P_1E_1 - S_1E_1E_3\sin\varphi_1 - R_1\cos\varphi_3 - f_1\sin\varphi_3 = 0 \\
Q_3\dot{E}_3 - P_3E_3 + S_3E_1^2\sin\varphi_1 = 0 \\
Q_1E_1E_3\dot{\varphi}_1 = -2S_1E_1E_3^2\cos\varphi_1 + Q_1S_3E_1^3\cos\varphi_1/Q_3 + \\
\qquad\qquad 2R_1E_3\sin\varphi_3 - 2f_1E_3\cos\varphi_3 + Q_1E_1E_3\sigma_1 \\
E_1\dot{\varphi}_3 = (S_1E_1E_3\cos\varphi_1 + R_1\sin\varphi_3 - f_1\cos\varphi_3)/Q_1 - E_1\sigma_2
\end{cases}
\quad (10\text{-}57)
$$

对于稳态解，$E_i' = \gamma_i' = 0$，联合式（10-56）和式（10-57）可得

$$
\begin{cases}
P_1E_1 + S_1E_1E_3\sin\varphi_1 + R_1\cos\varphi_3 + f_1\sin\varphi_3 = 0 \\
P_3E_3 - S_3E_1^2\sin\varphi_1 = 0 \\
2E_1E_3Q_1\sigma_2 + Q_1S_3E_1^3\cos\varphi_1/Q_3 + Q_1E_1E_3\sigma_1 = 0 \\
S_1E_1E_3\cos\varphi_1 + R_1\sin\varphi_3 - f_1\cos\varphi_3 - Q_1E_1\sigma_2 = 0
\end{cases}
\quad (10\text{-}58)
$$

由式（10-58）可得如下表达式

$$\begin{cases} S_3^2 E_1^4 + P_3^2 E_3^2 + (2Q_3\sigma_2 - Q_3\sigma_1)^2 E_3^2 = 0 \\ S_1^2 Z E_3^3 + (2S_1 Q_1\sigma_2 X + 2P_1 S_1 Y) E_3^2 + (Q_1^2\sigma_1^2 + P_1^2) E_3 - R_1^2 + f_1^2 = 0 \\ \sin\varphi_1 = \pm P_3 / \sqrt{P_3^2 + (2Q_3\sigma_2 - Q_3\sigma_1)^2} \end{cases}$$

$$(10\text{-}59)$$

其中，$X = \dfrac{2Q_3\sigma_2 - Q_3\sigma_1}{\sqrt{P_3^2 + (2Q_3\sigma_2 - Q_3\sigma_1)^2}}$，$Y = \dfrac{R_3}{\sqrt{P_3^2 + (2Q_3\sigma_2 - Q_3\sigma_1)^2}}$，

$Z = \dfrac{\sqrt{P_3^2 + (2Q_3\sigma_2 - Q_3\sigma_1)^2}}{P_3}$。

式（10-59）中，当 P_3、E_3 符号相同时，$\sin\varphi_1$ 的结果取负值；当 P_3、E_3 符号相反时，$\sin\varphi_1$ 的结果取正值。由式（10-59）可计算得到 φ_1、E_1 和 E_3，将其代入式（10-51）中的第二式或第三式可得到 φ_3。将其代入式（10-54）可得磁齿轮非线性系统在正则坐标下的一次近似解析解为

$$\begin{cases} x_{N1} \approx \varepsilon E_1 e^{j(\omega_1 t + \varphi_3 + \varepsilon\sigma_2 t)} + cc \\ x_{N2} \approx \varepsilon B_2 e^{j\omega_e t} + cc \\ x_{N3} \approx \varepsilon E_3 e^{j(\omega_3 t + 2\varphi_3 + 2\varepsilon\sigma_2 t - \varepsilon\sigma_1 t)} + \varepsilon B_3 e^{j\omega_e t} + cc \end{cases}$$

$$(10\text{-}60)$$

根据式（10-60）可得磁齿轮非线性系统在常坐标系下的一次近似解析解。

10.6.2　含 1：2 内共振时的主共振响应分析

将表 2-1 所示算例系统对应的动力学参数代入式（10-60）中，可以得到含 1：2 内共振时主共振的响应曲线。由式（10-60）及图 10-8 可知，当输入转子转矩波动的激励频率接近派生系统输入转子在扭转方向上的固有频率时，磁齿轮非线性系统会出现比较强烈的共振现象。传动系含内共振的主共振响应中，主要频率有输入转子转矩的波动频率 ω_e 和调制频率 $2\omega_e$。由于传动系统各构件之间的磁耦合刚度相对于磁齿轮传动系统中的支承刚度小得多，因此当 $\omega_e \approx \omega_1$ 时，输入转子在扭转自由度方向上的振动位移最大，而输出转子和调磁环的振动位移比较小。

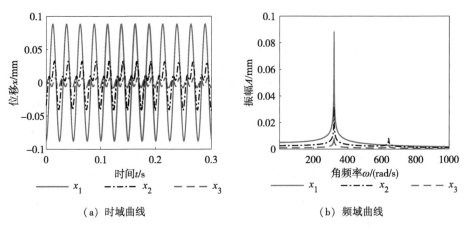

（a）时域曲线　　　　　　　　　　（b）频域曲线

图10-8　$\omega_e \approx \omega_1$ 时磁齿轮非线性系统含内共振的主共振响应

10.7　磁齿轮非线性系统含1:2内共振时的组合共振

10.7.1　含1:2内共振时的组合共振近似解析解

仍然采用多尺度法求解式（10-7），并作出以下假设

$$\begin{cases} x_i = \varepsilon x_{i0}(T_0, T_1) + \varepsilon^2 x_{i1}(T_0, T_1) + \cdots \\ x_{Ni} = \varepsilon x_{Ni0}(T_0, T_1) + \varepsilon^2 x_{Ni1}(T_0, T_1) + \cdots \\ c_{Ni} = \varepsilon c'_{Ni} \end{cases} \tag{10-61}$$

其中，$i = 1,2,3$；$T_n = \varepsilon^n t$。

当系统输出转子的扭转振动模态频率约等于输入转子扭转振动模态频率的2倍，且输入转子转矩波动的频率 $\omega_e \approx \omega_1 + \omega_3$ 时，考虑传动系统发生含内共振的组合共振，引入谐调参数 σ_3，并作出以下假设

$$\begin{cases} \omega_3 = 2\omega_1 + \varepsilon\sigma_1 \\ \omega_e = \omega_1 + \omega_3 + \varepsilon\sigma_3 \end{cases} \tag{10-62}$$

将式（10-61）和式（10-62）代入微分方程组（10-7），由方程两边小参数 ε 的次幂设为相等，可以得到如下近似线性微分方程组：

当 ε 的次幂为 1 时

$$\begin{cases} D_0^2 x_{N10} + \omega_1^2 x_{N10} = \Delta F_1 \cos\omega_e t \\ D_0^2 x_{N20} + \omega_2^2 x_{N20} = \Delta F_2 \cos\omega_e t \\ D_0^2 x_{N30} + \omega_3^2 x_{N30} = \Delta F_3 \cos\omega_e t \end{cases} \qquad (10\text{-}63)$$

当 ε 的次幂为 2 时

$$\begin{cases} D_0^2 x_{N11} + \omega_1^2 x_{N11} = -2D_0 D_1 x_{10} - c_{N1}' D_0 x_{10} + F_{N10} \\ D_0^2 x_{N21} + \omega_2^2 x_{N21} = -2D_0 D_1 x_{20} - c_{N2}' D_0 x_{20} + F_{N20} \\ D_0^2 x_{N31} + \omega_3^2 x_{N31} = -2D_0 D_1 x_{30} - c_{N3}' D_0 x_{30} + F_{N30} \end{cases} \qquad (10\text{-}64)$$

式（10-64）满足初始条件 $x_{Ni}\big|_{t=0} = A_i$ ，$\dot{x}_{Ni}\big|_{t=0} = 0$ 的通解可表示为

$$\begin{cases} x_{N10} = A_1 e^{j\omega_1 T_0} + B_1 e^{j\omega_e T_0} + cc = 2A_1\cos(\omega_1 T_0) + 2B_1\cos(\omega_e T_0) \\ x_{N20} = A_2 e^{j\omega_2 T_0} + B_2 e^{j\omega_e T_0} + cc = 2A_2\cos(\omega_2 T_0) + 2B_2\cos(\omega_e T_0) \\ x_{N30} = A_3 e^{j\omega_3 T_0} + B_3 e^{j\omega_e T_0} + cc = 2A_3\cos(\omega_3 T_0) + 2B_3\cos(\omega_e T_0) \end{cases} \qquad (10\text{-}65)$$

其中，$B_i = \dfrac{\Delta F_i}{2(\omega_i^2 - \omega_e^2)}(i = 1, 2, 3)$ 。

在常坐标系下，式（10-65）的解为

$$\begin{cases} x_{10} = \alpha_1 A_1(T_1) e^{j\omega_1 T_0} + \alpha_2 A_2(T_1) e^{j\omega_2 T_0} + \alpha_3 A_3(T_1) e^{j\omega_3 T_0} + \alpha_5 e^{j\omega_e T_0} + cc \\ x_{20} = \beta_1 A_1(T_1) e^{j\omega_1 T_0} + \beta_2 A_2(T_1) e^{j\omega_2 T_0} + \beta_3 A_3(T_1) e^{j\omega_3 T_0} + \beta_5 e^{j\omega_e T_0} + cc \\ x_{30} = \gamma_1 A_1(T_1) e^{j\omega_1 T_0} + \gamma_2 A_2(T_1) e^{j\omega_2 T_0} + \gamma_3 A_3(T_1) e^{j\omega_3 T_0} + \gamma_5 e^{j\omega_e T_0} + cc \end{cases}$$

$$(10\text{-}66)$$

其中，$\alpha_5 = A_{N1,1}B_1 + A_{N1,2}B_2 + A_{N1,3}B_3$，$\beta_5 = A_{N2,1}B_1 + A_{N2,2}B_2 + A_{N2,3}B_3$，

$\gamma_5 = A_{N1,3}B_3 + A_{N3,2}B_2 + A_{N3,3}B_3$。

将式（10-65）和式（10-66）代入式（10-64），并使等式右边久期项等于零可得

$$\begin{cases} jT_1\dot{A}_1 e^{j\omega_1 T_0} + jU_1 A_1 e^{j\omega_1 T_0} + V_1 A_3 e^{j(\omega_3 - \omega_e)T_0} + W_1 A_1 \bar{A}_3 e^{j(\omega_1 - \omega_3)T_0} = 0 \\ T_2 \dot{A}_2 + U_2 A_2 = 0 \\ jT_3 \dot{A}_3 e^{j\omega_3 T_0} + jU_3 A_3 e^{j\omega_3 T_0} + V_3 A_1^2 e^{2j\omega_1 T_0} + W_3 A_1 e^{j(\omega_1 - \omega_e)T_0} = 0 \end{cases}$$

$$(10\text{-}67)$$

其中，各系数分别为

$T_1 = -2\omega_1(\alpha_1 A_{N1,1} + \beta_1 A_{N2,1} + \gamma_1 A_{N3,1})$ ，

$U_1 = -\omega_1(c_1' \alpha_1 A_{N1,1} + c_s' \beta_1 A_{N2,1} + c_o' \gamma_1 A_{N3,1})$ ，

$V_1 = A_{N1,1}[-2c_1\alpha_3\alpha_5 - 2d_1\beta_3\beta_5 - e_1(\alpha_5\beta_3 + \alpha_3\beta_5)] + A_{N2,1}[2c_1\alpha_3\alpha_5 +$

$\quad 2d_1\beta_3\beta_5 + e_1(\alpha_5\beta_3 + \alpha_3\beta_5) - 2c_2\beta_3\beta_5 - 2d_2\gamma_3\gamma_5 - e_2(\beta_5\gamma_3 + \beta_3\gamma_5)] +$

$\quad A_{N3,1}[2c_2\beta_3\beta_5 + 2d_2\gamma_3\gamma_5 + e_2(\beta_5\gamma_3 + \beta_3\gamma_5)]$ ，

$W_1 = A_{N1,1}[-2c_1\alpha_1\alpha_3 - 2d_1\beta_1\beta_3 - e_1(\alpha_1\beta_3 + \alpha_3\beta_1)] + A_{N2,1}[2c_1\alpha_1\alpha_3 +$

$\quad 2d_1\beta_1\beta_3 + e_1(\alpha_1\beta_3 + \alpha_3\beta_1) - 2c_2\beta_1\beta_3 - 2d_2\gamma_1\gamma_3 - e_2(\beta_1\gamma_3 + \beta_3\gamma_1)] +$

$\quad A_{N3,1}[2c_2\beta_1\beta_3 + 2d_2\gamma_1\gamma_3 + e_2(\beta_1\gamma_3 + \beta_3\gamma_1)]$ ，

$T_2 = -2\omega_2(\alpha_2 A_{N1,2} + \beta_1 A_{N2,2} + \gamma_1 A_{N3,2})$ ，

$U_2 = -\omega_2(c_1' \alpha_2 A_{N1,2} + c_s' \beta_2 A_{N2,2} + c_o' \gamma_2 A_{N3,2})$ ，

$T_3 = -2\omega_3(\alpha_3 A_{N1,3} + \beta_3 A_{N2,3} + \gamma_3 A_{N3,3})$ ，

$U_3 = -\omega_3(c_1' \alpha_3 A_{N1,3} + c_s' \beta_3 A_{N2,3} + c_o' \gamma_3 A_{N3,3})$ ，

$V_3 = A_{N1,3}(-c_1\alpha_1^2 - d_1\beta_1^2 - e_1\alpha_1\beta_1) + A_{N2,3}(c_1\alpha_1^2 + d_1\beta_1^2 + e_1\alpha_1\beta_1 - c_2\gamma_1^2 -$

$\quad d_2\beta_1^2 - e_2\beta_1\gamma_1) + A_{N3,3}(c_2\gamma_1^2 + d_2\beta_1^2 + e_2\beta_1\gamma_1)$ ，

$W_3 = A_{N1,3}[-2c_1\alpha_1\alpha_5 - 2d_1\beta_1\beta_5 - e_1(\alpha_1\beta_5 + \alpha_5\beta_1)] + A_{N2,3}[2c_1\alpha_1\alpha_5 +$

$\quad 2d_1\beta_1\beta_5 + e_1(\alpha_1\beta_5 + \alpha_5\beta_1) + 2c_2\beta_1\beta_5 - 2d_2\gamma_1\gamma_5 - e_2(\beta_1\gamma_5 + \beta_5\gamma_1)] +$

$\quad A_{N3,3}[2c_2\beta_1\beta_5 + 2d_2\gamma_1\gamma_5 + e_2(\beta_1\gamma_5 + \beta_5\gamma_1)]$ 。

式（10-67）中第二式的解由于阻尼的存在会随 T_1 的增加逐渐衰减并趋近于零，其解为

$$A_2 = C_2 e^{-P_2 T_1 / Q_2} \tag{10-68}$$

对于式（10-67）中的第一式和第三式，设其解的形式为

$$A_k = C_k(T_1) e^{j\theta_k(T_1)} \tag{10-69}$$

将式（10-69）代入式（10-67），并分离实部和虚部可得

$$
\begin{cases}
T_1 \dot{\theta}_1 C_1 - V_1 C_3 \cos\varphi_3 - W_1 C_1 C_3 \cos\varphi_1 = 0 \\
T_3 \dot{\theta}_3 C_3 - V_3 C_1^2 \cos\varphi_1 - W_3 C_1 \cos\varphi_3 = 0 \\
T_1 \dot{C}_1 + U_1 C_1 + V_1 C_3 \sin\varphi_3 + W_1 C_1 C_3 \sin\varphi_1 = 0 \\
T_3 \dot{C}_3 + U_3 C_3 - V_3 C_1^2 \sin\varphi_1 + W_3 C_1 \sin\varphi_3 = 0
\end{cases} \tag{10-70}
$$

其中，$\varphi_1 = \sigma_3 T_1 - 2\theta_1 + \theta_3$，$\varphi_3 = \sigma_3 T_1 - \theta_1 - \theta_3$。

对于稳态解，$C_k' = \varphi_k' = 0$，由此可得

$$
\begin{cases}
\dot{\theta}_1 = \dfrac{\sigma_1 + \sigma_3}{3} \\[3mm]
\dot{\theta}_3 = \dfrac{2\sigma_3 - \sigma_1}{3}
\end{cases} \tag{10-71}
$$

同时，稳态下有 $C_k' = 0 (k = 1, 2)$。此时有两种可能：$C_1 = C_3 = 0$ 或者 $C_1 \neq 0$，$C_3 \neq 0$。对于后者，将式（10-71）代入式（10-70）可得

$$
\begin{cases}
T_1 W_3 C_1^2 (\sigma_1 + \sigma_3) - V_1 T_3 C_3^2 (2\sigma_3 - \sigma_1) = 3(V_1 V_3 + W_1 W_3) C_1^2 C_3 \cos\varphi_1 \\
T_1 V_3 C_1^2 (\sigma_1 + \sigma_3) - W_1 T_3 C_3^2 (2\sigma_3 - \sigma_1) = 3(V_1 V_3 + W_1 W_3) C_1 C_3 \cos\varphi_3 \\
U_3 V_1 C_3^2 - U_1 W_3 C_1^2 = (V_1 V_3 + W_1 W_3) C_1^2 C_3 \sin\varphi_1 \\
U_1 V_3 C_1^2 + U_3 W_1 C_3^2 = -(V_1 V_3 + W_1 W_3) C_1 C_3 \sin\varphi_3
\end{cases}
$$

$$\tag{10-72}$$

消除 φ_1、φ_3 可得

$$\begin{cases} X_1 C_1^4 + X_2 C_1^2 = X_3 C_3^2 \\ Y_2 C_1^2 + Y_3 C_3^2 = Y_1 C_1^2 C_3^2 \end{cases} \tag{10-73}$$

其中，各系数分别为

$$X_1 = (V_1 V_3 + W_1 W_3)^2 V_3^2, \ X_3 = [T_3^2 (2\sigma_3 - \sigma_1)^2 / 9 + U_3^2] (V_1^2 V_3^2 - W_1^2 W_3^2),$$

$$X_2 = 2 [T_1 T_3 (2\sigma_3 - \sigma_1)(\sigma_1 + \sigma_3) / 9 - U_1 U_3] V_3 W_3 (V_1 V_3 + W_1 W_3) -$$

$$(V_1 V_3 + W_1 W_3)^2 W_3^2,$$

$$Y_1 = (V_1 V_3 + W_1 W_3)^2 W_1^2, \ Y_2 = [T_1^2 (\sigma_1 + \sigma_3)^2 / 9 + U_1^2] (W_1^2 W_3^2 - V_1^2 V_3^2),$$

$$Y_3 = 2 [T_1 T_3 (\sigma_1 + \sigma_3)(2\sigma_3 - \sigma_1) / 9 - U_1 U_3] (V_1^2 V_3 W_1 - V_1 W_1^2 W_3) +$$

$$(V_1 V_3 + W_1 W_3)^2 V_1^2 .$$

则由式（10-73）可得

$$\begin{cases} C_1^2 = \dfrac{X_1 Y_3 - X_2 Y_1 \pm \sqrt{(X_2 Y_1 - X_1 Y_3)^2 - 4 X_1 Y_1 (X_3 Y_2 + X_2 Y_3)}}{2 X_1 Y_1} \\[4mm] C_3^2 = \dfrac{X_1}{X_3} \left[\dfrac{X_1 Y_3 - X_2 Y_1 \pm \sqrt{(X_2 Y_1 - X_1 Y_3)^2 - 4 X_1 Y_1 (X_3 Y_2 + X_2 Y_3)}}{2 X_1 Y_1} \right]^2 + \\[4mm] \qquad \dfrac{X_2 (X_1 Y_3 - X_2 Y_1) \pm X_2 \sqrt{(X_2 Y_1 - X_1 Y_3)^2 - 4 X_1 Y_1 (X_3 Y_2 + X_2 Y_3)}}{2 X_1 Y_1 X_3} \end{cases}$$

$$\tag{10-74}$$

式（10-74）中 C_1、C_3 根据计算结果取正值。由式（10-74）可得

$$\begin{cases} \sin\gamma_1 = \dfrac{U_3 V_1 C_3^2 - U_1 W_3 C_1^2}{(V_1 V_3 + W_1 W_3) C_1^2 C_3} \\[4mm] \sin\gamma_3 = \dfrac{U_1 V_3 C_1^2 + U_3 W_1 C_3^2}{-(V_1 V_3 + W_1 W_3) C_1 C_3} \end{cases} \tag{10-75}$$

将式（10-74）及式（10-75）代入式（10-64）可得，当 $C_1 \neq 0$、$C_3 \neq 0$ 时，正则坐标系下系统稳态响应的一阶近似解析解为

$$\begin{cases} x_{N1} \approx \varepsilon C_1 e^{j[(\omega_e t - \gamma_1 - \gamma_3)/3]} + \varepsilon B_1 e^{j\omega_e t} + cc \\ x_{N2} \approx \varepsilon B_2 e^{j\omega_e t} \\ x_{N3} \approx \varepsilon C_3 e^{j[(2\omega_e t - 2\gamma_1 + \gamma_3)/3]} + \varepsilon B_3 e^{j\omega_e t} + cc \end{cases} \tag{10-76}$$

根据式（10-20）可以得到常坐标系下磁齿轮非线性系统含 1∶2 内共振时组合共振的强迫振动响应。

10.7.2　含 1∶2 内共振时的组合共振响应分析

将表 2-1 所示算例系统对应的动力学参数代入式（10-76）中，可以得到含 1∶2 内共振时组合共振的响应曲线。由式（10-76）及图 10-9 可知，当输入转子转矩波动的激励频率接近派生系统输入转子与输出转子扭转方向上固有频率的组合频率时，会发生明显的共振现象，且传动系统强迫振动响应中的主导频率为 $\omega_e/3$，而不是组合激励频率。强迫振动中除了以 $\omega_e/3$ 为频率的简谐振动外，还包含频率为 $2\omega_e/3$ 的分数谐波成分。由于传动系统各构件之间的磁耦合刚度较小，因此输入转子在扭转自由度方向上的振动位移大于其余两个构件的振动位移。

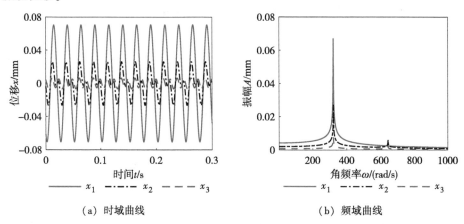

（a）时域曲线　　　　　　　　（b）频域曲线

图 10-9　$\omega_e \approx \omega_1 + \omega_3$ 时磁齿轮非线性系统含内共振的组合共振响应

10.8 本章小结

本章在建立磁齿轮非线性系统动力学模型和强迫振动微分方程的基础上，利用多尺度法推导得出了磁齿轮传动系统主共振和超谐共振的响应公式。通过数学计算软件求解并分析了主共振和超谐共振的时域与频域响应，当输入转子转矩波动的激励频率接近传动系统各构件在扭转方向上的固有频率或各构件扭转振动模态固有频率的一半时，传动系统将会发生较大的振动。

在磁齿轮非线性系统动力学模型的基础上，采用多尺度法得到了输出转子扭转振动模态频率约等于输入转子扭转振动模态频率的 2 倍时的系统自由振动响应曲线，将其与不存在内共振时的振动响应进行对比，发现 1∶2 内共振会导致输入、输出转子扭转振动模态之间发生能量传递，并且在阻尼的作用下，能量交换的频率会随着时间不断衰减。此外，在磁齿轮非线性系统强迫振动分析的基础上，推导了存在 1∶2 内共振时强迫振动的近似解析解，分析了主共振和组合共振的时域与频域响应，当输入转子转矩波动的激励频率接近派生系统固有频率 ω_1 和组合频率 $\omega_1 + \omega_3$ 时，传动系统将会发生强烈的振动，且强迫振动中包含有高次谐波和分数谐波成分。

第**11**章 基于磁流变阻尼器的
磁齿轮传动系统半主动控制

针对磁场调制型磁齿轮转矩波动较大易引起系统振动，且振动衰减缓慢的问题，本章拟通过引入旋转式磁流变阻尼器，在磁齿轮系统存在振动时提供外部额外阻尼力来加速振动衰减，从而提高磁齿轮系统的稳定性。通过阻尼器力学性能试验，确立了拟用磁流变阻尼器动力学模型，同时建立了耦合磁流变阻尼器的磁齿轮传动系统动力学模型。针对磁齿轮传动系统稳态激励下的强迫振动问题，基于耦合了旋转式磁流变阻尼器的传动系统，提出了PID、模糊 PID、LQR-fuzzy 半主动控制策略，来抑制其扭转振动，改善磁齿轮传动系统的动态性能。

11.1 磁流变阻尼器的结构原理

11.1.1 磁流变液概述

磁流变液是一种适用于控制的新型材料，它可以在外部磁场的作用下实现毫秒级固液形态的可逆转换特性响应。它是一种由非导磁性磁液、铁磁颗粒（羰基铁颗粒）以及一些活性添加剂混合而成的悬浮液。其最显著的效应就是磁流变效应，如图 11-1 所示，在没有外部磁场的情况下，铁磁颗粒分布得杂乱无章，具有很低的黏度和很高的流动性；施加外部磁场后，受磁场作用的铁磁颗粒会沿着磁力线同向排列，铁磁颗粒之间的相互作用力加强，磁流变液的形态也会随着磁场强度的变化而产生不同的形态变化，会在低黏度流体、高黏度流体、半固体甚至固体之间可逆变化。磁流变阻尼器正是基于磁流变液的以上特性，利用其毫秒级动态响应、可逆可控变化的特点设计的。

通过控制阻尼器线圈中励磁电流的大小来控制磁流变液的磁场强度，进而控制阻尼器的阻尼、阻尼力或力矩，为半主动控制提供了实现方式。

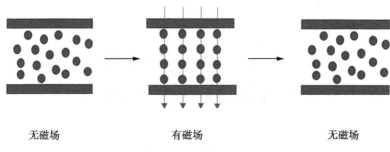

无磁场   有磁场   无磁场

图 11-1   磁流变效应

11.1.2   磁流变阻尼器的工作模式

旋转式磁流变阻尼器主要用于实现半主动控制，其工作模式如图 11-2 所示，本书中的旋转式磁流变阻尼器选用剪切模式。

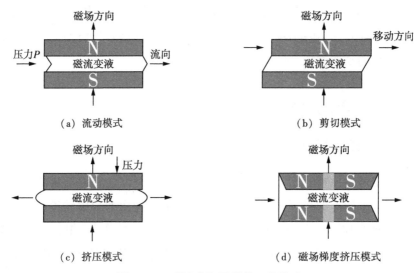

（a）流动模式   （b）剪切模式

（c）挤压模式   （d）磁场梯度挤压模式

图 11-2   磁流变阻尼器的工作模式

11.1.3   旋转式磁流变阻尼器的结构

图 11-3 所示为旋转式磁流变阻尼器的内部结构，其主要由固连于壳体上

的静止盘片、跟随转轴运动的移动盘片以及分布在两端的线圈组成。

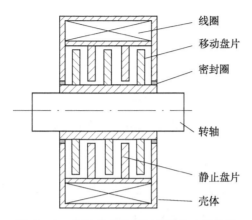

图 11-3　旋转式磁流变阻尼器的内部结构

在静止盘片与运动盘片之间的缝隙中充斥着磁流变液，通过调整分布于阻尼器两端的线圈中电流的大小来改变磁场强度，进而改变磁流变液的黏度、屈服特性等以实现阻尼力矩可调。当阻尼器工作时，运动盘片会相对静止盘片运动，表现为剪切工作模式，产生剪切阻尼力矩。

11.2　旋转式磁流变阻尼器阻尼特性试验

通过控制励磁电流、转速、角位移幅值、频率进行力学性能试验，从而得到不同电流下转速、角位移等参数与阻尼力矩的特性曲线，并将其用于阻尼器动力学模型的参数拟合和模型验证，为旋转式磁流变阻尼器在磁齿轮传动系统扭振控制中的有效应用奠定理论基础。

本节的研究对象为博海新材料股份有限公司的 MRF-A186 型旋转式磁流变阻尼器，其盘体直径为 130mm，最大输入电压为 15V，最大输入电流为 1A，理论最大输出阻尼力矩为 14N·m。

11.2.1　单向旋转试验

本小节通过对旋转式磁流变阻尼器进行单向旋转试验，测试其阻尼力矩与电流、转速之间的关系。图 11-4 所示为旋转式磁流变阻尼器性能试验系统示意图。

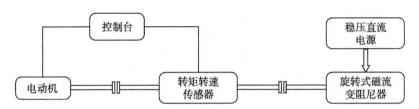

图 11-4 旋转式磁流变阻尼器性能试验系统示意图

单向旋转试验的主要参数包括阻尼器转速、励磁电流和输出转矩。在试验过程中，对阻尼器施加励磁电流是通过稳压直流电源实现的，由电动机通过变频器控制阻尼器的旋转速度，阻尼力矩数值则是由转矩转速传感器获得的。

试验方法：首先通过稳压直流电源设定一恒定励磁电流，由电动机带动旋转式磁流变阻尼器以不同转速转动，从而获得这一励磁电流下阻尼器的输出力矩—转速特性结果；然后调整阻尼器的励磁电流，重复上述操作，以获得旋转式磁流变阻尼器在不同励磁电流下的输出阻尼力矩—转速特性结果。详细试验方案如下：电流分别设置为 0A、0.25A、0.5A、0.75A、1A；转速为 0~300r/m。

图 11-5 所示为旋转式磁流变阻尼器性能试验平台。

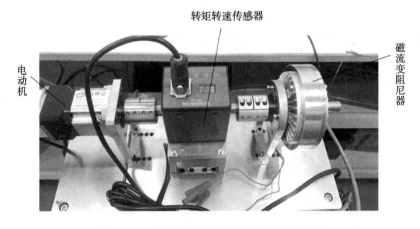

图 11-5 旋转式磁流变阻尼器性能试验平台

11.2.2　类正弦运动试验

旋转式磁流变阻尼器同样也适合做类正弦运动试验，以便更好地模拟扭转振动的情况。但由于试验条件有限，未找到合适的万能试验机进行位移正弦激励运动试验，故仍采用上述试验平台对旋转式磁流变阻尼器进行类正弦运动试验，所测输出阻尼力矩与转动角度、频率和电流相关。

编制好试验平台的电气启动程序，由电动机带动阻尼器进行定角度、定频率下的类正弦运动试验，试验方案如下：电流分别设置为 0A、0.25A、0.5A、0.75A、1A；转动角度分别设置为 ±5°、±10°、±15°；频率分别设置为 0.1Hz、0.3Hz、0.5Hz。

11.3　阻尼特性试验结果分析

11.3.1　单向旋转试验结果分析

旋转式磁流变阻尼器作为一种变阻尼器件，通过其磁流变效应可控来实现阻尼可控。阻尼器屈服状态对其应用影响较大，阻尼器达到屈服状态的转速与励磁电流大小整体呈负相关关系；励磁电流越小，磁流变液屈服时的转速值越大；反之，励磁电流越大，屈服转速越小。为了验证屈服转速，在试验过程中，对阻尼器施加 0.1A 的励磁电流，设定阻尼器的转速从 0 开始以 10r/min 的转速逐步递增，发现在转速达到 10r/min 之后，阻尼器的阻尼力矩基本维持一个定值，并且其输出阻尼力矩比励磁电流为 0A 时的阻尼力矩大，说明阻尼器间隙中的磁流变液在转速为 10r/min 时就已达到屈服状态，这一结果说明，该型磁流变液阻尼器的屈服转速较低。在设定好的励磁电流和转速下，磁流变阻尼器的输出阻尼力矩—转速特性曲线如图 11-6 所示。

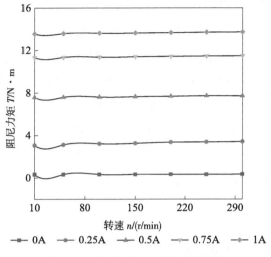

图 11-6　阻尼力矩—转速特性曲线

输出阻尼力矩与电流的关系对阻尼器的控制应用至关重要，由图 11-6 可以看出，阻尼器在相同励磁电流的作用下，不同转速时的阻尼力矩变化不大，可以看作近似相等。

11.3.2　类正弦运动结果分析

在已确定的振动角度幅值和励磁电流下，该型旋转式磁流变阻尼器的输出阻尼力矩—角度特性曲线如图 11-7 所示。由图 11-7 可知，输出阻尼力矩随着励磁电流的增大而相应增大，图中每单个周期的包络曲线面积随励磁电流的增大而增大，表示阻尼器作为耗能装置耗散的能量增大，做功增加。励磁电流由 0.5A 增至 0.75A 和由 0.75A 增至 1A 的力矩增加幅度相较于由 0A 增至 0.25A 以及由 0.25A 增至 0.5A 的力矩增加幅度减缓，这是由于励磁电流产生的磁场逐渐趋于饱和。

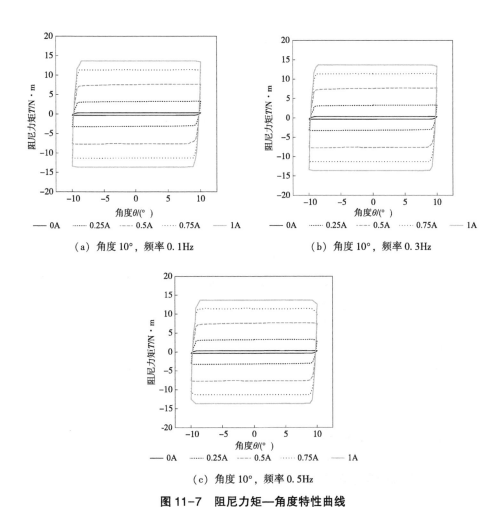

（a）角度 10°，频率 0.1Hz

（b）角度 10°，频率 0.3Hz

（c）角度 10°，频率 0.5Hz

图 11-7　阻尼力矩—角度特性曲线

激励频率对磁流变阻尼器输出阻尼力矩—角度特性曲线的影响如图 11-8
所示。由图 11-8 可知，随着频率的增大，输出阻尼力矩略微增大，但不明
显。改变旋转角度、频率影响的实际上仍是转速，图示结果与单向旋转试验
的力矩—转速试验结论相一致。

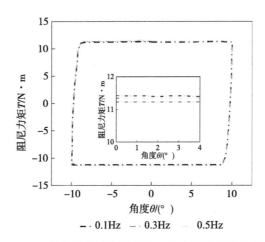

图 11-8　激励频率对阻尼力矩—角度特性曲线的影响

综上所述，旋转式磁流变阻尼器输出阻尼力矩主要受励磁电流的影响，旋转角度、频率实际上影响的是转速，对输出阻尼力矩的影响较小，可忽略。以上分析证明了此旋转式磁流变阻尼器具有良好的力矩可控性，达到了预期的设计目标。

11.4　磁流变阻尼器力学模型

11.4.1　磁流变阻尼器动力学模型

动力学模型是磁流变阻尼器在建筑、传动等领域应用的关键。目前，国内外关于旋转式磁流变阻尼器的参数化动力学模型没有直线式磁流变阻尼器的多，但一些模型（如宾汉姆模型、双曲正切模型等）是可以通用的。由于本次研究对象中的磁流变液在低转速下各状态的黏度比较稳定，因此应采用宾汉姆模型来构建此旋转式磁流变阻尼器的动力学模型，并进行磁齿轮传动系统的扭振控制研究，后文将通过数据拟合来确定阻尼器动力学模型各参数。

由库仑摩擦力和黏滞阻尼两元件组成宾汉姆模型，如图 11-9 所示。

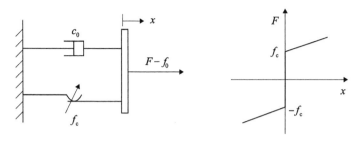

图 11-9　宾汉姆模型示意图

磁流变阻尼器宾汉姆模型的阻尼力函数表达式为

$$F = f_c \mathrm{sgn}(\dot{x}) + c_0\dot{x} + f_0 \tag{11-1}$$

式中　F——输出阻尼力（N）；

　　　f_c——库仑阻尼力（N）；

　　　$\dot{x}$——阻尼器相对速度（m/s）；

　　　c_0——阻尼系数；

　　　f_0——补偿力（N），可忽略。

磁流变阻尼器的实际输出阻尼力矩包括与阻尼器结构参数、制造精度等相关的摩擦力矩，以及关于电流的函数的库仑阻尼力矩和关于速度的函数的黏滞阻尼力矩。摩擦力矩因其特点可看作一定值。为了求得黏滞阻尼力矩，当电流为 0 时，库仑阻尼力矩为 0，输出的阻尼力矩减去摩擦力矩就是黏滞阻尼力矩。可对电流为 0 时的阻尼力矩进行公式拟合，从而求得阻尼力矩与转速有关的公式，即

$$T_n = 6.0925 \times 10^{-8} n^2 + 1.14 \times 10^{-4} n + 0.3133 \tag{11-2}$$

式中　n——转速（r/min）。

由图 11-6 可以看出，磁流变阻尼器在相同励磁电流的作用下，不同转速时的阻尼力矩大致相等，因此可以对同一励磁电流下、不同转速时的阻尼力矩求平均值，将其作为该励磁电流下的实际输出阻尼力矩。依此类推，获得不同电流下输出阻尼力矩的平均值并与电流为 0 时的阻尼力矩的平均值作差，利用多项式函数对这些差值点进行拟合，得到库仑阻尼力矩与电流的关系，

如图 11-10 所示。

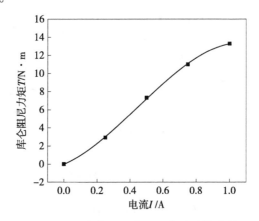

图 11-10   库仑阻尼力矩—电流特性曲线

通过多项式函数拟合库仑阻尼力矩与电流的函数关系式为

$$T_i = 15.1893i^3 + 20.508i^2 + 7.975i - 0.022 \qquad (11-3)$$

式中 i——电流（A）。

联立式（11-2）和式（11-3）可以得到旋转式磁流变阻尼器的动力学模型，即

$$
\begin{aligned}
T = (& 15.1893i^3 + 20.508i^2 + 7.975i - 0.022 + \\
& 6.0925 \times 10^{-8}n^2 + 1.14 \times 10^{-4}n + 0.3133) \times \mathrm{sgn}(n)
\end{aligned} \qquad (11-4)
$$

11.4.2   动力学模型的验证

基于上小节由单向旋转试验数据确立的磁流变阻尼器动力学模型，在 Simulink 模块中建立了其宾汉姆动力学仿真模型，如图 11-11 所示。

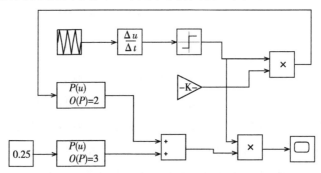

图 11-11   磁流变阻尼器动力学仿真模型

　　考虑到单向旋转运动和类正弦运动可以相互转换，可采取类正弦运动试验数据对模型进行验证。取相同试验条件下的角位移激励信号，在宾汉姆仿真模型的输入端加上一个频率为 0.1Hz、角度为 10° 的类正弦信号（三角波信号），对这一工况进行仿真验证。将相同条件下的模型仿真值与试验测试值做对比，用来验证阻尼器动力学模型的准确性。图 11-12 所示为阻尼器动力学模型预测值与试验值对比。

　　图 11-12 中类正弦运动的试验曲线为实线，形状近似于一个矩形；动力学模型的预测曲线为虚线，形状也近似于一个矩形。从图 11-12 中可以看出，不同电流下，模型曲线与试验曲线仅在左上角和右下角处存在细微差异，其余部分都可以较精准地拟合，证明模型可以预测此旋转式磁流变阻尼器的动力学特性并用于振动控制。

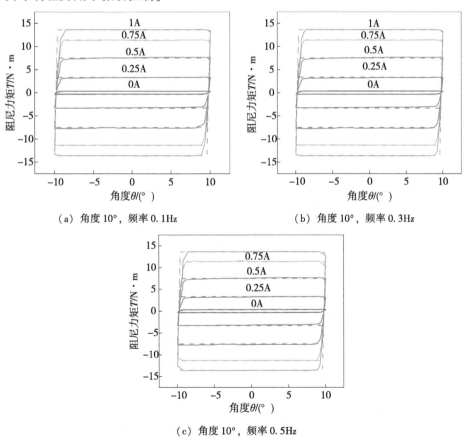

（a）角度 10°，频率 0.1Hz　　　　　（b）角度 10°，频率 0.3Hz

（c）角度 10°，频率 0.5Hz

图 11-12　阻尼器动力学模型预测值与试验值对比

11.5　磁齿轮传动系统强迫振动动力学模型

　　对磁齿轮稳态转矩波动下的强迫振动进行控制分析之前，须依据磁齿轮的结构特点，建立磁齿轮传动系统的整体动力学模型。

　　由于磁齿轮的结构特点，磁齿轮传动系统的动力学模型随着固定部件的不同而存在差异，本节的动力学模型是基于固定调磁环进行研究的。先将传动系统分为两个子系统单独进行分析，然后联立起来建立整个系统的动力学模型。引入磁流变阻尼器的磁齿轮传动系统受内、外转子转矩波动稳态激励的动力学模型如图 11-13 所示。

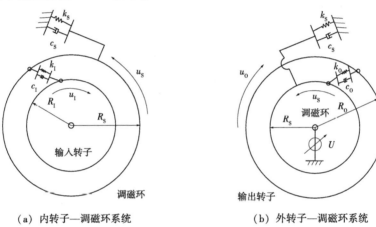

（a）内转子—调磁环系统　　　　　　　（b）外转子—调磁环系统

图 11-13　磁齿轮传动系统动力学模型

　　内转子、外转子及调磁环的扭转角位移分别为 θ_1、θ_2、θ_3。用扭转线位移代替其角位移，即

$$u_i = R_i\theta_i \, , \, i = \mathrm{I,S,O}$$

　　传动系统的整体动力学微分方程为

$$M_\mathrm{I}\ddot{u}_\mathrm{I} + c_\mathrm{I}\dot{u}_\mathrm{I} + k_\mathrm{I}(u_\mathrm{I} - u_\mathrm{S}) = 0$$

$$M_\mathrm{S}\ddot{u}_\mathrm{S} + c_\mathrm{S}\dot{u}_\mathrm{S} + k_\mathrm{S}u_\mathrm{S} - k_\mathrm{I}(u_\mathrm{I} - u_\mathrm{S}) + k_\mathrm{O}(u_\mathrm{S} - u_\mathrm{O}) = 0 \qquad (11-5)$$

$$M_\mathrm{O}\ddot{u}_\mathrm{O} + c_\mathrm{O}\dot{u}_\mathrm{O} - k_\mathrm{O}(u_\mathrm{S} - u_\mathrm{O}) + U(t) = \frac{\Delta T_\mathrm{O}}{R_\mathrm{O}}$$

式中　$U(t)$——磁流变阻尼器输出阻尼力（N）；

　　　c_I——内转子扭转阻尼系数（N·s/m）；

　　　c_S——调磁环扭转阻尼系数（N·s/m）；

　　　c_O——外转子扭转阻尼系数（N·s/m）；

　　　k_I——内转子扭转支承刚度（N/m）；

　　　k_O——外转子扭转支承刚度（N/m）；

　　　k_S——调磁环扭转支承刚度（N/m）。

基于磁场调制型磁齿轮的结构仿真参数，可以得到传动系统稳定运行时的刚度和质量参数，分别见表11-1、表11-2。

表 11-1　磁齿轮机构的质量参数

M_I/kg	M_S/kg	M_O/kg
1.75	1.25	2.8

表 11-2　磁齿轮机构的刚度参数

k_I/(kN/m)	k_O/(kN/m)	k_S/(mN/m)
81.2	323	3

将磁齿轮传动系统动力学方程中的物理变量用状态变量代替，令 $x_1 = u_I$，$x_2 = \dot{u}_I$，$x_3 = u_S$，$x_4 = \dot{u}_S$，$x_5 = u_O$，$x_6 = \dot{u}_O$，可写成如下状态空间方程形式

$$\dot{x} = Ax + Bu$$
$$y = Cx + Du$$

$$(11\text{-}6)$$

$$A = \begin{bmatrix} 0 & 0 & 0 & 1 & 0 & 0 \\ 0 & 0 & 0 & 0 & 1 & 0 \\ 0 & 0 & 0 & 0 & 0 & 1 \\ -\dfrac{k_I}{M_I} & \dfrac{k_I}{M_I} & 0 & \dfrac{c_I}{M_I} & 0 & 0 \\ \dfrac{k_I}{M_S} & -\left(\dfrac{k_I}{M_S} + \dfrac{k_O}{M_S} + \dfrac{k_S}{M_S}\right) & \dfrac{k_O}{M_S} & 0 & -\dfrac{c_S}{M_S} & 0 \\ 0 & \dfrac{k_O}{M_O} & -\dfrac{k_O}{M_O} & 0 & 0 & -\dfrac{c_O}{M_O} \end{bmatrix}$$

$$\boldsymbol{B} = \begin{bmatrix} 0 & 0 \\ 0 & 0 \\ 0 & 0 \\ 0 & 0 \\ 0 & 0 \\ 1 & 1 \end{bmatrix} \quad \boldsymbol{C} = \begin{bmatrix} 1 & 0 & 0 & 0 & 0 & 0 \\ 0 & 1 & 0 & 0 & 0 & 0 \\ 0 & 0 & 1 & 0 & 0 & 0 \end{bmatrix} \quad \boldsymbol{D} = \begin{bmatrix} 0 & 0 \\ 0 & 0 \\ 0 & 0 \end{bmatrix}$$

使用 MATLAB 和 Simulink 创建引入磁流变阻尼器的磁齿轮传动系统的动力学模型，图 11-14 所示为 Simulink 状态空间方程模型，图 11-15 所示为 Simulink 微分方程模型。

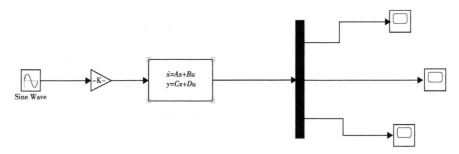

图 11-14　Simulink 状态空间方程模型

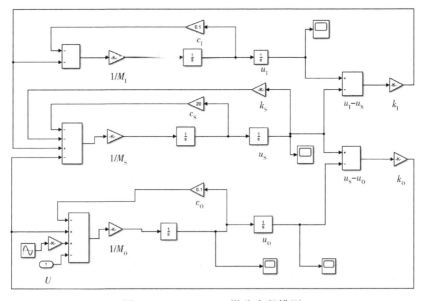

图 11-15　Simulink 微分方程模型

11.6　磁齿轮传动系统振动控制方法

在磁齿轮传动系统振动的半主动控制中，控制策略及旋转式磁流变阻尼器的性能对控制效果起主要作用。基于磁流变阻尼器的磁齿轮半主动控制是利用励磁电流调整阻尼器间隙中磁流变液的磁场强度来调整阻尼器的阻尼参数，进而根据被控对象的运动状态，使其产生与控制器求出的磁齿轮抑振所期望的控制力近似相等的阻尼力。因此，在进行磁流变半主动控制时，首先通过控制算法获得磁齿轮系统抑振的期望控制力，再通过逆模型等方法获得磁流变阻尼器产生期望控制力所需的电流，以使所提供的阻尼力趋近于期望控制力。

11.6.1　PID 控制器的基本原理

比例—积分—微分（PID）控制是通过对观测误差进行比例、积分、微分三种运算的线性组合调节来控制被控对象的方法。PID 控制算法比较简单，只需要对上述三个参数进行整定，而且使用时可以不考虑被控系统的精确模型。传统 PID 控制原理示意图如图 11-16 所示。

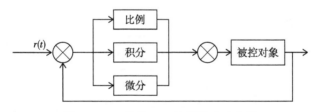

图 11-16　传统 PID 控制原理示意图

11.6.2　PID 控制的参数整定

PID 控制系统设计的核心是对比例、积分、微分参数（K_P、K_I、K_D）进行整定。采用试凑法调整三个参数的取值，根据被控系统在参数调整过程中表现出来的特性进行进一步调整。

采用 PID 控制算法时，参数 K_P、K_I 和 K_D 设置的合理性是磁齿轮传动系统减振的重中之重。本节选取控制器的输入为磁齿轮传动系统输出转子的振动位移，控制器的输出为磁流变阻尼器所需电流，建立偏差负反馈控制结构。控制目标为外转子振动线位移幅值越小越好，采用试凑法对 PID 参数进行整定，具体步骤如下：

①设置比例参数。首先将 K_I 和 K_D 设置为 0，然后在较小范围内调节 K_P 的值，直到观测系统超调量较小、响应较快，但此时系统仍存在稳态误差。

②设置积分参数。调节 K_I 值，同时小幅度地调节 K_P 的值，消除设置比例参数时的稳态误差。

③设置微分参数。调节 K_D 值，同时小幅度调节 K_P 和 K_I 的值，直到试凑出满足磁齿轮减振需求的参数。

11.6.3　半主动传动系统的 PID 控制

根据磁齿轮传动的稳定性要求，以改善磁齿轮输出转子的振动为主要目的，即减小输出转子的扭转线位移振幅，依据 PID 控制原理，PID 控制器的输入为振动幅值与设定值之间的差值，令理想设定值为 0，输出是控制旋转式磁流变阻尼器的实时电流。图 11-17 所示为磁齿轮 PID 半主动控制系统概念图。

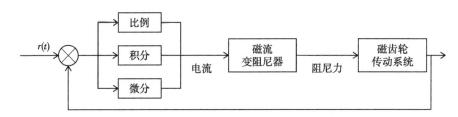

图 11-17　磁齿轮 PID 半主动控制系统概念图

11.6.4　基于 MATLAB/Simulink 的 PID 控制系统仿真及结果分析

在磁齿轮动力学模型中对外转子施加正弦激励，从而模拟外转子在稳态转矩波动激励下的 PID 控制策略的控制效果。应用 MATLAB/Simulink 软件平台对耦合磁流变阻尼器的磁齿轮传动系统搭建 PID 控制系统，其仿真模型如图 11-18 所示。

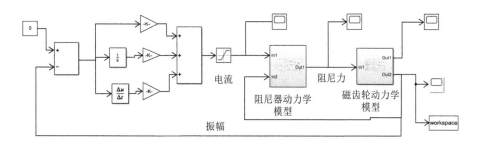

图 11-18　PID 控制系统仿真模型

耦合旋转式磁流变阻尼器的磁齿轮传动系统在外转子转矩波动激励下的 PID 控制前后对比图如图 11-19 所示。

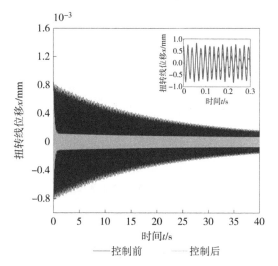

图 11-19　PID 控制前后对比图

由图 11-19 可知，在 PID 控制策略的控制下，基于磁流变阻尼器的磁齿轮传动系统的输出转子振动线位移的振动幅值相较于控制前迅速减小，达到了控制目的。

11.7　模糊控制理论

模糊理论是由扎德（Zadeh）首先提出的，由曼达尼（Mamdani）逐步完善并提出了模糊控制学说。模糊控制是一种类人智能控制方式，它是根据专家经验或试验数据，结合模糊语言变量、模糊集和模糊逻辑而形成的。

相比于现有的传统控制方法，模糊控制具有以下特点：

①模糊控制是根据专家经验或试验数据为控制目标设计的控制方法，对被控目标各参数要求较低。

②模糊控制可以解决系统的非线性问题。

③模糊控制的关键在于其模糊控制规则，模糊控制规则逻辑简单、容易实现。

④对被控系统具有高度适应性以及鲁棒性。

图11-20所示为模糊控制原理图，其中模糊控制器主要由模糊化、模糊推理、去模糊化（清晰化）三个模块构成。

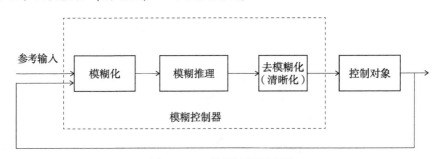

图11-20　模糊控制原理图

模糊控制器的设计流程如下：

①选择模糊控制器的输入变量和输出变量。通常选择被控目标的观测值与目标值的差值 e 及其变化率作为控制器的输入变量，同时选择可控系统变量作为输出变量。

②模糊规则设定。根据被控对象、输入变量、输出变量，依据经验设计控制规则，达到消除系统误差的目的。因模糊规则建立得精确与否直接影响控制效果，故模糊规则设定是设计模糊控制系统的核心。

③清晰化。将模糊规则推理下获取的语言模糊量转变成准确物理量需要进行去模糊化处理。通常所采取的措施包括最大隶属度法、重心法等，具体方法的选取是根据隶属度函数、推理规则等来确定的。

11.8　磁齿轮传动系统模糊 PID 控制

对于一个多变量、时变的系统，仅仅由传统 PID 控制器进行控制，无法满足系统动静态、跟随目标值与抗扰动之间的矛盾等复杂的工况要求。此外，传统 PID 控制器不能根据反馈值在线自整定参数 K_P、K_I、K_D，从而影响了其控制效果。因此，在传统 PID 控制器上引入模糊控制，使其根据被控系统的偏差 e 及其变化率的矢量特征，通过设定模糊规则，自整定 PID 参数值 K_P、K_I、K_D，以满足被控系统的参数和工作条件变化要求，这类控制方式被称为模糊 PID 控制。

11.8.1　模糊 PID 控制器的控制原理

研究表明，将模糊控制和 PID 控制组合成模糊 PID 控制，其能利用模糊控制器的模糊逻辑对 PID 控制器的参数进行在线调整，具备更灵活的动态调整功能，可以提高系统的被控精度和鲁棒性。因此，模糊控制器的设计是模糊 PID 控制的核心所在，会对参数 K_P、K_I、K_D 的取值产生直接影响，进而对被控系统的控制产生影响。模糊 PID 控制器由模糊控制器和 PID 控制器复合构成，其原理图如图 11-21 所示。设定模糊控制器输入变量为目标值与设定值的偏差 e 及其变化率，输出变量为 PID 控制器的三个参数 ΔK_P、ΔK_I、ΔK_D。首先根据输入变量进行模糊化计算，然后依据模糊规则进行逻辑推理并去模糊化，得到动态输出变量 ΔK_P、ΔK_I、ΔK_D 输送给 PID 控制器，进而对被控系统进行控制。

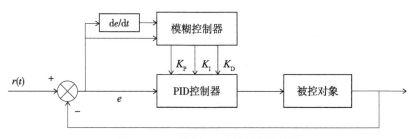

图 11-21　模糊 PID 控制器原理图

11.8.2 模糊 PID 控制器的设计

1. 模糊 PID 控制器的结构

作为一种二维输入的模糊控制器，针对磁齿轮传动系统扭振控制，将输出转子的振动位移值和预设值之差 e 与振动速度变化作为输入。将输入信号经处理后得到的 K_P、K_I、K_D 作为 PID 控制器的输入变量，将施加给磁流变阻尼器的电流作为模糊 PID 控制器的输出变量。

2. 模糊论域的确定与模糊化

根据外转子扭振线位移值及其变化率来确定输入误差 e、ec 以及模糊论域的取值范围，在转矩波动激励下，动力学模型中外转子扭振线位移一般位于 $[-0.0008，0.0008]$ 区间中。在两个输入变量相同的模糊论域下，论域取值一般设置在 $[-6，6]$ 区间内。e 和 ec 量化系数也可由此得到。在本小节的被控系统中，输入、输出变量相应的论域与隶属度函数相同，隶属度函数选取三角函数。

设计的模糊 PID 控制器仿真模型如图 11-22 所示。

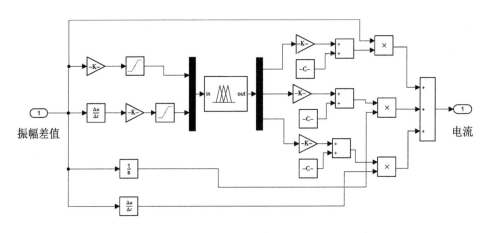

图 11-22　模糊 PID 控制器仿真模型

3. 模糊控制规则的设定

模糊控制规则的设定，主要依赖于对磁齿轮传动系统进行控制的理论经验和控制策略的特点，据此设定 if 条件语句。ΔK_P、ΔK_I、ΔK_D 的相关控制规则见表 11-3~表 11-5。

If e is NB and ec is NB, then ΔK_P is PB

If e is NB and ec is NM, then ΔK_P is PB

⋮

表 11-3　$\triangle K_P$ 的模糊规则表

ΔK_P		ec						
	—	NB	NM	NS	Z	PS	PM	PB
	NB	PB	PB	PM	PM	PS	Z	Z
	NM	PB	PB	PM	PS	PS	Z	NS
	NS	PM	PM	PM	PS	Z	NS	NS
e	Z	PM	PM	PS	Z	NS	NM	NM
	PS	PS	PS	Z	NS	NS	NM	PM
	PM	PS	Z	NS	NM	NM	NM	NB
	PB	Z	Z	NM	NM	NM	NB	NB

注：NB—负大；NM—负中；NS—负小；Z—零；PB—正大；PM—正中；PS—正小。

表 11-4　$\triangle K_I$ 的模糊规则表

ΔK_I		ec						
	—	NB	NM	NS	Z	PS	PM	PB
	NB	NB	NB	NM	NM	NS	Z	Z
	NM	NB	NB	NM	NS	NS	Z	Z
	NS	NM	NM	NS	NS	Z	PS	PS
e	Z	NM	NM	NS	Z	PS	PM	PM
	PS	NM	NS	Z	PS	PS	PM	PB
	PM	Z	Z	PS	PS	PM	PB	PB
	PB	Z	Z	PS	PM	PM	PB	PB

注：各规则说明同表 11-3。

表 11-5　ΔK_{D} 的模糊规则表

ΔK_{D}		ec						
	—	NB	NM	NS	Z	PS	PM	PB
e	NB	PS	NS	NB	NB	NB	NM	PS
	NM	PS	NS	NB	NM	NM	NS	Z
	NS	Z	NS	NM	NM	NS	NS	Z
	Z	Z	NS	NS	NS	NS	NS	Z
	PS	Z	Z	Z	Z	Z	Z	Z
	PM	PB	NS	PS	PS	PS	PS	PB
	PB	PB	PM	PM	PM	PS	PS	PB

注：各规则说明同表 11-3。

11.8.3　基于 MATLAB/Simulink 的模糊 PID 控制系统仿真及结果

根据建立的磁齿轮传动系统半主动控制原理模型，基于模糊 PID 控制原理及模糊 PID 控制器设计，以振动位移幅值趋近于零为控制目标，利用 Simulink 平台对磁齿轮传动系统进行控制建模和仿真分析。模糊 PID 控制器仿真结构如图 11-23 所示。

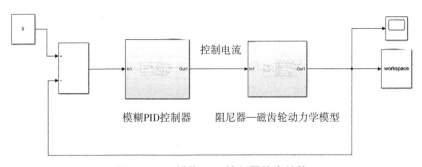

图 11-23　模糊 PID 控制器仿真结构

磁齿轮传动系统施加模糊 PID 半主动控制前后结果对比如图 11-24 所示。

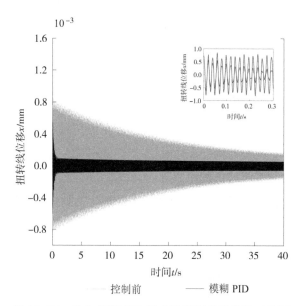

图 11-24　施加模糊 PID 半主动控制前后结果对比图

由图 11-24 可知，基于磁流变阻尼器的磁齿轮传动系统的输出转子振动线位移在模糊 PID 控制策略的控制下，振动幅值相较于未施加控制前快速衰减，即达到了控制的目的。

11.9　LQR-fuzzy 控制

线性二次型调节器（LQR）控制是基于状态空间方程的一种现代控制理论，可获得状态线性反馈的最优控制律。其求解过程分为三个步骤：先建立系统状态空间方程，再设定控制目标并选取加权系数，最后结合控制理论解方程，求解所设目标下的最优控制律。

系统状态空间方程形式为

$$\dot{x} = Ax + Bu$$
$$y = Cx + Du$$

(11-7)

设定其性能指标，即设定输入信号 u，使 J 最小，则

$$J = \frac{1}{2}\boldsymbol{x}^{\mathrm{T}}\boldsymbol{S}_x + \frac{1}{2}\int_{t_o}^{t_f}(\boldsymbol{x}^{\mathrm{T}}\boldsymbol{Q}\boldsymbol{x} + \boldsymbol{u}^{\mathrm{T}}\boldsymbol{R}\boldsymbol{u})\,\mathrm{d}t \qquad (11-8)$$

式中　　$\boldsymbol{Q}$——状态变量加权矩阵；

　　　　$\boldsymbol{R}$——输入变量加权矩阵；

　　　　t_f——终止控制时间；

　　　　t_o——起始控制时间；

　　　　$\boldsymbol{S}$——控制系统终值约束。

由 LQR 最优控制理论可知，若想使 J 最小化，则控制信号应为

$$\boldsymbol{u} = -\boldsymbol{R}^{-1}\boldsymbol{B}^{\mathrm{T}}\boldsymbol{P}\boldsymbol{x} \qquad (11-9)$$

其中，$\boldsymbol{P}$ 为对称矩阵，该矩阵满足下面的黎卡提（Riccati）微分方程

$$\dot{\boldsymbol{P}} = -\boldsymbol{P}\boldsymbol{A} - \boldsymbol{A}^{\mathrm{T}}\boldsymbol{P} + \boldsymbol{P}\boldsymbol{B}\boldsymbol{R}^{-1}\boldsymbol{B}^{\mathrm{T}}\boldsymbol{P} - \boldsymbol{Q} \qquad (11-10)$$

可见，最优控制信号取决于状态变量 x 与黎卡提微分方程的解 $\boldsymbol{P}$。

为了方便控制器的设计，考虑系统稳态状况。此状况下黎卡提微分方程的解矩阵 $\boldsymbol{P}$ 将趋向于常数矩阵，使得 $\dot{\boldsymbol{P}}=0$，黎卡提微分方程将简化成

$$\boldsymbol{P}\boldsymbol{A} + \boldsymbol{A}^{\mathrm{T}}\boldsymbol{P} - \boldsymbol{P}\boldsymbol{B}\boldsymbol{R}^{-1}\boldsymbol{B}^{\mathrm{T}}\boldsymbol{P} + \boldsymbol{Q} = 0 \qquad (11-11)$$

11.9.1　LQR 控制系统

为了减小外转子扭转振动位移，根据动力学模型的状态空间方程，加权矩阵 $\boldsymbol{Q}$ 以及外转子扭转位移各自对应的权系数值较大，可以使系统更快速地达到稳定状态。已知磁齿轮传动系统的主要控制变量为外转子扭转振动位移即 x_3，这里取 $\boldsymbol{Q} = \mathrm{diag}(q1, q2, q3, 0, 0, 0)$。调用 MATLAB 中的 LQR 函数工具。

其中的最优期望控制力为

$$\boldsymbol{u} = -\boldsymbol{k}\boldsymbol{x}(t) \qquad (11-12)$$

式中 k——状态反馈增益矩阵，$k=R^{-1}B^{\mathrm{T}}P$；

P——最优反馈，P 满足黎卡提代数方程 $PA+A^{\mathrm{T}}P-PBR^{-1}B^{\mathrm{T}}P+Q=0$；

x（t）——任意时刻的反馈状态量。

通过调用 MATLAB 中的 LQR 设计函数可得

$$[K \quad S \quad E]=LQR(A,B,Q,R,N) \tag{11-13}$$

由此得到控制器的反馈为

$$K=[94.72 \quad 293.84 \quad 4657.43 \quad 1.37 \quad 4.27 \quad 96.48]$$

11.9.2 LQR-fuzzy 半主动控制器

基于磁流变阻尼器半主动控制策略得到的期望控制力，一般需要通过阻尼器逆向模型计算控制电流，带回到阻尼器正模型中，使其产生趋近期望控制力，但逆向模型求解复杂。本小节出于对简单性和实用性的考虑，在最优控制的基础上加入模糊控制策略，构造了一种复合半主动控制策略，其结构示意图如图 11-25 所示。复合半主动控制器由两部分组成：第一部分为抑制磁齿轮传动系统扭振振幅增加的最优控制器，可以凭此获得期望控制力；第二部分为取代逆向模型求解电流环节的模糊控制器，通过控制器模糊推理计算出使阻尼器趋近期望控制力的控制电流。最优控制器与模糊控制器之间设置一力限制器，用来限制磁流变阻尼器能够跟踪的控制力。

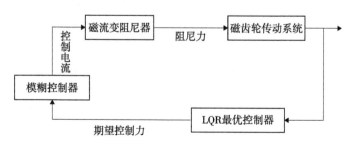

图 11-25 LQR-fuzzy 半主动控制结构示意图

在本小节设计的模糊控制器部分中，期望控制力被选作控制器输入信号，为限定输入，取值范围为 [-6，6]，对期望控制力通过系数进行归一化处理。定义其语言变量，NB、NM、NS、PS、PM、PB、ZE 分别表示负大、负中、负小、正大、正中、正小和零。输入期望控制力隶属函数选用三角函数。输入变量的设定如图 11-26 所示。

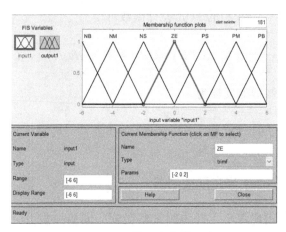

图 11-26　输入变量的设定

在模糊控制器中，控制电流被选作输出信号，取值范围为 [0，1]，定义其语言变量，B、M、S、ZE 分别表示大、中、小和零，隶属度函数选用三角函数，输出变量的设定如图 11-27 所示。

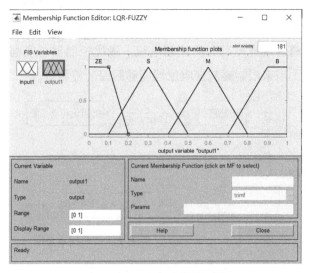

图 11-27　输出变量的设定

由上文中的阻尼器性能试验可知，简单来讲，阻尼器输出的阻尼力与输入电流呈正相关关系，据此设计控制规则，见表 11-6。采用重心法去模糊化。

表 11-6　模糊控制规则表

期望控制力	NB	NM	NS	ZE	PS	PM	PB
电流	B	M	S	ZE	S	M	B

11.9.3　LQR-fuzzy 半主动控制仿真结构及分析结果

依据 LQR-fuzzy 控制原理以及复合控制器设计，使用 Simulink 平台搭建仿真模型，研究耦合旋转式磁流变阻尼器在 LQR-fuzzy 控制策略下对磁齿轮传动系统扭转振动的抑制效果。图 11-28 所示为 LQR-fuzzy 复合控制仿真结构。

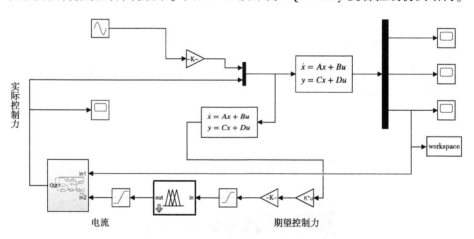

图 11-28　LQR-fuzzy 复合控制仿真结构

由图 11-29 可知，基于磁流变阻尼器的磁齿轮传动系统，外转子振动位移在 LQR-fuzzy 控制策略的控制下，振动幅值相较于未施加控制前得到大幅度减小，达到了半主动控制的目的。

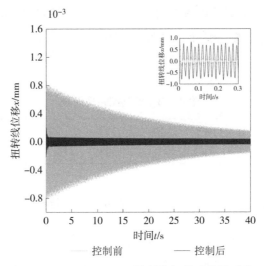

图 11-29 LQR-fuzzy 控制施加前后结果对比

11.10 控制策略对比

对比上述各种控制策略的控制效果，结果如图 11-30 所示。

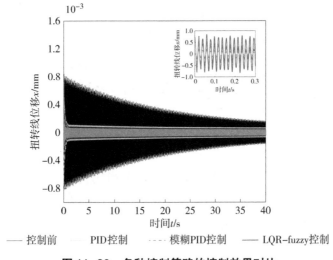

图 11-30 各种控制策略的控制效果对比

由图 11-30 可以看出，各种控制策略对外转子线位移的控制都有不错的效果，其中 LQR-fuzzy 控制因为采用了复合控制方法，基于最优理论能够求出合理的期望控制力；而模糊控制器可以使阻尼器产生的阻尼力更趋近于期望控制力，效果更好。

11.11 本章小结

本章首先通过单向旋转试验、类正弦运动试验分析了 MRF-A186 型磁流变液旋转式磁流变阻尼器的力学特性，获得了不同电流和转速、角度信号下输出阻尼力矩与转速、角度的特性曲线。根据性能试验结果，采用多项式函数拟合确立了本章所使用磁流变阻尼器的宾汉姆模型，并通过对比仿真、试验数据验证了模型的准确性。在考虑了外转子稳态转矩波动激励并耦合了阻尼器的情况下，建立了磁齿轮传动系统的动力学模型，为后续磁齿轮传动系统振动控制的研究奠定了基础。

磁齿轮传动系统在稳态转矩波动的激励下，由于其弱磁耦合刚度和低阻尼系数的动力学特性，会产生较大的响应振幅。针对此问题，本章研究了耦合磁流变阻尼器的磁齿轮传动系统在外转子稳态转矩波动激励下的半主动振动控制效果，提出了 PID 控制、模糊 PID 控制以及 LQR-fuzzy 控制策略，降低了外转子扭转振动，其中 LQR-fuzzy 控制效果最好，能够改善磁齿轮传动系统的动态性能。

参考文献

［1］赵韩，吴其林，黄康，等. 国内齿轮研究现状及问题研究［J］. 机械工程学报，2013，49（19）：15-24.

［2］王丽娟，黄清世，邹雯. 齿轮发展研究综述［J］. 机械研究与应用，2008，21（1）：17-18.

［3］孙嘉陵. 机械传动齿轮失效及其控制措施分析［J］. 内燃机与配件，2019（17）：163-164.

［4］吴鲁纪，耿福震. 高速齿轮传动技术与装置综述［J］. 机械传动，2019，43（11）：172-175.

［5］钱永辉，毛芳芳，张朝国. 浅谈齿轮制造业的问题以及发展趋势［J］. 内燃机与配件，2021（10）：190-191.

［6］周亚田，张端亮，王铁，等. 渐开线直齿轮齿面磨损对接触载荷的影响［J］. 机械设计与制造，2021（7）：58-61.

［7］陈郢，皇百红，杨亮波，等. 变速箱中间轴常啮合齿轮断裂失效分析［J］. 金属材料与冶金工程，2021，49（6）：17-21.

［8］汲柏良，秦清海. 磁性传动齿轮研究综述［J］. 微特电机，2022，50（2）：59-66.

［9］MATTHEE A, WANG R J, AGENBACH C J, et al. Evaluation of a magnetic gear for air-cooled condenser applications［J］. IET Electric Power Applications, 2018, 12（5）：677-683.

［10］ATALLAH K, HOWE D. A Novel high-performance magnetic gear［J］. IEEE Transactions on Magnetics, 2001, 37（4）：2844-2846.

［11］ATALLAH K, CALVERLEY S D, HOWE D. Design, analysis and realisation of a high – performance magnetic gear [J]. IEEE Proceedings Electric Power Applications, 2004, 151 (2): 135-143.

[12] BAGHLI L, GOUDA E, MEZANI S. Hybrid vehicle with a magnetic planetary gear [J]. The Mediterranean Journal of Measurement and Control, 2011, 7 (2): 243-249.

[13] 李容军, 甘家毅, 谢美玲, 等. 稀土永磁材料的发展及在电机中的应用分析 [J]. 大众科技, 2019, 21 (9): 23-25.

[14] TEMPER CORP. Magnetic Gear and Gear Train Configuration: US 5569967 (A) [P]. 1996-10-29.

[15] FURLANI E P. Permanent magnet and electormechanical devices: Materials, analysis and applications [M]. New York: Academic Press, 2001: 1-518.

[16] FURLANI E P. Analytical analysis of magnetically coupled multipole cylinders [J]. Journal of Physics D: Applied Physics, 2000, 33 (1): 28-33.

[17] YAO Y D, HUANG D R, HSIEH C C, et al. Simulation study of the magnetic coupling between radial magnetic gears [J]. IEEE Transactions on Magnetics, 1997, 33 (2): 2203-2206.

[18] YAO Y D, HUANG D R, LEE C M, et al. Magnetic coupling studies between radial magnetic gears [J]. IEEE Transactions on Magnetics, 1997, 33 (5): 4236-4238.

[19] YAO Y D, HUANG D R, LIN S M, et al. Theoretical computations of the magnetic coupling between magnetic gears [J]. IEEE Transactions on Magnetics, 1996, 32 (3): 710-713.

[20] NAGRIAL M H, RIZK J. Design and performance of a magnetic gear [J]. IEEE International Magnetics Conference, 2000: 644.

[21] 孔繁余, 张旭锋, 张洪利, 等. 无接触传动永磁齿轮磁场的数值模拟 [J]. 工程设计学报, 2009, 16 (3): 187-190.

[22] 魏衍侠. 永磁齿轮的理论研究和有限元分析 [J]. 机械, 2011, 38 (4): 21-24.

[23] TSURUMOTO K, KIKUCHI S. A new magnetic gear using permanent magnet

[J]. IEEE Transactions on Magnetics, 1987, 23 (5): 3622-3624.

[24] TSURUMOTO K. Power transmission of magnetic gear using common meshing and insensibility to center distance [J]. IEEE Translation Journal on Magnetics in Japan, 1988, 3 (7): 588-589.

[25] TSURUMOTO K. Some considerations on the improvement of performance characteristics of magnetic gear [J]. IEEE Translation Journal on Magnetics in Japan, 1989, 4 (9): 576-582.

[26] TSURUMOTO K. Study of a trial production of magnetic gear with variable circular arc tooth profile [J]. IEEE Transactions on Magnetics in Japan, 1990, 5 (8): 690-696.

[27] TSURUMOTO K. Generating mechanism of magnetic force in meshing area of magnetic gear using permanent magnet [J]. IEEE Transactions on Magnetics in Japan, 1991, 6 (6): 531-536.

[28] TSURUMOTO K. Basic analysis on transmitted force of magnetic gear using permanent magnet [J]. IEEE Translation Journal on Magnetics in Japan, 1992, 7 (6): 447-452.

[29] TSURUMOTO K. Some improvements of starting characteristics of magnetic gear by eddy current effect [J]. IEEE Translation Journal on Magnetics in Japan, 1993, 8 (1): 62-66.

[30] SULZER INNOTEC A G. Electrodynamic transmission and a centrifugal pump with a transmission of this kind: US 6217298 (B1) [P]. 2001-04-17.

[31] MEISBERGER A. Magnetic gear and centrifuge having a magnetic gear: US 6440055 (B1) [P]. 2002-8-27.

[32] LANGELIERS M, AGAMLOH E, VON JOUANNE A, et al. A permanent magnet, rack and pinion gearbox for ocean energy extraction [C] //44th AIAA Aerospace Science Meeting and Exhibit. Reston: American Institute of Aeronautics and Astronautics Inc. , 2006: 11973-11980.

[33] YAO Y D, HUANG D R, HSIEH C C, et al. The radial magnetic coupling studies of perpendicular magnetic gears [J]. IEEE Transactions on Magnetics, 1996, 32 (5): 5061-5063.

［34］ BAERMANN M. Magnetic worm drive：US 3814962（A）［P］. 1974-06-04.

［35］ YAO Y D, HUANG D R, HSICH C C, et al. The radial magnetic coupling studies of perpendicular magnetic gears［J］. IEEE Transactions on Magnetics, 1996, 32（5）：5061-5063.

［36］ KIKUCHI S, TSURUMOTO K. Trial construction of a new magnetic skew gear using permanent magnet［J］. IEEE Transactions on Magnetics, 1994, 30（6）：4767-4769.

［37］ KIKUCHI S, TSURUMOTO K. Design and characteristics of a new magnetic worm gear using permanent magnet［J］. IEEE Transactions on Magnetics, 1993, 29（6）：2923-2925.

［38］ HUANG C C, TSAI M C, DORRELL D G, et al. Development of a magnetic planetary gearbox［J］. IEEE Transactions on Magnetics, 2008, 44（3）：403-412.

［39］ 朱学军. 永磁行星齿轮传动系统动力学研究［D］. 秦皇岛：燕山大学, 2012：12-14.

［40］ 宁文飞, 包广清, 王金荣. 磁齿轮拓扑分析及其应用综述［J］. 机械传动, 2012, 36（2）：91-96.

［41］ 曹坚, 张国贤. 少齿差永磁齿轮系的研究与设计［J］. 机械设计与制造, 2010（9）：28-30.

［42］ JORGENSEN F T, ANDERSEN T O, RASMUSSEN P O. The cycloid permanent magnetic gear［J］. IEEE Transactions on Industry Applications, 2008, 44（6）：1659-1665.

［43］ RENS J, ATAUAH K, CALVERLEY S D, et al. A novel magnetic harmonic gear［J］. IEEE Transactions on Industry Applications, 2010, 46（1）：206-212.

［44］ 郑大周, 许立忠, 李雯, 等. 机电集成超环面传动的驱动原理［J］. 机械设计与研究, 2008（3）：43-45.

［45］ ATALLAH K, WANG J, HOWE D. A high-performance linear magnetic gear［J］. Journal of Applied Physics, 2005, 97（10）：5161-5163.

［46］ MEZANI S, ATALLAH K, HOWE D. A high-performance axial-field magnetic gear [J]. Journal of Applied Physics, 2006, 99 (8): 3031-3033.

[47] RASMUSSEN P O, ANDERSEN T O, JORGENSEN F T, et al. Development of a high-performance magnetic gear [J]. IEEE Transactions on Industry Applications, 2005, 41 (3): 764-770.

[48] JIAN L, CHAU K T, GONG Y, et al. Comparison of coaxial magnetic gears with different topologies [J]. IEEE Transactions on Magnetics, 2009, 45 (10): 4526-4529.

[49] LIU Y L, HO S L, FU W N. A novel magnetic gear with intersecting axes [J]. IEEE Transactions on Magnetics, 2014, 50 (11): 1-4.

[50] 郝秀红, 李海滨, 门继德. 一种相交轴磁齿轮传动装置: CN 204967602 (U) [P]. 2016-01-13.

[51] KIM S J, PARK E J, JUNG S Y, et al. Transfer torque performance comparison in coaxial magnetic gears with different flux-modulator shapes [J]. IEEE Transactions on Magnetics, 2017, 53 (6).

[52] 马立博. 具有不同调制环形状的同心式磁齿轮转矩性能分析 [D]. 北京: 华北电力大学, 2019: 26-36.

[53] 葛研军, 袁直, 张俊, 等. 基于笼型转子的同心式永磁齿轮研究 [J]. 大连交通大学学报, 2018, 39 (1): 71-75.

[54] 葛研军, 王雪, 万宗伟, 等. 基于稀土永磁的同心式电磁齿轮研究 [J]. 微特电机, 2019, 47 (2): 27-30.

[55] 诸德宏, 何承平, 欧阳中萃. 一种新型轴向磁场调制式磁性齿轮 [J]. 信息技术, 2017 (12): 153-157.

[56] LUBIN T, MEZANI S, REZZOUG A. Analytical computation of the magnetic field distribution in a magnetic gear [J]. IEEE Transactions on Magnetics, 2010, 46 (7): 2611-2621.

[57] MCGILTON B, CROZIER R, MUELLER M. Optimisation procedure for designing a magnetic gear [J]. The Journal of Engineering, 2017 (13): 840-843.

[58] 刘新华. 新型磁场调制式磁性齿轮的设计研究 [D]. 上海: 上海大学, 2008: 31-49.

［59］ MALLAMPALLI S，RALLABANDI V. Parametric study of magnetic gear for maximum torque transmission ［C］//Power Electronics，Drives and Energy Systems（PEDES），Mumbai：Institute of Electrical and Electronics Engineers Inc.，2014：1-5.

［60］ 何明杰，彭俊，罗英露，等. 同轴磁齿轮极数配合规律 ［J］. 兵工学报，2021，42（10）：2223-2232.

［61］ 陈泳丹，田真，沈宏继，等. 同轴磁场调制式磁齿轮电磁优化设计 ［J］. 兵工学报，2021，42（10）：2206-2214.

［62］ 袁晓明. 磁场调制型磁齿轮传动系统动力学研究 ［D］. 河北：燕山大学，2014：32-41.

［63］ MATEEV V，MARINOVA I. Loss estimation of magnetic gears ［J］. Electrical Engineering，2020，102：387 - 399.

［64］ PARK E J，JUNG S Y，KIM Y J. Torque and loss characteristics of magnetic gear by bonded pm magnetization direction ［J］. IEEE Transactions on Magnetics，2021，57（6）.

［65］ DESVAUX M，SIRE S，HLIOUI S，et al. Development of a hybrid analytical model for a fast computation of magnetic losses and optimization of coaxial magnetic gears ［J］. IEEE Transactions on Energy Conversion，2019，34（1）：25-35.

［66］ LEE J I，SHIN K H，BANG T K，et al. Core-loss analysis of linear magnetic gears using the analytical method ［J］. Energies，2021，14（10）：2905.

［67］ PARK E J，GIMA C S，JUNG S Y，et al. A gear efficiency improvement in magnetic gear by eddy-current loss reduction ［J］. International Journal of Applied Electromagnetics and Mechanics，2019，60：103-112.

［68］ KOWOL M，KOŁODZIEJ J，JAGIEŁA M，et al. Impact of modulator designs and materials on efficiency and losses in radial passive magnetic gear ［J］. IEEE Transactions on Energy Conversion，2019，34（1）：147-154.

［69］ FILIPPIN M，ALOTTO P，CIRIMELE V，et al. Magnetic loss analysis in coaxial magnetic gears ［J］. Electronics，2019，8（11）：1320.

[70] MATEEV V, TODOROVA M, MARINOVA I. Eddy current losses of coaxial magnetic gears [C] //2018 XIII International Conference on Electrical Machines, Alexandroupoli: Institute of Electrical and Electronics Engineers Inc, 2018.

[71] SHIN H, CHANG J, HONG D. Design and characteristics analysis of coaxial magnetic gear for contra-rotating propeller in yacht [J]. IEEE Transactions on Industrial Electronic, 2020, 67 (9): 7250-7259.

[72] DESVAUX M, BILDSTEIN H, MULTON B, et al. Magnetic losses and thermal analysis in a magnetic gear for wind turbine [C] //2018 Thirteenth International Conference on Ecological Vehicles and Renewable Energies, Monte Carlo: Institute of Electrical and Electronics Engineers Inc, 2018.

[73] FILIPPIN M, ALOTTO P. Coaxial magnetic gear design and optimization [J]. IEEE Transactions on Industrial Electronics, 2017, 64 (12): 9934-9942.

[74] MOLOKANOV O, KURBATOV P, DERGACHEV P, et al. Dynamic model of coaxial magnetic planetary gear [C] //18th International Conference on Electrical Machines and Systems. Pattaya: Institute of Electrical and Electronics Engineers Inc, 2015: 944-948.

[75] 刘晓, 赵云云, 黄守道, 等. 双磁场调制同轴磁齿轮瞬态和振动特性分析 [J]. 电工技术学报, 2019, 34 (9): 1865-1874.

[76] AGENBACH C J, ELS D N J, WANG R J, et al. Force and vibration analysis of magnetic gears [C] //23rd International Conference on Electrical Machines. Alexandroupoli: Institute of Electrical and Electronics Engineers Inc, 2018: 752-758.

[77] MATEEV V, IVANOV G, MARINOVA I. Vibration and noise analysis of a coaxial magnetic gear [C] //2019 International Conference on High Technology for Sustainable Development. Sofia: Institute of Electrical and Electronics Engineers Inc, 2019: 1-4.

[78] GARDNER M C, TOLIYAT H A. Nonlinear analysis of magnetic gear dynamics using superposition and conservation of energy [C] //2019 IEEE Inter-

national Electric Machines and Drives Conference. San Diego: Institute of Electrical and Electronics Engineers Inc, 2019: 210-217.

［79］ HAO X H, ZHU X J. Forced responses of the parametric vibration system for the electromechanical integrated magnetic gear ［J］. Shock & Vibration, 2015, 7 (9): 1-17.

［80］ HAO X H, ZHU X J. Nonlinear forced vibration of electromechanical integrated magnetic gear system ［C］ //2015 IEEE International Conference on Mechatronics and Automation (ICMA), Beijing: Institute of Electrical and Electronics Engineers Inc, 2015: 612-617.

［81］ 郝秀红, 袁晓明, 张鸿飞, 等. 考虑构件偏心时磁场调制型磁齿轮传动系统的主共振 ［J］. 机械设计, 2015, 32 (12): 12-17.

［82］ HAO X H, XU L Z. Internal resonance analysis for electromechanical integrated toroidal drive ［J］. Journal of Computational and Nonlinear Dynamics, 2010, 5 (4): 1-12.

［83］ XU L Z H, HAO X H. Sensitivity of toroidal drive natural frequencies to modes parameters ［J］. JSME International Journal Series C – Mechanical Systems Machine Elements and Manufacturing, 2006, 49 (1): 213-224.

［84］ XU L Z H, HAO X H. Nonlinear forced vibration for electromechanical integrated toroidal drive ［J］. International Journal of Applied Electromagnetics and Mechanics, 2008, 28 (3): 351-369.

［85］ MONTAGUE R, BINGHAM C, ATALLAH K. Servo control of magnetic gears ［J］. IEEE/ASME Transactions on Mechatronics, 2012, 17 (2): 269-278.

［86］ MONTAGUE R G, BINGHAM C, ATALLAH K. Magnetic gear pole–slip prevention using explicit model predictive control ［J］. IEEE/ASME Transactions on Mechatronics, 2013, 18 (5): 1535-1543.

［87］ PAKDELIAN S, FRANK N W, TOLIYAT H A. Damper windings for the magnetic gear ［C］ //IEEE Energy Conversion Congress and Exposition (ECCE), Phoenix: IEEE Computer Society, 2011: 3974-3981.

［88］ FRANK N W, PAKDELIAN S, TOLIYAT H A. Passive suppression of transient oscillations in the concentric planetary magnetic gear ［J］. IEEE Trans-actions on Energy Conversion, 2011, 26 (3): 933-939.

［89］ FRANK N W, PAKDELIAN S, TOLIYAT H A. A magnetic gear with pas-sive transient suppression capability ［C］//IEEE Electric Ship Technologies Symposium (ESTS), Alexandria: IEEE Computer Society, 2011: 326-329.

［90］ 刘美钧, 包广清, 候晨晨, 等. 磁场调制型磁齿轮动态性能分析 ［J］. 机械传动, 2017, 41 (3): 21-26.

［91］ JIAN L, CHAU K T. A coaxial magnetic gear with halbach permanent-mag-net arrays ［J］. IEEE Transactions on Energy Conversion, 2010, 25 (2): 319-328.

［92］ ZARKO D, BAN D, LIPO T A. Analytical calculation of magnetic field dis-tribution in the slotted air gap of a surface permanent-magnet motor using complex relative air-gap permeance ［J］. IEEE Transactions on Magnetics, 2006, 42 (7): 1828-1837.

［93］ LUBIN T, MEZANI S, REZZOUG A. Analytical computation of the magnetic field distribution in a magnetic gear ［J］. IEEE Transactions on Magnetics, 2010, 46 (7): 2611-2621.

［94］ PERCEBON L A, FERRAZ R, DA LUZ M V F. Modelling of a magnetic gear considering rotor eccentricity ［C］//IEEE International Electric Ma-chines & Drives Conference (IEMDC), Niagara Falls: IEEE, 2011: 1237-1241.

［95］ RASMUSSEN P O, ANDERSEN T O, JOERGENSE N F T, et al. Develop-ment of a high performance magnetic gear ［J］. IEEE Transactions on Indus-try Applications, 2005, 41 (3): 764-770.

［96］ 葛研军, 聂重阳, 辛强. 调制式永磁齿轮气隙磁场及转矩分析计算 ［J］. 机械工程学报, 2012, 48 (11): 153-158.

［97］ 杜世勤. 一种 Halbach 磁体结构同心磁力齿轮传动装置的设计和实现 ［J］. 上海电机学院学报, 2013, 16 (Z1): 12-16.

［98］ 陈世坤. 电机设计 ［M］. 北京: 机械工业出版社, 1982.

［99］罗帅，周钰峰，鲁仰辉，等. 永磁体分块对永磁变速机涡流损耗的影响研究［J］. 机械设计与制造，2022（7），139-142，148.

［100］赵善彪，张天孝，问会青，等. 基于 Ansys 的瓦形永磁体磁场分析［J］. 微电机，2007，40（10），21-23.